新世纪高职高专规划教材·计算机系列

计算机文化基础

王磊 崔维响 步英雷 编著

清华大学出版社

北 京

内 容 简 介

本书精心设置教学内容,以"理论够用,重在实践"为原则,以强化技能、突出应用、培养能力为目标。本书主要涵盖计算机基础知识、Windows 7 操作系统、Word 2010 文字处理、Excel 2010 电子表格、PowerPoint 2010 演示文稿、计算机网络、信息安全等内容。章末附有习题,助你扎实掌握相关主题。

本书内容丰富、通俗易懂,具有很强的操作性和实用性,既可作为高职高专的计算机公共基础课程的教材,也可作为全国计算机等级考试的参考用书。

图书在版编目(CIP)数据

计算机文化基础 / 王磊,崔维响,步英雷 编著. —北京:清华大学出版社,2019 (2021.1重印)
(新世纪高职高专规划教材·计算机系列)
ISBN 978-7-302-53640-6

Ⅰ.①计…　Ⅱ.①王…　②崔…　③步…　Ⅲ.①电子计算机-高等职业教育-教材　Ⅳ.①TP3

中国版本图书馆 CIP 数据核字(2019)第 178371 号

责任编辑:王　军　韩宏志
装帧设计:孔祥峰
责任校对:成凤进
责任印制:宋　林

出版发行:清华大学出版社
　　　　　网　　　址:http://www.tup.com.cn,http://www.wqbook.com
　　　　　地　　　址:北京清华大学学研大厦 A 座　　　　邮　　编:100084
　　　　　社 总 机:010-62770175　　　　邮　　购:010-62786544
　　　　　投稿与读者服务:010-62776969,c-service@tup.tsinghua.edu.cn
　　　　　质 量 反 馈:010-62772015,zhiliang@tup.tsinghua.edu.cn
印 装 者:三河市君旺印务有限公司
经　销:全国新华书店
开　本:190mm×260mm　　　印　张:19.75　　　字　数:531 千字
版　次:2019 年 8 月第 1 版　　　印　次:2021 年 1 月第 4 次印刷
定　价:59.80 元

产品编号:085268-01

前　言

在当今这个信息化社会，掌握一定的计算机操作技能已成为通向就业岗位的通行证，所以高校十分重视培养学生的计算机基础应用能力。《计算机文化基础》旨在引导学生了解计算机软、硬件的基本概念，掌握计算机系统的基本操作，熟练运用办公自动化软件。"计算机文化基础"课程应具备自身的特色，内容应与学生所学专业相结合，采用工学结合、"教、学、做"合一的教学模式。

本书根据教育部计算机教学指导委员会关于"计算机应用基础"课程的教学需要和当前学生的实际情况，结合一线教师教学的实际经验编写而成。通过学习本书，学生不但可较全面地了解计算机基础知识，学会计算机基本操作，掌握用计算机解决问题的基本方法，也为学习程序设计等后续课程打下必要的基础。本书的教学目标包括：掌握计算机应用的基本技能，掌握并能处理常见的计算机软、硬件故障，能安装、使用和维护计算机，能熟练地存储、管理文件，能安装和卸载软件，能使用浏览器完成网上信息检索和文件下载等任务，并能对检索到的信息进行加工、处理，能借助计算机网络通过电子邮件系统与他人交流，能以 Office 办公软件为工具熟练地将有关内容以电子文档、电子报表、演示文稿等形式清晰地表达出来，并能设计出丰富多彩、个性鲜明的电子作品。

另外需要说明的是，与最新的 Windows 10 以及 Office 2019 软件版本相比，本书介绍的软件版本看似是较陈旧的，另外本书介绍的计算机网络和信息安全技术也非最新。但这并不妨碍本书的价值。实际上，本书是高职高专教材，是专为应试者准备的。全书内容根据"山东省高职院校非计算机专业基础知识和应用能力等级考试"要求量身定制；按照考试大纲，介绍操作系统 Windows 7，介绍办公软件 Word 2010、Excel 2010 和 PowerPoint 2010，并讲述相应的网络和信息安全技术。

可扫描本书封底的二维码，下载各章习题答案和 PPT 辅助资料。

在本书的编写过程中，得到了山东中医药高等专科学校领导和有关部门的大力支持，在此表示衷心感谢！同时感谢出版社给予的支持和帮助，感谢所有为这本书付出努力的朋友们！

由于作者水平所限，加之计算机技术发展迅速，书中差错和不妥之处在所难免，恳请使用者批评指正，以使本教材在下次修订时能更加完善。

目　录

第1章　信息技术基础 ·················1
　1.1　概述 ···························1
　　1.1.1　计算机的起源与发展 ········1
　　1.1.2　计算机的特点及分类 ········3
　　1.1.3　计算机的应用 ···········5
　　1.1.4　计算机的发展趋势 ·········6
　1.2　计算机中信息的表示 ··········7
　　1.2.1　信息与数据 ············7
　　1.2.2　信息表示 ·············8
　　1.2.3　数制及其转换 ··········8
　　1.2.4　信息的编码 ············13
　1.3　计算机系统 ·················16
　　1.3.1　计算机工作原理 ·········16
　　1.3.2　计算机硬件系统 ·········18
　　1.3.3　计算机软件系统 ·········20
　1.4　微型计算机系统 ··············22
　　1.4.1　微型计算机分类 ·········22
　　1.4.2　微机的主要性能指标 ·······23
　　1.4.3　常见微型计算机的硬件设备 ····24
　1.5　多媒体技术概述 ··············29
　　1.5.1　媒体与数字多媒体技术 ······29
　　1.5.2　数字多媒体技术的特点 ······30
　　1.5.3　多媒体技术中的媒体元素 ·····31
　　1.5.4　数字多媒体相关技术 ·······32
　　1.5.5　数字多媒体技术的应用领域 ····33
　习题 ···························35

第2章　Windows 7 操作系统 ··········37
　2.1　操作系统概述 ···············37
　　2.1.1　操作系统的功能 ·········37
　　2.1.2　操作系统的分类 ·········38
　　2.1.3　常用操作系统 ··········39

　2.2　Windows 7 基础 ·············40
　　2.2.1　Windows 7 概述 ·········41
　　2.2.2　Windows 7 的桌面 ········47
　2.3　Windows 7的文件和文件夹管理 ···48
　　2.3.1　文件和文件夹基础 ········48
　　2.3.2　资源管理器 ············49
　　2.3.3　文件和文件夹管理 ········50
　　2.3.4　文件的网络共享 ·········57
　2.4　Windows 7 控制面板 ··········58
　　2.4.1　外观和个性化设置 ········59
　　2.4.2　时钟、语言和区域 ········63
　　2.4.3　硬件和声音 ············66
　　2.4.4　程序 ················68
　　2.4.5　网络和 Internet ·········69
　　2.4.6　用户账户 ·············70
　2.5　Windows 7 的实用程序 ········72
　　2.5.1　画图 ·················72
　　2.5.2　写字板和记事本 ·········73
　　2.5.3　计算器 ···············74
　　2.5.4　截图工具 ·············75
　　2.5.5　录音机 ···············75
　　2.5.6　数学输入面板 ···········75
　习题 ···························76

第3章　字处理软件 Word 2010 ·········78
　3.1　Office 2010 简介 ···········78
　　3.1.1　Office 2010 版本 ········78
　　3.1.2　Office 2010 组件 ········79
　　3.1.3　典型字处理软件概述 ·······80
　3.2　Word 2010 概述 ·············80
　　3.2.1　Word 2010 新增功能 ·······80
　　3.2.2　Word 2010 的窗口介绍 ······84

3.2.3 Word 2010 的文档视图·········· 89
3.2.4 Word 2010 的联机帮助·········· 90
3.3 Word 文档的基本操作·········· 91
3.3.1 启动与退出·········· 91
3.3.2 创建文档·········· 92
3.3.3 打开文档·········· 93
3.3.4 保存文档·········· 94
3.4 文档的录入与编辑·········· 97
3.4.1 文档的输入·········· 97
3.4.2 文档的编辑·········· 99
3.4.3 查找和替换·········· 102
3.5 文档的格式设置与排版·········· 103
3.5.1 设置字符格式·········· 103
3.5.2 设置段落格式·········· 107
3.5.3 项目符号和编号·········· 109
3.5.4 边框和底纹·········· 111
3.5.5 插入页眉/页脚·········· 112
3.5.6 样式·········· 114
3.6 表格的应用·········· 117
3.6.1 创建表格·········· 117
3.6.2 编辑表格·········· 120
3.6.3 格式化表格·········· 123
3.6.4 文本与表格的转换·········· 125
3.7 图文混排·········· 126
3.7.1 插入图片·········· 126
3.7.2 编辑图片·········· 129
3.7.3 插入和编辑艺术字·········· 131
3.7.4 绘制图形·········· 133
3.7.5 插入和编辑文本框·········· 136
3.7.6 插入数学公式·········· 137
3.7.7 插入 SmartArt 图形和封面·········· 138
3.8 文档的页面布局和打印·········· 140
3.8.1 页面设置·········· 140
3.8.2 设置页面背景·········· 142
3.8.3 分节、分页、分栏·········· 144
3.8.4 打印设置·········· 146
3.9 Word 2010 的其他功能·········· 147
3.9.1 邮件合并·········· 147
3.9.2 插入目录·········· 151
3.9.3 审阅与修订·········· 153

习题·········· 157

第4章 电子表格软件 Excel 2010·········· 159
4.1 Excel 2010 概述和基本操作·········· 159
4.1.1 Excel 2010 概述·········· 159
4.1.2 工作簿的基本操作·········· 161
4.1.3 选择操作·········· 164
4.2 数据的编辑操作·········· 164
4.2.1 数据的输入·········· 164
4.2.2 数据的编辑操作·········· 167
4.2.3 行、列和单元格的基本操作·········· 170
4.3 工作表的管理和修饰·········· 172
4.3.1 工作表的管理·········· 172
4.3.2 工作表的修饰·········· 174
4.4 公式和函数的使用·········· 179
4.4.1 公式的使用·········· 180
4.4.2 地址的引用·········· 182
4.4.3 函数的使用·········· 183
4.5 工作表的数据分析·········· 189
4.5.1 数据清单·········· 189
4.5.2 数据的排序·········· 189
4.5.3 数据的筛选·········· 192
4.5.4 分类汇总·········· 194
4.5.5 数据透视表和数据透视图·········· 196
4.6 图表的建立和编辑·········· 197
4.6.1 创建图表·········· 198
4.6.2 编辑图表·········· 199
4.6.3 格式化图表·········· 200
4.7 工作表的打印·········· 201
4.7.1 页面设置·········· 201
4.7.2 分页符的操作·········· 203
4.7.3 打印预览·········· 204
4.7.4 打印设置·········· 205

习题·········· 205

第5章 PowerPoint 2010·········· 208
5.1 PowerPoint 概述·········· 208
5.1.1 PowerPoint 基本功能·········· 208
5.1.2 演示文稿的基本概念·········· 208
5.1.3 演示文稿的视图·········· 211

5.2　基本操作 ·······························213
　　5.2.1　新建演示文稿 ···············213
　　5.2.2　幻灯片版式应用 ···········214
　　5.2.3　插入和删除幻灯片 ·······214
　　5.2.4　编辑幻灯片信息 ···········215
　　5.2.5　复制和移动幻灯片 ·······217
　　5.2.6　放映幻灯片 ···············217
5.3　外观设计 ·························217
　　5.3.1　使用内置主题 ···········217
　　5.3.2　背景设置 ···············220
　　5.3.3　幻灯片母版制作 ·······222
5.4　对象的编辑 ·····················224
　　5.4.1　插入形状 ···············224
　　5.4.2　插入图片 ···············225
　　5.4.3　插入表格 ···············228
　　5.4.4　插入图表 ···············228
　　5.4.5　插入 SmartArt 图形 ·····229
　　5.4.6　插入音频和视频 ·······230
　　5.4.7　插入艺术字 ···········230
5.5　交互效果设置 ·················232
　　5.5.1　对象动画设置 ·········232
　　5.5.2　幻灯片切换效果 ·······236
　　5.5.3　幻灯片链接操作 ·······236
5.6　放映和打印 ·····················238
　　5.6.1　放映设置 ···············239
　　5.6.2　演示文稿的输出 ·······240
　　5.6.3　演示文稿打印 ···········241
习题 ·····································242

第 6 章　计算机网络 ·················244
6.1　计算机网络的基础知识 ·······244
　　6.1.1　计算机网络概述 ·········244
　　6.1.2　计算机网络的组成 ·······246
　　6.1.3　计算机网络的分类 ·······247
　　6.1.4　计算机网络的功能 ·······249
　　6.1.5　计算机网络新技术 ·······250
6.2　计算机网络协议和体系结构 ·····251
　　6.2.1　网络协议 ···············251
　　6.2.2　网络体系结构 ···········252

6.3　计算机网络系统 ··············254
　　6.3.1　网络硬件 ···············254
　　6.3.2　网络软件 ···············256
6.4　Internet 基础 ·················257
　　6.4.1　Internet 的起源和发展 ···257
　　6.4.2　Internet 的组成及常用
　　　　　　专业术语 ···············259
　　6.4.3　Internet 的应用 ·········260
　　6.4.4　Internet 的地址与域名 ···264
习题 ·····································267

第 7 章　信息安全 ·················270
7.1　信息安全概述 ·················270
　　7.1.1　信息安全意识 ···········270
　　7.1.2　网络礼仪与道德 ·······272
　　7.1.3　计算机犯罪 ···········275
　　7.1.4　常见信息安全技术 ·····277
7.2　防火墙 ·························279
　　7.2.1　防火墙的概念 ·········279
　　7.2.2　防火墙的类型 ·········280
　　7.2.3　防火墙的优缺点 ·······280
7.3　计算机病毒 ·····················281
　　7.3.1　计算机病毒的定义与特点 ····281
　　7.3.2　计算机病毒的传播途径 ·····282
　　7.3.3　计算机病毒的类型 ·······282
　　7.3.4　几种常见的计算机病毒 ····283
　　7.3.5　计算机病毒的预防 ·······284
　　7.3.6　计算机病毒的清除 ·······285
7.4　Windows 7 操作系统安全 ·······285
　　7.4.1　Windows 7 系统安装的安全 ····285
　　7.4.2　系统账户的安全 ·········286
　　7.4.3　应用安全策略 ···········287
　　7.4.4　网络安全策略 ···········289
习题 ·····································290

第 8 章　应用实例：医院信息系统 ·······292
8.1　医院信息系统概述 ··············292
　　8.1.1　医院信息系统的概念 ·······292
　　8.1.2　医院信息系统的发展概况 ·····292

8.2 医院信息系统的体系结构和
业务流程 ·············293
  8.2.1 医院信息系统的体系结构 ········293
  8.2.2 医院信息系统的核心业务
    流程 ·············295
8.3 医院信息系统的核心子系统·······296
  8.3.1 电子病历系统·············296
  8.3.2 医学影像存储与传输系统·······298

8.3.3 放射科信息系统··············300
8.3.4 医学实验室信息系统············302
8.3.5 配液中心系统·············303
8.4 医院信息系统的信息交换标准
DICOM 和 HL7 ·············304
  8.4.1 医学数字图像通信标准·········304
  8.4.2 HL7 标准·············304
习题·············305

第 1 章

信息技术基础

1.1 概述

在人类文明发展的历史长河中，电子计算机是人类最伟大的科学成就之一，是科学技术与生产力发展的结晶。电子计算机的诞生极大地推动了科学技术的发展，是现代科学技术的核心。

1.1.1 计算机的起源与发展

1. 计算机的起源

计算工具的发展有着悠久的历史，经历了从简单到复杂、从低级到高级的演变过程。早在原始社会，人类就用结绳或枝条作为辅助进行计数和计算的工具。在我国，春秋时代就出现了"筹算法"；公元 6 世纪时，中国人开始使用算盘作为计算工具。1620 年欧洲人发明了计算尺；1642 年布莱士·帕斯卡(Blaise Pascal)发明了数字计算器；1854 年英国数学家布尔(George Boole)提出了符号逻辑的思想。19 世纪中期，英国数学家查尔斯·巴贝奇(Charles Babbage)最先提出了通用数字计算机的基本设计思想。1936 年，艾伦·麦席森·图灵(Alan Mathison Turing)发明了著名的图灵机，国际计算机协会设置的"图灵奖"是专门奖励那些对计算机事业做出重要贡献的个人。但是这些计算工具的致命弱点是不能自动连续计算，不能自动保存大量的中间结果。

第一台真正意义上的电子计算机 ENIAC(Electronic Numerical Integrator And Computer)于 1946 年 2 月在美国宾夕法尼亚大学正式投入运行，如图 1-1 所示。ENIAC 于 1943 年开始研制，参加研制的是以宾夕法尼亚大学莫尔电机工程学院的莫克莱(John W. Mauchly)和埃克特(J. Presper Eckert)为首的研制小组。

图1-1　第一台电子计算机ENIAC

ENIAC 共使用了约 18 800 个真空电子管，1500 多个继电器，重约 30 吨，占地面积约 140 平方米，功率 174 千瓦，采用十进制计算，每秒能运算 5000 次加法。它没有现代计算机的键盘、鼠标等设备，人们只能通过扳动庞大面板上的无数开关向计算机输入信息，也不具备现代计算机的"存储"特点，但在当时它的运算速度是最快的，代表了人类计算技术的最高成就。ENIAC 的诞生奠定了电子计算机的发展基础，开创了信息时代，把人类社会推向了第三次产业革命的新纪元。

2. 计算机的发展

从第一台电子计算机诞生至今，计算机技术以前所未有的速度迅猛发展。一般根据计算机采用的物理元器件，将计算机的发展分为四代。

(1) **第一代(1946—1956 年)**。电子管计算机，也称为真空管计算机。其主要逻辑元件是电子管，运算速度仅为每秒几千次，主存储器采用汞延迟线，外存主要采用纸带、卡片等，内存容量仅几千字节，程序设计采用机器语言和汇编语言。这时的计算机主要用于科学计算。代表机型有 EDVAC、IBM 650、IBM 709 等。

(2) **第二代(1956—1964 年)**。晶体管计算机。其主要逻辑元件是晶体管，运算速度可达每秒几十万次，内存容量增至几十万字节。主存储器采用磁芯，外存储器使用磁带和磁盘，程序设计语言开始使用高级语言，应用领域从科学计算扩大到数据处理。代表机型有 IBM 7090、IBM 7094 等。

(3) **第三代(1964—1971 年)**。集成电路计算机。其主要逻辑元件是中小规模集成电路，运算速度达每秒几十万次到几百万次。主存储器采用半导体存储器，外存储器使用磁盘，高级程序设计语言在这一时期得到极大发展，出现了操作系统和会话式语言。这一时期，计算机开始应用于各个领域。代表机型有 IBM 360 系列小型机、DEC PDP 系列小型机等。

(4) **第四代(1971年至今)**。超大规模集成电路计算机。其主要逻辑元件是大规模或超大规模集成电路，运算速度达到每秒上亿次，甚至上千万亿次的量级。主存储器采用半导体存储器，外存储器采用大容量磁盘，并开始引入光盘，软件、操作系统不断发展和完善，同时数据库管理系统、通信软件也得到发展，微型机在家庭中得到普及，进入计算机网络时代。

(5) **新一代计算机**。计算机中最基本的元件是芯片，然而，以硅为基础的芯片制造技术的发展不是无限的，由于存在磁场效应、热效应、量子效应以及制作工艺上的困难，人们正在开拓新的芯片制造技术。科学家认为，现有的芯片制造方法将在未来十多年内达到极限，为此，世界各国的研究人员正在加紧开发以量子计算机、分子计算机、生物计算机、光计算机和超导计算机等为代表的未来计算机。但是，目前尚没有真正意义上的新一代计算机问世。

3. 我国计算机的发展

我国的计算机事业起步于 1956 年，1958 年研制出第一台电子管计算机，1964 年研制出晶体管计算机，1971 年研制出集成电路计算机，1983 年研制出每秒运算 1 亿次的"银河-Ⅰ"巨型机。先后自主开发了"银河""曙光""深腾"和"神威"等一系列高性能计算机，取得了令人瞩目的成果。2017 年 11 月，全球超级计算机 500 强榜单公布，由国家并行计算机工程技术研究中心研制的"神威·太湖之光"超级计算机以每秒 9.3 亿亿次的持续运算速度夺冠。以"联想""清华同方""方正"和"浪潮"等为代表的我国计算机制造业也非常发达，已成为世界计算机主要制造中心之一，同时我国也是重要的计算机软件生产国。

1.1.2 计算机的特点及分类

1. 计算机的特点

计算机作为一种通用的信息处理工具，具有很强的生命力并飞速发展着，其自身具有许多特点，具体体现在以下几个方面。

(1) 计算精度高

计算机的计算精度取决于计算机的字长，字长越长，精度越高。计算机的计算精度在理论上不受限制，一般的计算机均能达到 15 位有效数字，经过技术处理后可满足任何精度要求。

(2) 运算速度快

计算机的运算部件采用的是电子器件，其运算速度远非其他计算工具能比拟。目前计算机的运算速度可达每秒几十亿次至上百亿次，而且运算速度还以每隔几个月提高一个数量级的速度快速发展。

(3) 存储容量大

计算机可存储大量数据、资料，这是人脑无法比拟的。计算机的存储器不但能存储大量信息，而且能快速准确地存入或取出这些信息。计算机的存储性是计算机区别于其他计算工具的重要特征。

(4) 准确的逻辑判断能力

计算机具有逻辑判断能力，可根据判断结果，自动决定后续执行的命令，当然，这种能力也是通过编制程序，由人赋予计算机的。

(5) 工作自动化

计算机内部的操作运算是根据人们预先编制的程序自动控制执行的。用户根据实际需要，事先设计好要运行的步骤与程序，计算机将严格按照程序规定的步骤操作，整个过程不需要人工干预。

(6) 通用性强

通用性是计算机应用于各种领域的基础。计算机通过程序设计解决各种复杂任务，任何复杂任务都可分解为大量基本算术运算和逻辑操作，计算机程序员可将这些基本运算和操作按一定规则写成一系列操作指令，加上运算所需的数据，形成适当的程序就可完成各种任务。

2. 计算机的分类

计算机的分类方法较多，主要按其所处理的对象、用途及规模等几个方面进行分类。

1) 根据处理对象划分

根据处理对象划分，计算机可分为模拟计算机、数字计算机和混合计算机。

(1) **模拟计算机**。指专用于处理连续变化的量值(如连续变化的电流、电压、流量等)。模拟计算机的主要特点是参与运算的数值由不间断的连续量表示，其运算过程是连续的。模拟计算机由于受元器件质量影响，其计算精度较低，应用范围较窄，目前已很少生产。

(2) **数字计算机**。指用于处理不连续的离散量(如 0 和 1)。数字计算机的主要特点是参与运算的数值用断续的数字量表示，其运算过程按数字位进行计算。数字计算机由于具有逻辑判断等功能，以近似人类大脑的"思维"方式工作，又称为"电脑"。

(3) **混合计算机**。指模拟计算机与数字计算机结合在一起的电子计算机。其输入和输出既可以是数字数据，也可以是模拟数据。

2) 根据计算机的用途划分

根据用途的不同，计算机可分为专用计算机和通用计算机。

(1) **专用计算机**。用于解决某一特定方面的问题，配有专门开发的软件和硬件，针对某类问题能显示出最有效、最快速和最经济的特性，但它的适应性较差，不适用于其他方面。主要应用于自动化控制、工业仪表和军事等领域。

(2) **通用计算机**。适于解决一般问题，适应性强，应用面广，如适用于科学计算、数据处理和过程控制等。但其运行效率、速度和经济性会依据不同的应用对象而受到不同程度的影响。

3) 根据计算机的规模划分

计算机的规模可用计算机的一些主要技术指标来衡量，如字长、运算速度、存储容量、输入和输出能力、价格高低等。目前，根据规模一般将计算机分为巨型机、大型机、小型机、微型机和工作站等。

(1) **巨型机**。又称超级计算机，是在一定时期内运算速度最快、存储容量最大、体积最大、造价最高的计算机。巨型机善于数值计算，主要应用于国民经济和国家安全的尖端科技领域，特别是国防领域，如模拟核爆炸、密码破译、天气预报、核能探索、地震监测、洲际导弹研究、宇宙飞船等，主要用来承担国家重大科学研究、国防尖端技术和国民经济领域的大型计算课题等任务。

(2) **大型机**。硬件配置高档、性能卓越、可靠性好，一般用于尖端科研领域，主机非常庞大，通常由许多中央处理器协同工作，超大的内存，海量的存储器，专用的操作系统和应用软件使其价格高昂。主要用于金融、证券等大中型企业数据处理，也常用于网络环境，为其他计算机提供各种服务，如文件服务、打印服务、邮件服务和 WWW 服务等。

(3) **小型机**。与大、中型计算机相比，小型计算机性能适中，价格较低，容易使用和管理，是处理能力较强的系统，适合用作中小型企业、学校等单位的服务器。

(4) **微型机**。简称微机，又称为个人计算机(PC)，这是 20 世纪 70 年代出现的新机种，以其体积小、设计先进、软件丰富、功能齐全、价格便宜等优势而拥有广大用户，主要在办公室和家庭中使用，是目前发展最快、应用最广泛的一种计算机。由于计算机网络的发展以及集群技术的出现，微型机将发挥更大作用。

(5) **工作站**。是一种主要面向专业应用领域，具备强大的数据运算和图形、图像处理能力的高性能计算机。工作站通常配有多个中央处理器、大容量内存储器和高速外存储器，配备高分辨率的大屏幕显示器等高档外部设备，具有较强的信息处理功能和高性能的图形、图像处理功能以及联网功能。工作站主要应用于工程设计、动画制作、软件开发、科学研究、金融管理、模拟仿真和信息服务等专业领域。

1.1.3　计算机的应用

计算机问世之初主要进行数值计算，而如今的计算机因其强大的功能和良好的通用性几乎和所有学科结合，其应用领域扩大到社会各行各业，对经济社会各方面起着越来越重要的作用。计算机的主要应用如下。

1. 科学计算

科学计算指科学和工程中的数值计算，是计算机应用最早的领域。计算机的高速度和高精度是人脑所无法达到的，所以科学家可借助计算机更深刻地认识客观规律，寻找改造世界的方法和途径。科学计算是 20 世纪最重要的科学进步之一，与理论研究和科学实验一起成为当代科学研究的三种主要方法。计算机性能的发展使越来越多的复杂计算成为可能，并可用计算机做数值仿真，得到一些在物理实验上很难测到的现象，如混沌系统、孤粒子等。

2. 信息管理

信息管理是指以计算机技术为基础，对大量数据进行加工处理，形成有用的信息。信息管理是数值或非数值形式的数据处理。目前计算机的信息处理应用已非常普遍，如办公自动化、人事管理、库存管理、财务管理、图书资料管理、商业数据交流、情报检索、费用管理等。据统计，全世界计算机用于信息处理的工作量占全部计算机应用的 80% 以上，可利用计算机极大地提高工作效率和管理水平。

3. 过程控制

过程控制又称实时控制，指用计算机及时采集检测数据，按最优值迅速地自动控制或调节对象。目前过程控制被广泛应用于操作复杂的钢铁企业、石油化工业、医药工业中。使用计算机进行过程控制可极大地提高控制的实时性和准确性，提高生产效率和产品质量，降低成本，缩短生产周期。

4. 计算机辅助系统

计算机辅助系统指通过人机对话，使计算机辅助人们进行设计、加工、计划和学习等。

计算机辅助系统包含多个方面，例如，计算机辅助设计(Computer Aided Design，CAD)是指利用计算机来帮助设计人员进行设计工作；计算机辅助制造(Computer Aided Manufacturing，CAM)是指利用计算机进行生产设备的管理、控制和操作的过程；计算机辅助教育(Computer-Based Education，CBE)是指利用计算机进行教学、训练和对教学管理。通常又将计算机辅助教育分为计算机辅助教学(Computer Assisted Instruction，CAI)和计算机管理教学(Computer Managed Instruction，CMI)。

此外，还有计算机辅助工艺过程设计(Computer Aided Process Planning，CAPP)、计算机辅助工程(Computer Aided Engineering，CAE)、计算机集成制造系统(Computer Integrated Manufacturing System，CIMS)、计算机辅助测试(Computer Aided Testing，CAT)、计算机辅助出版(Computer Aided

Publishing, CAP)、计算机辅助学习(Computer Aided Learning, CAL)、计算机辅助软件工程(Computer Aided Software Engineering, CASE)等多方面的计算机辅助应用。

5. 人工智能

人工智能(Artificial Intelligence, AI), 也称机器智能。是用计算机来模拟人的感知、判断、理解、学习、问题求解等智能活动。人工智能是处于计算机应用研究最前沿的学科, 主要应用表现在机器人、专家系统、模式识别、博弈、智能检索和机器自动翻译等方面。

6. 计算机网络与通信

利用通信技术, 将不同地理位置的计算机互联, 可实现世界范围内的信息资源共享, 并能交互式地交流信息, 可谓"一线连五洲"。随着网络技术的发展, 计算机应用变得更广泛, 如通过高速信息网实现数据与信息的查询、高速通信服务(电子邮件、电视电话、电视会议、文档传输)、电子教育、电子娱乐、电子购物、远程医疗和会诊、交通信息管理等。

7. 多媒体技术应用系统

多媒体技术是指利用计算机、通信等技术将文本、图像、声音、动画和视频等多种形式的信息综合起来, 使之建立逻辑关系并进行加工处理的技术。多媒体系统一般由计算机、多媒体设备和多媒体应用软件组成。多媒体技术被广泛应用于通信、教育、医疗、设计、出版、影视娱乐、商业广告和旅游等领域。

8. 嵌入式系统

嵌入式系统是以应用为中心, 以计算机技术为基础, 软硬件能灵活变化以适应所嵌入的应用系统; 这些应用系统是专用计算机系统, 对功能、可靠性、成本、体积、功耗等有严格要求。嵌入式系统早期主要应用于军事和航空航天等领域, 后来逐步应用于工业控制、仪器仪表、汽车电子、通信和家用消费电子类产品等领域, 对各行业的技术改造、产品更新、加速自动化进程、提高生产率起到极其重要的推动作用。

1.1.4 计算机的发展趋势

计算机技术是当今世界发展最快的科学技术之一, 未来的计算机将以超大规模集成电路为基础, 向巨型化、微型化、网络化与智能化的方向发展。

1. 巨型化

巨型化是指不断研制速度更快、存储量更大和功能更强的超级计算机。因为巨型计算机主要应用于天文、气象、地质、核技术、航天飞机和卫星轨道计算等尖端科学技术领域, 所以巨型机对于国家科学技术和国防建设都有巨大影响。研制巨型计算机的技术水平是衡量一个国家科学技术和工业发展水平的重要标志。

2. 微型化

微型化是指利用微电子技术和超大规模集成电路技术, 进一步缩小计算机体积, 降低价格。

各种笔记本电脑、掌上电脑的大量使用是计算机微型化的一个标志。微型机可渗透到仪表、家用电器、导弹弹头等中小型机无法进入的领域，20 世纪 80 年代以来发展异常迅速。计算机的微型化已成为计算机发展的重要方向。

3. 网络化

网络化就是把各自独立的计算机用通信线路连接起来，形成各计算机用户之间可相互通信并能使用公共资源的网络系统。网络化能充分利用计算机的宝贵资源并扩大计算机的使用范围，为用户提供方便、及时、可靠、广泛、灵活的信息服务。

4. 智能化

智能化是指让计算机具有模拟人的感觉和思维的过程，使计算机具备视觉、听觉、语言、行为、思维、逻辑推理、学习和证明等能力，形成智能型、超智能型计算机。计算机成为智能计算机，是目前正在研制的新一代计算机要实现的主要目标。目前已研制出多种具有人的部分智能的"机器人"，可代替人从事一些危险岗位的工作，据专家预测，机器人将是继电脑普及后，下一个普及到家庭的电器产品。

1.2　计算机中信息的表示

1.2.1　信息与数据

1. 信息

信息是现代社会中广泛使用的一个概念，我们生活的环境中到处充满信息。人们普遍认为那些用语言、文字、符号、场景、图像和声音等方式表达的新闻、消息、情报和数据等内容都是信息。但关于信息的定义说法不一，专家、学者们从不同角度给出了信息的不同定义。例如，控制论的创始人美国数学家维纳认为：信息是我们在适应外部世界、感知外部世界的过程中与外部世界交换的内容。也就是说，我们通过感官接收到的外部事物及其变化都含有信息。而信息论的创始人美国数学家香农则认为：信息是能用来消除不确定性的东西。也就是说，信息的功能是消除事物的不确定性，把不确定性变成确定性。

一般认为，信息是在自然界、人类社会和人类思维活动中普遍存在的一切物质和事物的属性。

2. 数据

数据指存储在某种介质上可加以鉴别的符号资料。这里所说的符号不仅指文字、字母和数字等，还包括图形、图像、音频、视频等多媒体数据。由于描述事物的属性必须借助于一些符号，因此这些符号就是数据形式。数据可用不同的形式表示，而信息不会随着数据形式而改变，也就是说同一个信息可用不同形式的数据表示。例如，同样是表示一月份，中文用"一月"表示，而英文则用 January 表示。

3. 数据与信息的关系

在一般用语中,并没有严格区分信息和数据,但从信息科学的角度看,它们是不同的。用计算机处理信息时,必须将要处理的有关信息转换成计算机能识别的符号,所以数据是信息的具体表现形式,是信息的符号化或称载体;而信息是对数据进行加工后得到的结果,它可影响人们的行为、决策或对客观事物的认知。例如“180 厘米”是一个数据,可以说是一个没有实际意义的数据,但如果用来表示一个人的身高,就有了实际意义。即:信息=数据+分析处理。

4. 信息社会

现在我们正在快速步入信息社会。信息社会也称信息化社会,以电子信息技术为基础,以信息资源为基本发展资源,以信息服务性产业为基本社会产业,以数字化和网络化为基本社会交往方式。在农业和工业社会中,物质和能源是主要资源,从事的是大规模的物质生产,而在信息社会中,信息成为与物质和能源同等重要的第三资源。

5. 信息技术

信息技术是指人们获取、存储、传递、处理、开发和利用信息资源的相关技术。自 20 世纪 70 年代以来,随着微电子技术、计算机技术和通信技术的发展,围绕着信息的产生、收集、存储、处理、检索和传递,形成了一个全新的、用于开发和利用信息资源的高技术群。在现代信息处理中,传感技术、计算机技术、通信技术和网络技术是主导技术。计算机在其中起到关键作用,信息处理过程中的每个环节都是由计算机直接或间接参与完成的。

1.2.2　信息表示

从广义上说,信息表示泛指信息的获取、描述和组织的全过程,从狭义上指其中的信息描述过程。信息表示需要一套符号系统,人类在长期的实践中形成的语言文字就是一套符号系统。人们按照语言的语法规则和语义规则,用文字表达和传递概念、事实或知识。

用于信息表示的符号系统有三个基本特点。第一,存在一个基本的有限符号集,符号集中的符号数目不止一个。例如,汉语的基本符号包括汉字和标点符号等,数目比较庞大;而英语的基本符号有大小写英文字母和标点符号等,数目不多。第二,不同符号有明显差异,便于人们识别和感知这些符号。第三,存在一组规则,按照规则可将基本符号组成更复杂的结构。例如,在英语中,字母可以组成单词,单词按语法规则可组成句子。同一种信息可用不同符号系统的符号来表示,它们之间存在等价关系,可互相转换,比如汉语和英语之间可互相翻译。

1.2.3　数制及其转换

用进位的原则进行计数称为进位计数制,简称数制。它是人类在自然语言和数学中广泛使用的一类符号系统。一般情况下,人们习惯于用十进制来表示数,但在现实生活中也使用其他进制,如用十二进制作为月到年的进制,用六十进制计时等。在计算机科学中,不同情况下允许采用不同的数制表示数据。在计算机内用二进制数表示各种数据,但在输入、显示或打印输出时,人们又习惯于用十进制计数。在计算机程序编写中,有时还采用八进制和十六进制,这就存在同一个数可用不同的数制表示以及它们相互转换的问题。

在介绍各种数制前，首先介绍数制中的几个术语。

数码：一组用来表示某种数制的符号。如 1、2、3、A、B、C、Ⅰ、Ⅱ、Ⅲ等。

基数：数制所使用的数码个数称为"基数"或"基"，常用 R 表示，称为 R 进制。比如二进制的数码是 0 和 1，基数为 2。

位权：数码在不同位置上的权值称为位权。在进位计数制中，处于不同数位的数码代表的数值也不同。比如十进制数 1111，个位数上的 1 代表的权值为 10^0，十位数上的 1 代表的权值为 10^1，百位数上的 1 代表的权值为 10^2，千位数上的 1 代表的权值为 10^3。

1. 常用的进位计数制

(1) 十进制(Decimal System)

十进制数是人们最熟悉的一种进位计数制，它由 0、1、2、3、4、5、6、7、8、9 这 10 个数码组成，即基数为 10。十进制的特点为逢十进一，借一当十。一个十进制数各个数位上的权值是以 10 为底的幂。

(2) 二进制(Binary System)

由 0 和 1 两个数码组成，即基数为 2。二进制的特点为逢二进一，借一当二。一个二进制数各个数位上的权值是以 2 为底的幂。

(3) 八进制(Octal System)

由 0、1、2、3、4、5、6、7 这 8 个数码组成，即基数为 8。八进制的特点为逢八进一，借一当八。一个八进制数各个数位上的权值是以 8 为底的幂。

(4) 十六进制(Hexadecimal System)

由 0、1、2、3、4、5、6、7、8、9、A、B、C、D、E、F 这 16 个数码组成，即基数为 16。十六进制的特点为逢十六进一，借一当十六。一个十六进制数各个数位上的权值是以 16 为底的幂。

各种进制之间的对应关系如表 1-1 所示。

表1-1　常用计数制之间的对应关系

十进制	二进制	八进制	十六进制	十进制	二进制	八进制	十六进制
0	0000	0	0	9	1001	11	9
1	0001	1	1	10	1010	12	A
2	0010	2	2	11	1011	13	B
3	0011	3	3	12	1100	14	C
4	0100	4	4	13	1101	15	D
5	0101	5	5	14	1110	16	E
6	0110	6	6	15	1111	17	F
7	0111	7	7	16	10000	20	10
8	1000	10	8	17	10001	21	11

在书写时，一般使用以下两种表示方法。

(1) 把一串数用括号括起来，再加这种数制的下标。如 $(A1B)_{16}$，$(10110)_2$，$(150)_8$。

(2) 用字母符号 B(二进制)、O(八进制)、D(十进制)、H(十六进制)来表示。例如，十六进制数 A2A0C 可表示为 A2A0CH。

注意：

在不至于产生歧义时，可不注明十进制数的进制，例如：一个数456，没有标注它是几进制，默认是十进制数456。

2. 数制的转换

(1) 二进制、八进制、十六进制数转换为十进制数

对于任何一个二进制数、八进制数、十六进制数，可写出它的按权展开式，再按十进制进行相加即可得到它的十进制数。

例1 将二进制数 10110011.101 转换成十进制数。

$(10110011.101)_2 = 1 \times 2^7 + 0 \times 2^6 + 1 \times 2^5 + 1 \times 2^4 + 0 \times 2^3 + 0 \times 2^2 + 1 \times 2^1 + 1 \times 2^0 + 1 \times 2^{-1} + 0 \times 2^{-2} + 1 \times 2^{-3}$

$$= 128 + 0 + 32 + 16 + 0 + 0 + 2 + 1 + 0.5 + 0 + 0.125$$
$$= (179.625)_{10}$$

例2 将八进制数 376.54 转换为十进制数。

$(376.54)_8 = 3 \times 8^2 + 7 \times 8^1 + 6 \times 8^0 + 5 \times 8^{-1} + 4 \times 8^{-2}$

$$= 192 + 56 + 6 + 0.625 + 0.0625$$
$$= (254.6875)_{10}$$

例3 将十六进制数 1CB.D8 转换为十进制数。

$(1CB.D8)_{16} = 1 \times 16^2 + C \times 16^1 + B \times 16^0 + D \times 16^{-1} + 8 \times 16^{-2}$

$$= 1 \times 16^2 + 12 \times 16^1 + 11 \times 16^0 + 13 \times 16^{-1} + 8 \times 16^{-2}$$
$$= 256 + 192 + 11 + 0.8125 + 0.03125$$
$$= (459.84375)_{10}$$

(2) 十进制数转换为二进制、八进制、十六进制数

十进制数的整数部分和小数部分在转换时需要分别做不同的计算，求值后再组合。以下将基数表示为 R，例如，二进制数，R 代表 2；八进制数，R 代表 8；十六进制数，R 代表 16。整数部分采用"除 R 取余法"，即整数部分逐次除以 R，直至商为 0，得出的余数倒排，即为整数部分的数码。小数部分采用"乘 R 取整法"，即逐次乘以 R，从每次的乘积中取出整数部分，整数部分正排得到小数部分的数码，最后，两个部分的数码写在一起就得到最终结果。

例4 将十进制数 58.125 转换成二进制。

整数部分采用除 2 取余法，小数部分采用乘 2 取整法：

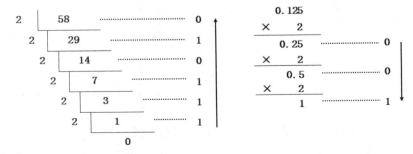

整数部分的结果为：$(58)_{10} = (111010)_2$

小数部分的结果为：$(0.125)_{10} = (0.001)_2$

整数、小数结合后的最终结果为：$(58.125)_{10}=(111010.001)_2$

注意：

一个二进制小数能完全准确地转换成十进制小数，但一个十进制小数不一定能完全准确地转换成二进制小数。这种情况下，可根据要求，取到二进制小数点后的某一位为止，最后得到的只是近似的二进制小数。

例 5　将十进制数 254.6875 转换为八进制数。

整数部分采用除 8 取余法，小数部分采用乘 8 取整法：

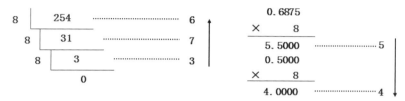

整数部分的结果为：$(254)_{10}=(376)_8$

小数部分的结果为：$(0.6875)_{10}=(0.54)_8$

整数、小数结合后的最终结果为：$(254.6875)_{10}=(376.54)_8$

例 6　将十进制数 459.84375 转换为十六进制数。

整数部分采用除 16 取余法，小数部分采用乘 16 取整法：

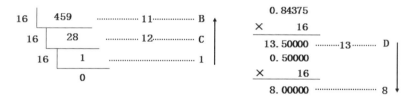

整数部分的结果为：$(459)_{10}=(1CB)_{16}$

小数部分的结果为：$(0.84375)_{10}=(0.D8)_{16}$

整数、小数结合后的最终结果为：$(459.84375)_{10}=(1CB.D8)_{16}$

(3) 二进制数与八进制数的相互转换

二进制数转换成八进制数的方法是：将二进制数从小数点开始，对整数部分向左每 3 位分成一组，对小数部分向右每 3 位分成一组，不足 3 位的分别向高位或低位补 0 凑成 3 位。每一组有 3 位二进制数，分别转换成八进制数码中的一个等值数字，全部连接起来即可。

例 7　将二进制数 10110101.11011 转换为八进制数。

最终结果

$$
\begin{array}{ccccccc}
010 & 110 & 101 & . & 110 & 110 \\
\downarrow & \downarrow & \downarrow & & \downarrow & \downarrow \\
2 & 6 & 5 & . & 6 & 6
\end{array}
$$

为：$(10110101.11011)_2=(265.66)_8$

反之，将八进制数转换成二进制数，只要将每一位八进制数转换成相应的 3 位二进制数，依次连接起来即可。

例 8 将八进制数 274.41 转换为二进制数。

$$
\begin{array}{ccccc}
2 & 7 & 4 & . & 4 & 1 \\
\downarrow & \downarrow & \downarrow & & \downarrow & \downarrow \\
010 & 111 & 100 & . & 100 & 001
\end{array}
$$

最终结果为：$(274.41)_8=(010111100.100001)_2=(10111100.100001)_2$

(4) 二进制数与十六进制数的相互转换

二进制数转换成十六进制数的方法是：将二进制数从小数点开始，对整数部分向左每 4 位分成一组，对小数部分向右每 4 位分成一组，不足 4 位的分别向高位或低位补 0 凑成 4 位。每一组有 4 位二进制数，分别转换成十六进制数码中的一个等值数字，全部连接起来即可。

例 9 将二进制数 101001010111.1101101 转换为十六进制数。

$$
\begin{array}{ccccc}
1010 & 0101 & 0111 & . & 1101 & 1010 \\
\downarrow & \downarrow & \downarrow & & \downarrow & \downarrow \\
A & 5 & 7 & . & D & A
\end{array}
$$

即 $(101001010111.1101101)_2=(A57.DA)_{16}$

反之，十六进制数转换成二进制数，只要将每一位十六进制数转换成 4 位二进制数，依次连接起来即可。

例 10 将十六进制数 2CD.B5 转换为二进制数。

$$
\begin{array}{ccccc}
2 & C & D & . & B & 5 \\
\downarrow & \downarrow & \downarrow & & \downarrow & \downarrow \\
0010 & 1100 & 1101 & . & 1011 & 0101
\end{array}
$$

即 $(2CD.B5)_{16}=(001011001101.10110101)_2=(1011001101.10110101)_2$

3. 二进制的运算规则

在计算机中，采用二进制数可以非常方便地实现各种算术运算和逻辑运算。

(1) 算术运算规则

加法规则：0+0=0；0+1=1；1+0=1；1+1=10(按照逢 2 进 1 的原则向高位进位)。

减法规则：0-0=0；10-1=1(按照借 1 当 2 的原则向高位借位)；1-0=1；1-1=0。

乘法规则：$0\times0=0$；$0\times1=0$；$1\times0=0$；$1\times1=1$。

除法规则：0/1=0；1/1=1。

(2) 逻辑运算规则

逻辑与运算(AND)：$0\wedge0=0$；$0\wedge1=0$；$1\wedge0=0$；$1\wedge1=1$。

逻辑或运算(OR)：$0\vee0=0$；$0\vee1=1$；$1\vee0=1$；$1\vee1=1$。

逻辑异或运算(XOR)：$0\oplus0=0$；$0\oplus1=1$；$1\oplus0=1$；$1\oplus1=0$。

逻辑非运算(NOT)：$\bar{1}=0$；$\bar{0}=1$。

1.2.4　信息的编码

1. 计算机中数据的单位

计算机中的数据都要占用不同的二进制位，为便于表示数据量的多少，引入数据单位的概念。

(1) 位(bit)

位，也称为比特，简记为 b，是计算机存储数据的最小单位。一个二进制位只能表示 0 或 1。

(2) 字节(Byte)

字节简记为 B。规定 1B=8bit。字节是存储信息的基本单位。微型机的存储器由一个个存储单元构成，每个存储单元的大小就是一个字节，因此存储器的容量大小也以字节数来度量。我们还经常使用其他度量单位，如 KB、MB、GB、TB 和 PB，其换算关系为：

$1KB=2^{10}B$　　　　$1MB=2^{20}B$　　　　$1GB=2^{30}B$　　　　$1TB=2^{40}B$　　　　$1PB=2^{50}B$

(3) 字(Word)

计算机处理数据时，CPU 通过数据总线一次存取、加工和传送的数据称为字，计算机的运算部件能同时处理的二进制数据的位数称为字长。一个字通常由一个字节或若干个字节组成。由于字长是计算机一次所能处理的实际位数长度，因此字长是衡量计算机性能的一个重要指标。字长越长，速度越快，精度越高。不同微处理器的字长是不同的，常见的微处理器字长有 8 位、16 位、32 位和 64 位等。

2. 数值的表示

在计算机中，所有数据都以二进制的形式表示。数的正负号也用"0"和"1"表示。通常规定一个数的最高位作为符号位，"0"表示正，"1"表示负。这种在计算机中采用二进制表示形式的，连同数符一起代码化的数据被称为机器数或机器码。与机器数对应的用正、负符号加绝对值来表示的实际数值称为真值。例如，作为有符号数，机器数 01001111 的真值是+1001111，也就是 +79。

为在计算机的输入输出操作中能直观迅速地与常用十进制数对应，产生了用二进制代码表示十进制数的编码方法，简称 BCD 码，最常用的是 8421 码。例如，十进制数 279 的编码是 0010 0111 1001 B。

3. 文字信息的表示

计算机处理的对象必须是以二进制表示的数据。具有数值大小和正负特征的数据称为数值数据；文字、声音、图形等数据并无数值大小和正负特征，称为非数值数据或符号数据。数值数据和非数值数据在计算机内部都以二进制形式表示和存储，这就需要用二进制的 0 和 1 按照一定规则对各种字符进行编码。

1) 字符编码

目前采用的字符编码主要是 ASCII 码，ASCII 是 American Standard Code for Information Interchange(美国标准信息交换代码)的缩写，已被国际标准化组织(ISO)采纳，作为国际通用的信息交换标准代码。ASCII 码是一种西文机内码，有 7 位 ASCII 码和 8 位 ASCII 码两种，7 位 ASCII 码称为标准 ASCII 码，8 位 ASCII 码称为扩展 ASCII 码。7 位 ASCII 码使用一个字节(8 位)表示一个字符，并规定其最高位为 0，实际只用到 7 位，因此可表示 128 个不同的字符，其中包括数字 0～9、26 个大写英文字母、26 个小写英文字母以及各种标点符号、运算符号和控制命令符号等。对于同一个字母的 ASCII 码值，小写字母比大写字母大 32。标准 ASCII 码字符表如表 1-2 所示。

表1-2　ASCII码表

ASCII 码值	字符	ASCII 码值	字符	ASCII 码值	字符	ASCII 码值	字符	ASCII 码值	字符	ASCII 码值	字符	ASCII 码值	字符	ASCII 码值	字符
0	NUL	16	DLE	32	(space)	48	0	64	@	80	P	96	、	112	p
1	SOH	17	DC1	33	!	49	1	65	A	81	Q	97	a	113	q
2	STX	18	DC2	34	”	50	2	66	B	82	R	98	b	114	r
3	ETX	19	DC3	35	#	51	3	67	C	83	X	99	c	115	s
4	EOT	20	DC4	36	$	52	4	68	D	84	T	100	d	116	t
5	ENQ	21	NAK	37	%	53	5	69	E	85	U	101	e	117	u
6	ACK	22	SYN	38	&	54	6	70	F	86	V	102	f	118	v
7	BEL	23	ETB	39	,	55	7	71	G	87	W	103	g	119	w
8	BS	24	CAN	40	(	56	8	72	H	88	X	104	h	120	x
9	HT	25	EM	41	)	57	9	73	I	89	Y	105	i	121	y
10	LF	26	SUB	42	*	58	:	74	J	90	Z	106	j	122	z
11	VT	27	ESC	43	+	59	;	75	K	91	[	107	k	123	{
12	FF	28	FS	44	,	60	<	76	L	92	\	108	l	124		
13	CR	29	GS	45	-	61	=	77	M	93	]	109	m	125	}
14	SO	30	RS	46	.	62	>	78	N	94	^	110	n	126	~
15	SI	31	US	47	/	63	?	79	O	95	—	111	o	127	DEL

2) 汉字编码

汉字也是字符，但它比西文字符量多且复杂。汉字编码，就是采用一种科学可行的办法，为每个汉字编一个唯一的代码，以便计算机辨认、接收和处理。早期的计算机无法处理汉字，但随着计算机在汉语语言环境中的应用，我国计算机科学家也开始研究汉字信息的表达和处理的问题。经过 30 多年的发展，目前汉字的处理和信息表示已相当成熟。

根据汉字处理过程中的不同要求，有多种编码形式，主要可分为四类：汉字输入码、汉字交换码、汉字机内码和汉字字形码。

(1) 汉字输入码

将汉字通过键盘输入到计算机中采用的代码称为汉字输入码，也称为汉字外部码(外码)。根据录入时是按照读音还是字形的编码规则，可将汉字输入码分为四种。

流水码。根据汉字的排列顺序形成汉字编码，如区位码、国标码、电报码等。

音码。根据汉字的"音"形成汉字编码，如智能 ABC、微软拼音、搜狗拼音等。

形码。根据汉字的"形"形成汉字编码，如五笔字型码、郑码、大众码等。

音形码。根据汉字的"音"和"形"形成汉字编码，如表形码、钱码、自然码等。

流水码是为每个汉字编写一个唯一的代码，没有重码，但很难记忆；音码重码多，输入速度慢，但容易掌握；形码重码较少，输入速度较快，但学习和掌握较困难。

目前，汉字输入方法除了用键盘外，还可使用手写、语音和扫描识别等多种方式，但键盘输入仍是目前主流的汉字输入方法。汉字输入码的编码原则是易于接受、学习、记忆和掌握，重码少，码长尽可能短。

(2) 汉字交换码

由于汉字数量极多，一般用连续的两个字节(16 位)来表示一个汉字。1980 年，我国颁布了第一个汉字编码字符集标准，即《信息交换用汉字编码字符集基本集》(GB2312-80)。该标准编码简称国标码，是我国内地及新加坡等海外华语区通用的汉字交换码。GB2312-80 收录了 6763 个汉字以及 682 个符号，共 7445 个字符，奠定了中文信息处理的基础。

1995 年 12 月，汉字扩展内码规范——GBK1.0 编码方案发布。2000 年，GBK18030 取代 GBK1.0 成为正式的国家标准。GBK18030 编码完全兼容 GB2312-80 标准，是在 GB2312-80 标准基础上的内码扩展规范，共收录了 27 484 个汉字，同时收录了藏文、蒙文、维吾尔文等主要的少数民族文字，现在的 Windows 平台都支持 GBK18030 编码。

(3) 汉字机内码

国标码 GB2312 不能直接在计算机中使用，因为它没有考虑与基本的信息交换代码 ASCII 码的冲突。比如：“中”的国标码是 5650H，与字符组合“VP”的 ASCII 码相同。为区分汉字与 ASCII 码，在计算机内部表示汉字时，把交换码(国标码)两个字节的最高位同时改为 1，称为机内码。这样，当某字节的最高位是 1 时，必须和下一个最高位同样为 1 的字节结合起来代表一个汉字，而某字节的最高位是 0 时，就代表一个 ASCII 码字符。

机内码是计算机内处理汉字信息时所用的汉字代码。在汉字信息系统内部，对汉字信息的采集、传输、存储、加工运算的各个过程都要用到机内码。机内码是真正的计算机内部用来存储和处理汉字信息的代码。

(4) 汉字字形码

汉字字形码是用来将汉字显示在屏幕上或打印到纸上所需的图形数据。

汉字字形码记录汉字的外形，是汉字的输出形式。记录汉字字形通常有点阵法和矢量法两种方法，分别对应两种字形编码：点阵码和矢量码。

点阵码是一种用点阵表示汉字字形的编码，它把汉字按字形排列成点阵，不论汉字的笔画多少，都可在同样大小的方块中书写，从而把方块分割为许多小方块，组成一个点阵，每个小方块就是点阵中的一个点，即二进制的一个位。每个点由“0”和“1”表示“白”和“黑”两种颜色。这样就得到字模点阵的汉字字形码，如图 1-2 所示。常用的点阵有 16×16、24×24、32×32 或更高。汉字字形点阵构成和输出简单，但信息量很大，占用的存储空间也非常大，比如一个 16×16 点阵的汉字要占用 32 个字节，一个 32×32 点阵的汉字要占用 128 字节。另外，点阵码缩放困难，且容易失真。

图1-2　汉字点阵

矢量码采用一组数学矢量来记录汉字的外形轮廓，矢量码记录的字体称为矢量字体或轮廓字体。这种字体可任意缩放甚至变形，不会出现锯齿状边缘，屏幕上看到的字形和打印输出的效果完全一致，可节省存储空间。比如 PostScript 字库、TrueType 字库就是这种字形码。

有了汉字字形码，计算机就能将输入的汉字作为统一的内码存储，在输出时将其还原成汉字。一个汉字信息系统具有的所有汉字字形码的集合构成该系统的汉字字库。

1.3 计算机系统

一个完整的计算机系统由硬件系统和软件系统两大部分组成，并按照"存储程序"的方式工作。硬件是计算机的物质基础，软件是计算机的灵魂，二者相辅相成，如图 1-3 所示。

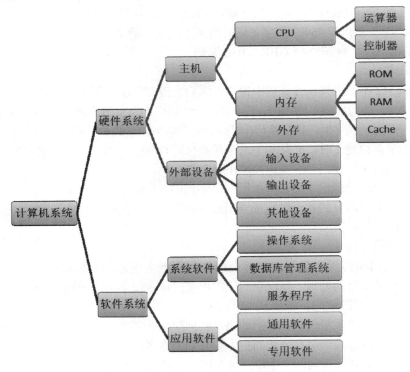

图1-3 计算机系统的组成

1.3.1 计算机工作原理

输入计算机的信息一般有两类，一类称为数据，一类称为程序。计算机是通过执行程序所规定的各种指令来处理各种数据的。

1. 指令

指令是指示计算机硬件执行某种操作的命令，它由一串二进制数码组成，包括操作码和地址码两部分。操作码规定了操作类型，即进行什么样的操作；地址码规定了要操作的数据(操作对象)

存放在什么地址中，以及操作结果存放到哪个地址中。计算机指令和数据都是采用二进制形式进行编码的，二进制编码只需要用"0"和"1"表示两种状态，系统简单稳定，物理实现容易。

一台计算机所能识别和执行的全部指令的集合，称为该计算机的指令系统。计算机系统不同，指令系统也不同，目前常见的指令系统有复杂指令系统(CISC)和精简指令系统(RISC)。相比而言，RISC 的指令格式统一，种类较少，寻址方式也比 CISC 少，处理速度提高很多。目前常见的 x86 系列的 CPU 是 CISC，而中高档服务器、工作站等大多采用 RISC 指令的 CPU，比如 PowerPC 处理器、SPARC 处理器等。

2. 程序

为解决某一问题而设计的一系列有序指令称为程序。程序和相关数据存放在存储器中，计算机的工作就是执行存放在存储器中的程序。计算机运行程序的过程就是一条一条地执行指令的过程。

3. 计算机的工作过程

计算机系统的各个部件能够有条不紊地进行工作，都是在控制器的控制下完成的。计算机的工作过程可归结为以下几步。

(1) 取指令。首先将程序计数器(PC)中的内容通过地址总线送到地址寄存器，然后按照程序规定的顺序，取得当前执行的一条指令，并送到控制器的指令寄存器(IR)中。

(2) 分析指令。取出指令后，机器立即进入分析及取数阶段，指令译码器(ID)可识别和区分不同的指令类型及各种获取操作数的方法。一般是指令寄存器中的操作码部分送入指令译码器，经过指令译码器进行分析，产生相应的操作控制信号送到各个执行部件。

(3) 执行指令。即根据分析的结果，由控制器发出完成该操作所需要的一系列控制信息，去完成该指令所要求的操作，产生运算结果，并将结果存储起来。

(4) 上述步骤完成后，指令计数器加 1，为执行下一条指令做好准备。

总之，计算机的基本工作过程可概括为取指令、分析指令、执行指令等，然后取下一条指令，如此周而复始，直到遇到停机指令或外来事件的干预为止，如图 1-4 所示。

图1-4　指令的执行过程

4. "存储程序"工作原理

计算机能自动完成运算或处理过程的基础是"存储程序"工作原理。"存储程序"工作原理是美籍匈牙利科学家冯·诺依曼(Von Neumann)提出来的，故称为冯·诺依曼原理，其基本思想是存储程序与程序控制。存储程序是指人们必须事先把计算机的执行步骤序列(即程序)及运行中所需的数据，通过一定方式输入并存储在计算机的存储器中；程序控制指计算机运行时能自动地逐一取出程序中的一条条指令，加以分析并执行规定的操作。

根据存储程序和程序控制的概念，在计算机运行过程中，实际上有两种信息在流动。如图 1-5 所示。一种是数据流，这包括原始数据和指令，它们在程序运行前已经预先送至内存，在运行程序时，数据被送往运算器参与运算，指令被送往控制器。另一种是控制信号，它由控制器根据指令的内容发出，指挥计算机各部件执行指令规定的各种操作或运算，并对执行流程进行控制。这里的指令必须被该计算机直接理解和执行。

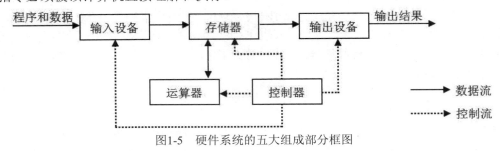

图1-5　硬件系统的五大组成部分框图

1.3.2　计算机硬件系统

计算机硬件是指计算机系统中由电子、机械和光电元件等组成的各种计算机部件和计算机设备。这些部件和设备依据计算机系统结构的要求构成一个有机整体，称为计算机硬件系统。未配置任何软件的计算机叫裸机，它是计算机完成工作的物质基础。

冯·诺依曼提出的"存储程序"工作原理决定了计算机硬件系统包括五个基本组成部分，即运算器、控制器、存储器、输入设备和输出设备。迄今为止的计算机系统基本上都建立在冯·诺依曼原理之上。

下面分别介绍组成计算机的各个部件及其功能。

1. 运算器

运算器由算术逻辑运算单元(ALU，Arithmetic Logic Unit)和寄存器等组成。算术逻辑运算部件完成加、减、乘、除四则运算以及与、或、非和移位操作；寄存器用来提供参与运算的操作数，并存放运算结果。

运算器是计算机中执行数据处理指令的器件。运算器负责对信息进行加工和运算，它的速度决定了计算机的运算速度。运算器的功能除了对二进制编码进行算术运算、逻辑运算外，还可进行数据的比较、移位等操作。参加运算的数(称为操作数)由控制器指示从存储器或寄存器中取出并送到运算器中。

2. 控制器

控制器是整个计算机系统的控制中心，它指挥计算机各部分协调工作，保证计算机按预先规定的目标和步骤有条不紊地进行操作及处理。

控制器从内存储器中顺序取出指令，并对指令代码进行翻译，然后向各个部件发出相应的命令，完成指令规定的操作。它一方面向各个部件发出执行指令的命令，另一方面又接受执行部件向控制器发回的有关指令执行情况的反馈信息，根据这些信息来决定下一步发出哪些操作命令。这样逐一执行一系列指令，就使计算机能按这一系列指令组成的程序的要求自动完成各项任务。因此，控制器是指挥和控制计算机各个部件进行工作的"神经中枢"。

通常把控制器和运算器合称为中央处理器(Central Processing Unit，CPU)。工业生产中总是采用最先进的超大规模集成电路技术来制造中央处理器，即 CPU 芯片。CPU 是计算机的核心部件，它的工作速度等性能对计算机的整体性能有决定性的影响。

3. 存储器

存储器是计算机中用于存放程序和数据的部件，并能在计算机的运行过程中高速、自动地完成程序或数据的存取。

存储器是用来存储程序和数据的记忆装置，是计算机中各种信息的存储和交流的中心。它由成千上万个存储单元构成，每个存储单元存放一定位数(微机上为 8 位)的二进制数，每个存储单元都有唯一编号，称为存储单元的地址。存储单元是基本的存储单位，不同存储单元由不同的地址来区分。

计算机采用按地址访问的方式到存储器中存数据和取数据，计算机中的程序在执行过程中，每当需要访问数据时，就向存储器送去指定位置的地址，同时发出一个"存"命令或者"取"命令。计算机在运算之前，程序和数据通过输入设备送入存储器，计算机开始工作之后，存储器还要为其他部件提供信息，也要保存中间结果和最终结果，因此，存储器的存入和取出的速度是计算机系统一个非常重要的性能指标。

存储器分为内存储器和外存储器两大类，简称内存和外存。内存储器又称为主存储器，外存储器又称为辅助存储器。常见存储器的分类如图 1-6 所示。

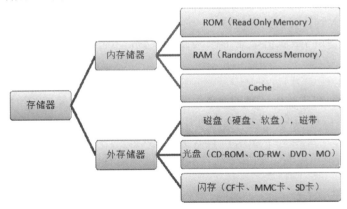

图1-6　常见存储器的分类

1) 内存

内存是 CPU 可直接访问的存储器，是计算机的工作存储器，当前正在运行的程序与数据都必须存放在内存中。计算机工作时，所执行的指令及操作数都是从内存中取出的，处理的结果也放在内存中。内存和 CPU 一起构成了计算机的主机部分。

内存分为 ROM、RAM 和 Cache，下面分别予以介绍。

(1) 只读存储器(ROM)。

ROM 中的数据或程序一般是将 ROM 装入计算机前事先写好的。一般情况下，计算机工作过程中只能从 ROM 中读出事先存储的数据，而不能改写。ROM 常用于存放固定的程序和数据，并且断电后仍能长期保存。ROM 的容量较小，一般存放系统的基本输入输出系统(BIOS)等。

(2) 随机存储器(RAM)。

随机存储器的容量与 ROM 相比要大得多，目前微机一般配置几 GB 到十几 GB。CPU 从 RAM

中既可读出信息又可写入信息，但断电后所存的信息就会丢失。

微机中的内存一般指随机存储器(RAM)。目前常用的内存有 SRAM、DRAM、SDRAM、DDR SDRAM、DDR2 SDRAM、DDR3 DRAM 等。

(3) 高速缓存(Cache)。

随着 CPU 主频的不断提高，CPU 对 RAM 的存取速度加快了，而 RAM 的响应速度相对较慢，造成了 CPU 等待，降低了处理速度，浪费了 CPU 的能力。为协调二者之间的速度差，在内存和 CPU 之间设置一个与 CPU 速度接近的、高速的、容量较小的存储器，把正在执行的指令地址附近的一部分指令或数据从内存调入这个存储器，供 CPU 在一段时间内使用，这对提高程序的运行速度具有很大作用。这个介于内存和 CPU 之间的高速小容量存储器称为高速缓冲存储器(Cache)，一般简称为缓存。

2) 外存

外存是主机的外部设备，存取速度较内存慢得多，用来存储大量的暂时不参加运算或处理的数据和程序，一旦需要，可成批地与内存交换信息。外存是内存储器的后备和补充，不能和 CPU 直接交换数据。

4. 输入设备

输入设备的主要功能是把原始数据和处理这些数据的程序转换为计算机能识别的二进制代码，通过输入接口输入到计算机的存储器中，供 CPU 调用和处理。常用的输入设备有鼠标、键盘、扫描仪、数字化仪、数码摄像机、条形码阅读器、数码相机和 A/D 转换器等。

5. 输出设备

输出设备指从计算机中输出信息的设备。它的功能是将计算机处理的数据、计算结果等内部信息转换成人们习惯接受的信息形式(如字符、图形、声音等)，然后将其输出。最常用的输出设备是显示器、打印机、音箱、绘图仪和 D/A 转换器等。

从信息的输入输出角度看，磁盘驱动器和磁带机既可看作输入设备，又可看作输出设备。

1.3.3 计算机软件系统

相对于计算机硬件而言，软件是计算机的无形部分，但作用非常大。计算机系统是在硬件的基础上，通过一层层软件的支持，向用户呈现出强大的功能和友好方便的使用界面。通常将软件系统分为系统软件和应用软件两大类。其中，系统软件一般由软件厂商提供，应用软件是为解决某一问题而由用户或软件公司开发的。

1. 系统软件

系统软件是管理、监控和维护计算机资源(包括硬件和软件)、开发应用的软件。系统软件位于计算机系统中最靠近硬件的一层，主要包括操作系统、语言处理程序、数据库管理系统和支撑服务软件等。

1) 操作系统

操作系统(Operating System，OS)是一组对计算机资源进行控制与管理的系统化程序集合，是用户和计算机硬件系统之间的接口，为用户和应用软件提供了访问和控制计算机硬件的桥梁。

操作系统是直接运行在裸机上的最基本系统软件，任何其他软件必须在操作系统的支持下才能运行。操作系统的主要作用体现在两个方面——管理计算机和使用计算机，所以操作系统一方面管理、控制和分配计算机的软硬件资源，另一方面组织计算机的工作流程。操作系统要通过内部极其复杂的综合处理，为用户提供友好、便捷的操作界面，以便用户不必了解计算机硬件或系统软件的有关细节就能方便地使用计算机。

2) 计算机语言与语言处理程序

人和计算机交流信息使用的语言称为计算机语言或程序设计语言。计算机语言通常分为机器语言、汇编语言和高级语言三类。

(1) 机器语言(Machine Language)。

机器语言是一种用二进制代码 "0" 和 "1" 形式表示的，能被计算机直接识别和执行的语言。用机器语言编写的程序称为计算机机器语言程序，是一种低级语言。

优点：计算机可直接识别，运行速度快，占用内存小。

缺点：不便于记忆、阅读和书写；是面向机器的语言，通用性差；需要人工分配内存，编程工作量大。

由于机器语言的缺点难以克服，给计算机的推广造成很大困难，因此通常不用机器语言直接编写程序。

(2) 汇编语言(Assembly Language)。

汇编语言是一种用助记符表示的面向机器的程序设计语言。汇编语言的每条指令对应一条机器语言代码，不同类型的计算机系统一般有不同的汇编语言。汇编语言也是一种低级语言。

优点：运行速度快；占用内存小；易学易用，易查错，易修改。

缺点：机器不能直接识别；是面向机器的语言，通用性差；需要人工分配内存，编程工作量大。

用汇编语言编写的程序称为汇编语言程序，机器不能直接识别和执行，必须由"汇编程序"(或汇编系统)翻译成机器语言程序才能运行，这种"汇编程序"就是汇编语言的翻译程序。

(3) 高级语言(High Level Language)。

高级语言是一种较接近自然语言和数学表达式的一种程序设计语言，是面向用户的程序设计语言。

优点：脱离具体机器，可移植性强；接近自然语言，易学易用、易查错、易修改；不需要人工分配内存。

缺点：机器不能直接识别和运行；运行速度慢，占用内容空间大。

目前，高级语言包括第三代程序设计语言和第四代超高级程序设计语言(简称 4GL)。第三代程序设计语言面向过程，利用类英语的语句和命令，尽量不再指导计算机如何完成一项操作，如 BASIC、COBOL 和 FORTRAN 等。第四代程序设计语言面向对象，与自然语言非常接近，兼有过程性和非过程性的两重特性，如数据库查询语言、程序生成器等。

用高级语言编写的程序称为"高级语言源程序"，计算机不能识别和执行，要把用高级语言编写的源程序翻译成机器指令，通常有编译和解释两种方式。

编译方式是将源程序整个编译成目标程序,然后通过链接程序将目标程序链接成可执行程序,编译过程如图 1-7 所示。

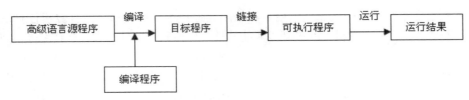

图1-7　高级语言源程序的编译运行过程

解释方式是将源程序逐句翻译,翻译一句执行一句,边翻译边执行,不产生目标程序。由计算机执行解释程序自动完成(如 BASIC 语言),解释过程如图 1-8 所示。

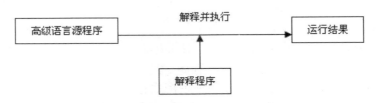

图1-8　高级语言源程序的解释运行过程

3) 系统支撑和服务程序

这些程序又称为工具软件,如系统诊断程序、调试程序、排错程序、编辑程序、查杀病毒程序等,都是为了维护计算机系统的正常运行或支持系统开发配置的软件系统。

4) 数据库管理系统

数据库管理系统主要用来建立存储各种数据资料的数据库,并进行操作和维护。常用的数据库管理系统有微机上的 FoxBASE+、FoxPro、Access 等和大型数据库管理系统 Oracle、DB2、Sybase、SQL Server 等,它们都是关系型数据库管理系统。

2. 应用软件

为解决计算机各类应用问题而编写的软件称为应用软件。应用软件具有很强的实用性,随着计算机应用领域的不断拓展和计算机应用的广泛普及,各种应用软件与日俱增,如办公软件 Microsoft Office、WPS Office、谷歌在线办公系统;图形处理软件 Photoshop、Illustrator;三维动画软件 3ds Max、Maya;即时通信软件 QQ、MSN、UC 和 Skype 等。为完成某一特定专业的任务,针对某行业、某用户的特定需求而专门开发的软件,如某个公司的管理系统等,也是应用软件。

1.4　微型计算机系统

1.4.1　微型计算机分类

当前微型计算机和微处理器的种类繁多、功能各异,可从不同角度进行分类。

1. 根据微处理器的字长，可将其分为8位机、16位机、32位机、64位机等

从 Intel 80386 到 Pentium 都是 32 位数据处理的 CPU。随着 64 位电脑的生产技术日趋成熟及配套软件的推出，64 位机必将成为电脑主流。

2. 按结构，可将其分为单片机、单板机、PC、便携式微机等

单片机。将微处理器(CPU)、一定容量的存储器以及 I/O 接口电路等集成在一个芯片上，就构成了单片机。单片机的存储器容量不是很大，I/O 端口的数量也不多，但它可方便地安装在仪器、仪表、家用电器(如电饭煲、洗衣机、空调机等)、医用设备(如医用呼吸机、分析仪、监护仪、超声诊断设备及病床呼叫系统等)等设备中，使这些设备实现自动化和智能化。

单板机。将微处理器、存储器、I/O 接口电路安装在一块印刷电路板上，就成为单板机。印刷电路板上通常都装有小型键盘和数码管显示器，能进行简单的输入和输出操作。单板机具有体积小、成本低等特点，大量用于现代化生活设备中，像我们日常生活中的智能电器、汽车等。

PC(Personal Computer，个人计算机)。供单个用户使用的微机一般称为 PC，是目前使用最多的一种微机。

便携式微机。便携式微机大体包括笔记本计算机和个人数字助理(PDA)等。

3. 按CPU芯片型号可分为286机、386机、486机、Pentium、酷睿等

Pentium 及以前的计算机中都是单核 CPU，现在又出现了"双核"CPU 及"多核"CPU。双核 CPU 指一块 CPU 中有两个运算核心，两个核心各自同时独立工作。Intel 的双核 CPU 把两个核心芯片整合在一起，通过外部总线通信而同时工作，所以它实际上是"双芯"的。AMD 的双核 CPU 是把两个运算核心芯片集成在一块基片上，通过基片通信。64 位移动双核 CPU 的字长为 64 位，具有双核结构，是适用于笔记本电脑的 CPU。在笔记本电脑中，有一种技术叫"迅驰"技术，是由 Intel 提出来的。迅驰三代技术，主要用了 64 位移动双核 CPU。

总之，微型机技术发展迅速，平均每两三个月就有新产品涌现，平均每两年芯片集成度提高一倍，性能提高一倍，性价比大幅提高。未来的微型机将向着重量更轻、体积更小、运算速度更快、使用及携带更方便、价格更便宜的方向发展。

1.4.2　微机的主要性能指标

微型计算机的性能指标是对微型计算机性能的评价，一般通过以下几个最常用指标来评价。

1. 主频

主频即时钟频率，是指计算机 CPU 内核工作的时钟频率，它在很大程度上决定了计算机的运算速度，主频的单位是赫兹(Hz)。

2. 字长

字长指计算机的运算部件能同时处理的二进制数据的位数，它与计算机的功能有很大的关系。计算机的字长越长，计算机处理信息的效率越高，计算机内部所存储的数值精度越高。比如 286 机为 16 位机，386 机、486 机以及早期的 Pentium 系列都是 32 位机，Intel Pentium 的 630 系列以后的产品，以及 AMD 的 Athlon 64 等均为 64 位 CPU。

3. 内存容量

内存容量是指内存储器中能存储信息的总字节数。一般来说，内存容量越大，计算机的处理速度越快。随着内存价格的降低，微机所配置的内存容量不断提高，从早期的 640KB 增加至目前的 8GB、16GB，甚至更大。随着更高性能的操作系统的推出，计算机的内存容量会继续增加。

4. 内核数

随着社会对 CPU 处理效率要求的提高，尤其是对多任务处理速度要求的提高，Intel 公司和 AMD 公司分别推出了多核心处理器。所谓多核心处理器，简单地说就是在一块 CPU 基板上集成两个或两个以上的处理器核心，通过并行总线将各处理器核心连接起来。多核心处理技术的推出，大大提高了 CPU 的多任务处理性能，并已成为市场的主流。例如，双核 CPU 有 Intel 奔腾 D 系列、E 系列和 AMD 速龙 X2 等；四核 CPU 有 Intel 酷睿 Q 系列、Ⅰ系列和 AMD 羿龙 X4 系列等；六核 CPU 有 Intel i7 系列和 AMD 羿龙Ⅱ系列等。

5. 运算速度

运算速度是一项综合性能指标，其单位是 MIPS(Million Instructions Per Second)和 BIPS(Billion Instructions Per Second)。影响机器运算速度的因素很多，一般来说，主频越高，运算速度越快；字长越长，运算速度越快；内存容量越大，运算速度越快；存取周期越小，运算速度越快。

此外，还有一些评价计算机的综合指标，如机器的兼容性(包括数据和文件的兼容、程序兼容、系统兼容和设备兼容)、系统的可靠性(平均无故障工作时间 MTBF)、系统的可维护性(平均修复时间 MTTR)、机器允许配置的外部设备的最大数目、数据库管理系统及网络功能等，另外，性价比也是一项评价计算机性能的综合性指标。

1.4.3 常见微型计算机的硬件设备

微型计算机是最普及的计算机，和一般计算机硬件系统一样，也包括五大组成部分。微型计算机的主体是主机箱，里面一般有主板、CPU、内存、显卡、声卡、硬盘、软驱、光驱、电源等；外部设备一般有显示器、鼠标、键盘、打印机、音箱等。

1. 中央处理器

微型计算机的 CPU 也称为微处理器，是将运算器、控制器和高速缓存集成在一起的超大规模集成电路芯片，是计算机的核心部件。如图 1-9 所示。

图1-9   Intel CPU(左)和龙芯CPU(右)

2. 存储器

1) 内存

DDR SDRAM(Dual Date Rate SDRAM)简称 DDR，中文名是"双倍数据传输速率同步动态随机存储器"，目前的主流计算机已全部使用 DDR4 内存，DDR4 的主频达到 2133～4000MHz，内存速度的提高大大提高了计算机的运行效能。

内存是由多个存储器芯片组成的插件板(俗称内存条)，如图 1-10 所示，将其插入主板的插槽中，就与 CPU 一起构成了计算机主机。

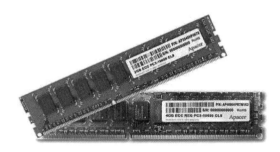

图1-10　内存条

2) 外存

外存又叫外存储器或辅助存储器。与内存储器相比，外存储器是永久性的，主要用来长期保存程序和数据。外存的特点是存储容量大，价格低，可长期保存信息，不足之处是读写速度比内存慢。微型计算机的外存有：硬盘存储器、光盘存储器、U 盘和可移动硬盘等。

(1) 硬盘

硬盘是微机上最重要的外存储器，分固态硬盘、机械硬盘和混合硬盘三种。

(2) 闪存

闪存(Flash Memory)又称"U 盘"，U 盘具有体积小、容量大、无外接电源、即插即用、带电插拔等优点，因此被广泛使用。

(3) 光盘存储器

光盘存储器是利用激光技术存储信息的装置。目前用于计算机系统的光盘可分为：只读光盘(CD-ROM、DVD-ROM)、追记型光盘(CD-R、WORM)和可改写型光盘(CD-RW、MO)等。光盘存储介质具有价格低、保存时间长、存储量大等特点，已成为微机的标准配置。

3. 微机的常见总线标准

总线(Bus)是计算机各功能部件之间传送信息的公共通信干线，是由导线组成的传输线束。微机内部信息的传送是通过总线进行的，各功能部件通过总线连在一起。这种总线式结构可减少传输线的数量，使系统构成简单，易于扩充。微机中的总线一般分为数据总线、地址总线和控制总线，分别用来传输数据、地址及控制信号。

微机的总线标准主要有 PCI、AGP、USB 和 PCI-Express 等。

(1) PCI 总线

PCI 总线是由 Intel、IBM 和 DEC 公司推出的一种局部总线，它定义了 32 位数据总线，且可扩展为 64 位。PCI 总线与 CPU 之间没有直接相连，而是经过桥接(Bridge)芯片组电路连接。

该总线的稳定性和匹配性非常出色,提高了 CPU 的工作效率,是迄今为止最成功的总线接口规范之一。

(2) AGP 总线

随着显示芯片的发展,PCI 总线逐渐无法满足其需求。Intel 为提高视频带宽而推出加速图形端口(AGP)。AGP 是一种显卡专用的局部总线,使图形加速硬件与 CPU 和系统存储器之间直接连接,不必经过繁忙的 PCI 总线,提高了系统实际数据传输速率和随机访问内存时的性能。

(3) USB 总线

USB 总线即通用串行总线,是一种广泛采用的接口标准。它连接外设,简单快捷,支持热插拔,成本低,速度快,连接设备数量多,广泛应用于计算机、摄像机、数码相机和手机等各种数码产品。

(4) PCI-Express 总线

PCI-Express 是取代 PCI 总线的第三代 I/O 总线技术。它采用了目前业内流行的点对点串行连接,比起 PCI 以及更早期的计算机总线的共享并行架构,每个设备都有自己的专用连接,不需要向整个总线请求带宽。它的主要优势就是数据传输速率快。

4. 主板

主板是微型计算机系统中最大的一块电路板,又称为母板或系统板,是一块带有各种插口的大型印刷电路板(PCB),集成有电源接口、控制信号传输线路(称为控制总线)和数据传输线路(称为数据总线)以及相关控制芯片等。它将主机的 CPU 芯片、存储器芯片、控制芯片、ROM BIOS 芯片等各个部分有机地组合起来。此外,主板还连接着硬盘、键盘、鼠标的 I/O 接口插座以及供插入接口卡的 I/O 扩展槽等组件。通过主板,CPU 可控制硬盘、键盘、鼠标、内存等各种设备。如图 1-11 所示。

图1-11　主板各接口示意图

5. 输入设备

输入/输出(I/O)设备是计算机系统与外界进行信息交流的工具。输入设备将原始信息转化为计算机能接受的二进制数，以便计算机处理。输入设备有很多，常见的有键盘和鼠标、扫描仪、数码相机、数码摄像机和条形码阅读器等，键盘、鼠标和数码相机是计算机中最常见的输入设备，下面分别进行简单的介绍。

(1) 键盘和鼠标

键盘和鼠标是微机最基本的输入设备，如图 1-12 所示。键盘通过将按键的位置信息转换为对应的数字编码送入计算机主机，用户通过键盘键入指令实现对计算机的控制；鼠标则是一种控制屏幕上的光标的输入设备，只要通过操作鼠标的左键或右键就能操作计算机。鼠标可分为机械式鼠标、光电式鼠标和无线遥控式鼠标等。

图1-12　键盘和鼠标

(2) 数码相机

数码相机(Digital Camera)是一种采用光电子技术摄取静止图像的照相机。数码相机摄取的光信号由电荷耦合器件 CCD 变换成电信号，保存在 CF 卡、SM 卡或 SD 卡上，将其与计算机的 USB 通信端口连接，可将拍摄的照片转储到计算机内进行编辑。

分辨率是数码相机最重要的性能指标，数码相机的分辨率用图像的绝对像素数来衡量，数码相机拍摄图像的绝对像素数取决于 CCD 芯片上光敏元件的数量，数量越多则分辨率越高，所拍图像的质量也越高。目前数码相机的分辨率可达几千万像素。

6. 输出设备

输出设备是将计算机内部的信息以人们易于接受的形式传送出来的设备，常用的有显示器、打印机、绘图仪和音箱等。

显示器、音箱等设备往往需要通过在主板上插各种可选的接口电路实现与总线的连接，这些外部设备与总线和微处理器连接的接口电路称为适配器，根据它们连接的设备和功能不同，也常称它们为"某某卡"，如显卡、网卡、声卡等。扩展槽又称总线接插器，当一块总线适配卡插入某个扩展槽中时，就与系统总线接通了。

1) 显示系统

显示系统是微型机最基本的，也是必备的输出设备，它包括显示器和显卡(又称显示适配器)，如图 1-13 所示。

图1-13　显示器与显卡

　　显示器的种类很多，按所采用的显示器件分类，分为阴极射线管显示器(Cathode Ray Tube，CRT)、液晶显示器(Liquid Crystal Display，LCD)和等离子显示器(Plasma Display Panel，PDP)等。目前，显示器屏幕的规格大多数是17～22英寸，与传统的 CRT 显示器相比，液晶显示器具有辐射小、体积小、耗电量低、美观等优点，已成为显示器的主流配置。

　　显卡把信息从计算机中取出并显示到显示器上，它决定了能看到的颜色数目和出现在屏幕上的图形效果。

　　显示系统的主要性能指标有显示分辨率、颜色质量和刷新速度等，其中最主要的是分辨率和颜色质量。分辨率简单地说就是屏幕每行每列的像素数，像素(Pixel)是显示器显示图像的最小单位，在 PC 上能看到的所有图形都由成百上千的图形点或像素组成，每个像素都有不同的颜色，这就产生了图像。通常所看到的分辨率以乘法形式表现，如 1600×900，其中 1600 表示屏幕上水平方向显示的点数，900 表示垂直方向的点数。液晶显示器的像素间距已经固定，因此其物理分辨率是固定不变的，只有在最大分辨率下，它才能显现最佳影像。颜色质量是指在某一分辨率下，每一个像素点可以有多少种色彩来描述，它的单位是位(bit)。具体地说，8 位所能表示的颜色数最多是 256(2^8) 种，每个像素点就可取这 256 色中的一种来描述。当然，把所有颜色简单地分为 256 种实在太少了些，因此，人们定义了"增强色"概念来描述色深，它是指 16 位(2^{16}=65 536 色，即通常所说的"64K 色")及 16 位以上的颜色质量，在此基础上，还定义了真彩 24 位色(2^{24} 色)和 32 位色(2^{32} 色)等。

2) 打印机

　　打印机是微机系统中常用的输出设备之一，是可选件。利用打印机可打印出各种资料，包括文书、图形、图像等。根据打印机的工作原理，可将打印机分为点阵打印机、喷墨打印机和激光打印机等，如图 1-14 所示。

点阵打印机　　　　　　喷墨打印机　　　　　　激光打印机

图1-14　打印机

(1) 点阵打印机

点阵打印机又称针式打印机，它利用打印头内的点阵撞针撞击打印色带，在打印纸上产生打印效果。常见的有 EPSON LQ-1600K、LQ-730K 等。点阵打印机的特点是打印成本低，对纸张质量的要求低，可用无碳打印纸或复写纸一次打印多份。缺点是噪声大、速度慢、精度低，不适合打印图形。

(2) 喷墨打印机

喷墨打印机的打印头由细小的喷墨口组成，当打印头横向移动时，喷墨口可按一定的方式喷射出墨水，打到打印纸上，形成字符、图形等。常见的喷墨打印机有 HP Desk Jet plus、Canon BJ10e、HP Paint Jet 等。喷墨打印机的优点是打印质量较高，打印速度比点阵打印机快，使用起来噪声小；缺点是耗材费用较高，对纸张的要求较高，喷墨口不容易保养等。

(3) 激光打印机

激光打印机是一种高速度、高精度、低噪声的非击打式打印机，也能实现彩色打印。它是激光扫描技术与电子照相技术相结合的产物，利用了激光的定向性、能量集中性。目前，激光打印机具有最高的打印质量和最快的打印速度，可输出美观的文稿，也可输出直接用于印制版的透明胶片，但其购置费用和消耗材料的费用都比较高，因此一般多用于高档的桌面印刷系统。常见的激光打印机有 HP Laser Jet 系列、Canon LBP 系列等。

在专业图片打印领域，人们需要更逼真的效果，一般使用热升华打印机。

3) 声音系统

在声卡出现前，PC 是沉默的，声卡象征着多媒体电脑的产生。从最早的 Adlib 8 位单声道 FM 合成声卡到今天的 6 声道环绕立体声系列声卡，声卡早已成为电脑不可或缺的部件。

音频信号是连续的模拟信号，而电脑处理的只能是数字信号，因此，电脑要对音频信号进行处理，首先必须进行模/数(A/D)转换，这个转换过程实际上是对音频信号的采样和量化过程，即把时间上连续的模拟信号转变为时间上不连续的数字信号，只要在连续量上等间隔地取足够多的点，就能逼真模拟出原来的连续量。这个"取点"过程称为采样(Sampling)，采样精度越高("取点"越多)，数字声音越逼真。其中，信号幅度(电压值)方向的采样精度称为采样位数(Sampling Resolution)，时间方向的采样精度称为采样频率(Sampling Frequency)。采样频率指每秒钟对音频信号的采样次数。单位时间内采样次数越多，即采样频率越高，数字信号就越接近原声。采样频率只要达到信号最高频率的两倍，就能精确描述被采样的信号。一般来说，人耳的听力范围在 20Hz～20kHz 之间，因此，只要采样频率达到 40kHz，就可以满足要求。现在大多数声卡的采样频率已达到 44.1kHz 或 44.8kHz，即达到 CD 音质水平了。

目前大多数主板都集成声卡，其音质效果能满足大多数非专业人士的需求。另外，好的声卡需要配同等档次的音箱，才能有高品质的音效输出。

1.5 多媒体技术概述

1.5.1 媒体与数字多媒体技术

能为信息传播提供平台的媒介即可称为媒体(Media)。从广义上讲，媒体就是一切能携带信息的载体；从狭义上讲，在计算机行业，媒体是指能在计算机中使用的载体，如文字、声音、图形、图像、动画、声音及视频等，以及对载体进行加工、记录、显示存储和传输的设备。

多媒体(Multimedia)是多种媒体的综合。多媒体技术是对多种媒体进行综合处理的技术。确切地说，多媒体技术是将文字、数据、声音、图形、图像和动画等各种媒体有机组合起来，利用计算机、通信和广播电视技术，使它们建立起逻辑联系，并能进行加工处理的技术。这里所说的"加工处理"，主要指对上述媒体的录入，对信息进行压缩和解压缩、存储、显示和传输等。一般来讲，多媒体技术有两层含义：①计算机用预先编制好的程序控制多种信息载体，如 CD、VCD、DVD、录像机、立体声设备等；②计算机处理信息种类的能力，即把数字、文字、声音、图形、图像和动态视频信息集为一体的能力。

按照国际电话电报咨询委员会(CCITT)的定义，媒体分为以下几种类型。

1. 感觉媒体(Perception Media)

能直接作用于人的感觉器官，使人产生直接感觉的一类媒体，如语言、文字、音乐、声音、图像、动画。

2. 表示媒体(Representation Media)

为加工、处理和传输感觉媒体而为人研究和构造的媒体。如为计算机储存定义的文本编码，为储存或传输图像定义的图像编码等。

3. 显示媒体(Presentation Media)

也称为呈现媒体，是进行信息输入和输出的媒体，显示媒体又分为两类。一类是输入显示媒体，如键盘、鼠标、话筒、摄像机、光笔以及扫描仪等；另一类为输出显示媒体，如音响、显示器、投影仪以及打印机等。

4. 存储媒体(Storage Media)

用于存储表示媒体，如硬盘、U 盘、光盘、可移动硬盘等。存储媒体又称为存储介质。

5. 传输媒体(Transmission Media)

即传输信息的物理设备，这类媒体包括各种导线、电缆、光缆、电磁波等。

多媒体技术利用计算机、通信、广播电视技术将文字、图形、图像、动画、声音及视频媒体等信息数字化，将它们有机组合起来并建立起逻辑联系，能支持完成一系列交互式操作。总之，多媒体技术是一种基于计算机的综合技术，包括数字信号处理技术、音频和视频压缩技术、计算机硬件和软件技术、人工智能和模式识别技术、网络通信技术等。

1.5.2 数字多媒体技术的特点

多媒体技术所处理的文字、声音、图像、图形等媒体是一个有机整体，而非单个分离的信息类的简单堆积，多种媒体间无论在时间上还是在空间上都存在联系，因此，多媒体技术的关键特性在于其多样性、集成性、交互性和实时性。

1. 多样性

信息载体的多样性是多媒体的主要特性之一，也是多媒体研究需要解决的关键问题。多样性指综合处理和利用多媒体信息，将不同形式的媒体集成到一个数字化环境中而实现的一种信息综合媒体，包括文本、图形、图像、动画、音频和视频等。如在计算机上播放电影就实现了声音、图像、动画等多种媒体的综合。

2. 集成性

集成性包括两方面的含义，一是多媒体信息的集成，即文本、图像、动画、声音、视频等的集成；二是操作这些媒体信息的设备和软件的集成。对前者而言，各种信息媒体按一定的数据模型和组织结构集成，在多任务系统下能够很好地协同工作，组合成完整的多媒体信息，有较好的同步关系。后者强调与多媒体相关的各种硬件和软件的集成，为多媒体系统的开发和实现建立一个理想的集成环境，提高了多媒体软件的生产效率。

3. 交互性

交互性指在多媒体信息的传播过程中可实现人对信息的主动选择、使用、加工和控制，不再像传统信息交流媒体那样单向、被动地传播信息。交互性是多媒体技术有别于传统信息媒体的主要特性。多媒体技术的交互性为用户选择和获取信息提供了灵活手段。例如，传统电视系统的媒体信息是单向流通的，电视台播放什么内容，用户就只能接收什么内容；而交互电视的出现大大增加了用户的主动性，用户不仅可坐在家里通过遥控器、机顶盒和屏幕上的菜单来收看自己点播的节目，且还能利用它来购物、学习、经商和享受各种信息服务，进一步引导我们走向"足不出户便知天下事"的更理想境界。

4. 实时性

实时性指在人的感官系统允许的情况下进行的多媒体的处理和交互。当人们给出操作命令，相应的媒体能得到实时控制。各种媒体有机组合，在时空上紧密联系，同步、协调而成为一个整体。例如，声音及活动图像是实时的，多媒体系统提供同步和实时处理的能力，这样在人的感官系统允许的情况下进行多媒体交互，就好像面对面一样，图像和声音都是连续的。实时多媒体分布系统把计算机的交互性、通信的分布性和电视的真实性有机结合在一起。

1.5.3　多媒体技术中的媒体元素

利用多媒体技术可对声、文、图、像等进行处理，我们将这些多媒体处理对象称为媒体元素。媒体元素指多媒体应用中可显示给用户的媒体组成部分。目前，多媒体技术处理的媒体元素主要包括文本、图形图像、声音、动画和视频影像五类信息。

1. 文本

文本(Text)是以文字和各种专用符号表达的信息形式，它是现实生活中使用最多的一种信息存储和传递方式。文本主要用于对知识的描述性表示，是多媒体应用程序的基础，如阐述概念、定义、原理和问题以及显示标题、菜单等内容。通过对文本显示方式的组织，多媒体应用系统可更好地把信息传递给用户。

2. 图形图像

图形一般是指通过绘图软件绘制的由直线、圆、圆弧、任意曲线等组成的画面，图形文件中存放的是描述生成图形的指令(图形的大小、形状及位置等)，以矢量图形文件形式存储。

矢量图又称为向量图形，由线条和图块组成，当放大矢量图后，图像仍能保持原来的清晰度，且色彩不失真。矢量图的文件大小与图像大小无关，只与图像的复杂程度有关，因此简单的图像所占的存储空间小。

图像是多媒体软件中最重要的信息表现形式之一，它是决定一个多媒体软件视觉效果的关键因素。图像是通过扫描仪、数字照相机、摄像机等输入设备捕捉的真实场景的画面，数字化后以位图格式存储。

位图也称为栅格图像，由多个像素组成，位图图像放大到一定倍数后，可看到一个个方形的色块，整体图像也会变得模糊。位图的清晰度与像素的多少有关，单位面积内像素数目越多，则图像越清晰，反之图像越模糊；对于高分辨率的彩色图像，用位图存储所需的存储空间较大。

3. 音频

音频(Audio)除了包含音乐、语音外，还包括各种声音效果。将音频信号集成到多媒体可提供其他任何媒体不能取代的效果，不仅可烘托气氛，而且可影响用户的情绪和兴趣。音频信息增强了对其他类型媒体所表达的信息的理解。

4. 动画

动画(Animation)利用人的视觉暂留特性，快速播放一系列连续运动变化的图形图像，也包括画面的缩放、旋转、淡入淡出等效果。通过动画可将抽象的内容形象化。

动画与运动的图像有关，动画实质上就是一幅幅静态图像的连续播放，因此特别适合描述与运动有关的过程，动画因此成为重要的媒体元素之一。动画按照图形、图像的生成方式分为实时动画和逐帧动画。如果按照动画的表现形式分类，则可分为二维动画和三维动画。

存储动画的文件格式有 FLC、MMM、GIF、SWF 等。

5. 视频

视频(Video)是图像数据的一种，若干有联系的图像数据连续播放就形成视频，具有时序性与丰富的信息内涵，常用于说明事物的发展过程。计算机视频是数字信号，视频图像可来自录像带、摄像机等视频信号源的影像，这些视频图像使多媒体应用系统功能更强、更精彩。

视频文件的存储格式有 AI、MPG、MOV、RMVB 等。

1.5.4　数字多媒体相关技术

多媒体技术是多门学科的综合，而不是单独的一种技术。它涉及计算机技术、通信技术及现代媒体技术。超大规模集成电路和多任务实时操作系统分别从硬件和软件两个方面对多媒体系统提供支持，大容量存储器、数据压缩技术和超文本/超媒体技术等是实现多媒体应用的关键和核心。

1. 多媒体数据压缩/解压缩技术

多媒体计算机系统要表示、传输和处理声音、图像等信息，这些多媒体数据需要占用大量存储空间。随着网络技术的发展，网络传输带宽也越来越宽，但仍不能满足日益增长的对媒体信息存储、处理、传输的需求。数据压缩技术可有效减少媒体数据量，缩短其传输时间，从而实现对音频、视频信息的实时处理。因此，为解决存储和传输问题，高效的压缩和解压缩算法是多媒体系统运行的关键。

2. 数字多媒体输入与输出技术

数字多媒体输入与输出技术主要指媒体变化技术，即改变媒体的表现形式，如当前广泛使用的视频卡、音频卡都属于媒体变化设备。媒体识别技术指对信息进行一对一的映像处理，如语音识别技术和触摸屏技术等。媒体理解技术指进一步分析、处理和理解信息内容，如自然语言理解、图像理解、模式识别等技术。媒体综合技术是把低维信息表示映射到高维模式空间的过程，如语音合成器可将语音的内部表示综合为声音输出。

3. 数字多媒体软件技术

数字多媒体操作系统是多媒体软件的核心，它负责多媒体环境下多任务的调度，保证音频、视频同步控制以及信息处理的实时性，提供多媒体信息的各种基本操作和管理，具有对设备的相对独立性和可扩展性。

数字多媒体素材的采集与制作主要包括采集并编辑多种媒体数据，如声音信号的录制编辑和播放、图像扫描及预处理、全动态视频采集及剪辑、动画建模渲染、音/视频信号的混合与同步等。

4. 数字多媒体设备技术

随着多媒体的数字化，与多媒体相关的输入/输出设备、处理设备以及芯片快速发展。新式数字设备不断出现，带来了新的交互技术和新的感觉体验。不仅计算机 I/O 系统处理媒体的能力日益加强，很多家用电子设备和便携设备也实现了多媒体操作。

5. 数字多媒体通信技术

数字多媒体通信技术包括语音压缩、图像压缩、多媒体的混合传输技术和分布式多媒体技术。

6. 网络数字多媒体技术

在网络日益发达的今天，网络传输的已经不仅是文字信息，丰富的媒体元素在 HTML、XHTML 标准的定义下也实现了在网络上传播。流媒体传输协议使得音频信息畅通无阻，Web3D 技术营造了网上的虚拟 3D 环境，Flash 成为事实上的网络 2D 图形动画标准。但基于网络的多媒体技术还在无限发展中，没有一个技术包揽全部。

7. 虚拟现实技术

虚拟现实技术利用计算机产生一个逼真的视觉、听觉、触觉及嗅觉等感觉世界，使用户可以用人的自然技能对生成的虚拟实体进行交互考察。虚拟现实技术综合了计算机图形技术、计算机仿真技术、传感技术、显示技术等，在多维信息空间创建了一个虚拟环境。

1.5.5　数字多媒体技术的应用领域

随着多媒体技术的不断发展，多媒体技术的应用也越来越广。数字多媒体技术已经渗透到不同行业的多个应用领域，主要有以下 5 个方面。

1. 教育培训领域

教育培训领域是目前多媒体技术应用最广泛的领域之一。

计算机辅助教学(Computer Assisted Instruction，CAI)已在教育教学中得到广泛应用，多媒体教材通过图、文、声、像的有机组合，能多角度、多侧面地展示教学内容。多媒体技术通过视觉、听觉或视听，用多种方式同时刺激学生的感觉器官，能激发学生的学习兴趣，提高学习效率，帮助教师将抽象的不易用语言和文字表达的教学内容表达得更清晰、直观。计算机多媒体技术能以多种方式向学生提供学习材料，包括抽象的教学内容、动态的变化过程、多次重复等。利用计算机存储容量大、显示速度快的特点，能快速展现和处理教学信息，拓展教学信息的来源，扩大教学容量，并能在有限时间内检索到所需的内容。

2. 数字出版领域

数字出版是多媒体技术应用的一个重要方面。数字出版物是指以数字代码方式将图、文、声、像等信息存储在磁、光、电介质上，通过计算机或类似设备阅读使用，并可复制发行的大众传播媒体。

数字出版物的内容多种多样，如电子杂志、百科全书、地图集、信息咨询、简报等。数字出版物可将文字、声音、图像、动画、影像等种类繁多的信息合为一体，存储密度非常大，这是纸质印刷品所不能比拟的。

数字出版物中信息的录入、编辑、制作和复制都借助计算机完成，人们在获取信息的过程中需要对信息进行检索、选择，因此，数字出版物的使用方式灵活、方便、交互性强。

数字出版物的出版形式主要有电子网络出版和电子书刊两大类。数字网络出版是以数据库和通信网络为基础的一种出版形式，通过计算机向用户提供网络联机、电子报刊、电子邮件以及影视作品等服务，信息的传播速度快、更新快。

3. 娱乐领域

随着多媒体技术的日益成熟，多媒体系统已大量进入娱乐领域。多媒体计算机游戏和网络游戏不仅具有很强的交互性，而且人物造型逼真、情节引人入胜，使人如身临其境一般。数字照相机、数字摄像机等越来越多地进入人们的生活和娱乐活动中。

4. 咨询服务领域

多媒体技术在咨询服务领域的应用主要是使用触摸屏查询相应的多媒体信息，如宾馆饭店查询、展览信息查询、图书情报查询、导购信息查询等，查询信息的内容可以是文字、图形、图像、声音和视频等。查询系统信息存储量较大，使用非常方便。

5. 多媒体远程通信领域

数据通信的快速发展，为实施多媒体网络通信奠定了技术基础。多媒体网络是多媒体应用的一个重要方面，通过网络实现图像、语音、动画和视频等多媒体信息的实时传输是多媒体时代用户的必然需求。这方面的应用非常多，如视频会议、远程教学、远程医疗诊断、视频点播以及各种多媒体信息在网络上的传输。远程教学是发展较突出的一个多媒体网络传输应用。多媒体网络的另一目标是使用户通过现有的电话网络、有线电视网络实现交互式宽带多媒体传输。

习　题

1. 19 世纪，英国数学家巴贝奇_____。
   A. 研发出世界上第一台电子计算机　　　　B. 提出了符号逻辑的思想
   C. 发明了计算尺　　　　　　　　　　　　D. 最先提出通用数字计算机的基本设计思想
2. 个人计算机的简称是_____。
   A. NOTEBOOK　　　　B. PC　　　　　　C. NC　　　　　　　D. PDA
3. 电子计算机的发展过程经历了四代，其划分依据是_____。
   A. 计算机体积　　　　　　　　　　　　　B. 计算机速度
   C. 构成计算机的电子元件　　　　　　　　D. 内存容量
4. 在计算机应用领域，CAD 指的是_____。
   A. 计算机辅助教学　　　　　　　　　　　B. 计算机辅助管理
   C. 计算机辅助分析　　　　　　　　　　　D. 计算机辅助设计
5. X 是二进制数 110110110，Y 是十六进制数 1AB，则 X+Y 的结果的十进制数是_____。
   A. 881　　　　　　　B. 865　　　　　　C. 609　　　　　　　D. 993
6. 十进制数 211 转换成二进制数是_____。
   A. 11010101　　　　B. 11010011　　　　C. 11010010　　　　D. 11101100
7. 十六进制数 AB6.C 转换成八进制数是_____。
   A. 5266.6　　　　　B. 523.5　　　　　　C. 5124.54　　　　　D. 5267.7
8. 已知两个二进制数 X=100101 B，Y=110111 B，二者进行逻辑异或运算的结果为_____。
   A. 011101　　　　　B. 110111　　　　　C. 010010　　　　　D. 100101
9. 已知字母 n 的 ASCII 码值是 6EH，则字母的 r 的 ASCII 码是_____。
   A. 67H　　　　　　B. 74H　　　　　　C. 72H　　　　　　D. 56H
10. 已知字符 K 的 ASCII 码的十六进制数是 4B，则 ASCII 码的二进制数 1001000 对应的字符应为_____。
   A. G　　　　　　　B. H　　　　　　　C. I　　　　　　　D. J
11. 已知字母 "F" 的 ASCII 码是 46H，则字母 f 的 ASCII 码是_____。
   A. 66H　　　　　　B. 26H　　　　　　C. 98H　　　　　　D. 34H
12. 按 16×16 点阵存放国标 GB2312-80 中一级汉字(共 3755 个)的汉字库，大约需要占_____存储空间。
   A. 1MB　　　　　　B. 512KB　　　　　C. 256KB　　　　　D. 117KB
13. 在存储一个汉字内码的两个字节中，每个字节的最高位是_____。
   A. 1和1　　　　　　B. 1和0　　　　　　C. 0和1　　　　　D. 0和0
14. 在计算机系统中，普遍使用的字符编码是_____。
   A. 原码　　　　　　B. 补码　　　　　　C. ASCII码　　　　D. 汉字编码
15. 标准的 ASCII 码是_____位码。
   A. 7　　　　　　　B. 16　　　　　　　C. 8　　　　　　　D. 32

16. 一个字节由 8 个二进制位组成，它所能表示的最大十六进制数为_____。

    A. 255   B. 256   C. 9F   D. FF

17. 计算机硬件的组成部分主要包括运算器、存储器、输入设备、输出设备和_____。

    A. 控制器   B. 显示器   C. 磁盘驱动器   D. 鼠标器

18. _____对源程序是一边翻译，一边执行，并不产生目标程序。

    A. 翻译程序   B. 解释程序   C. 编译程序   D. 汇编程序

19. 计算机软件包括应用软件和_____。

    A. 游戏软件   B. 系统软件   C. 程序设计软件   D. 数据库管理软件

20. 多媒体技术的特点不包括_____。

    A. 多样性   B. 集成性   C. 交互性   D. 连续性

第 2 章

Windows 7 操作系统

2.1 操作系统概述

操作系统是系统软件的核心，是计算机中最重要的系统软件，是其他软件工作的基础平台，又是用户和计算机硬件之间的桥梁。它可控制和管理计算机系统的硬件和软件资源、控制程序执行、改善人机界面、合理地组织计算机工作流程并为用户使用计算机提供良好运行环境。在计算机系统中设置操作系统的目的在于提高计算机系统的效率，增强系统的处理能力，提高系统资源的利用率，方便用户使用计算机。

本章在简要介绍操作系统的基本概念的基础上，重点介绍 Windows 7 操作系统。

2.1.1 操作系统的功能

从资源管理的角度看，操作系统的主要任务是对计算机系统中的硬件、软件实施有效管理，以提高系统资源的利用率。计算机硬件资源主要指处理器、主存储器和外部设备，软件资源主要指信息(文件系统)和各类程序，因此，操作系统的主要功能分为处理器管理、存储管理、设备管理、文件管理和作业管理。

1. 处理器管理

处理器管理主要有两项工作，一是处理中断事件，二是处理器调度。由于操作系统对处理器的管理策略不同，其提供的作业处理方式也就不同，如批处理、分时处理、实时处理等。

2. 存储管理

存储管理的主要任务是管理存储器资源，为多道程序运行提供有力支撑。存储管理的主要功能包括存储分配、存储共享、存储保护和存储扩充。

3. 设备管理

设备管理的主要任务是管理各类外围设备，完成用户提出的 I/O 请求，加快 I/O 信息的传送速度，发挥 I/O 设备的并行性，提高 I/O 设备的利用率，以及提供每种设备的驱动程序和中断处理程序，向用户屏蔽硬件使用细节。设备管理具有以下功能：提供外围设备的控制与处理、提供缓冲区的管理、提供外围设备的分配、提供共享型外围设备的驱动和虚拟设备的实现。

4. 文件管理

文件管理是对系统的信息资源进行管理。文件管理主要完成以下任务：提供文件的逻辑组织方法、物理组织方法、存取方法、使用方法，实现文件的目录管理、存取控制和存储空间管理。

5. 作业管理

用户需要计算机完成某项任务时，要求计算机操作的所有工作的集合称为作业。作业管理的主要功能是将用户的作业装入内存并投入运行，一旦作业进入内存，就称为进程，作业管理是操作系统的基本功能之一。

2.1.2　操作系统的分类

按照操作系统的功能特征，操作系统一般可分为三种基本类型，即批处理操作系统、分时操作系统和实时操作系统。根据使用环境不同，又可分为嵌入式操作系统、个人计算机操作系统、网络操作系统和分布式操作系统。

1. 批处理操作系统

批处理(Batch Processing)操作系统的工作方式是：用户将作业交给系统操作员，系统操作员将许多用户的作业组成一批作业，之后输入到计算机中，在系统中形成一个自动转接的连续作业流，然后启动操作系统，系统自动执行每个作业，最后由操作员将作业结果交给用户。

2. 分时操作系统

分时(Time Sharing)操作系统的工作方式是：一台主机连接若干个终端，每个终端由一个用户使用。用户向系统提出命令请求，系统接收每个用户的命令，采用时间片轮转方式处理服务请求，并通过交互方式在终端向用户显示结果，用户根据上一步的处理结果发出下一条命令。

分时操作系统具有多路性、交互性、独占性和及时性的特征，它将 CPU 的运行时间划分为若干个片段，称为时间片，操作系统以时间片为单位，轮流为每个终端用户服务。由于时间片非常短，因此每个用户感觉不到其他用户的存在。

3. 实时操作系统

实时(Real Time)操作系统使计算机能及时响应外部事件的请求，在严格规定的时间内完成对该事件的处理，并控制所有实时设备和实时任务协调一致地工作。实时操作系统在严格时间范围内对外部请求做出反应，具有较高的可靠性和完整性。

4. 嵌入式操作系统

嵌入式操作系统运行在嵌入式系统环境中，对整个嵌入式系统以及它所操作、控制的各种部件装置等资源进行统一协调、调度、指挥和控制。

5. 个人计算机操作系统

个人计算机操作系统是单用户操作系统。个人计算机操作系统主要供个人使用，功能强、价格低，几乎可在任何地方安装使用，能满足一般人工作、学习、游戏等方面的需求。早期的 DOS 操作系统是单用户单任务操作系统，Windows XP 操作系统是单用户多任务操作系统，本章重点介绍 Windows 7 操作系统，它是多用户多任务操作系统。

根据在同一时间内使用计算机用户的数量，操作系统可分为单用户操作系统和多用户操作系统。单用户操作系统指一台计算机在同一时间段内只能被一个用户使用，一个用户独自享用系统的全部硬件和软件资源。多用户操作系统指在同一时间段内允许多个用户同时使用计算机。

如果用户可以同时运行多个应用程序，这样的操作系统称为多任务操作系统。如果用户在同一时间内只能运行一个应用程序，其所对应的操作系统称为单任务操作系统。

6. 网络操作系统

网络操作系统是基于计算机网络的，是在各种计算机操作系统上按网络体系结构协议标准开发的系统软件，包括网络管理、通信、安全、资源共享和各种网络应用，其主要特点是与网络的硬件结合来完成网络的通信任务，其目标是实现网络通信及资源共享。

7. 分布式操作系统

分布式操作系统通过高速网络将许多台计算机连接起来形成一个统一的计算机系统，可获得极高的运算能力及广泛的数据共享，它在资源管理、通信控制和操作系统的结构等方面与其他操作系统存在很大区别。它具有统一性、共享性、透明性、自治性。

2.1.3　常用操作系统

1. Windows操作系统

Windows 操作系统由美国微软公司开发，是一个为个人电脑和服务器用户设计的操作系统。自 1985 年微软推出 Windows 1.0 以来，Windows 系统经历了近 30 年的风风雨雨。从最初运行在 DOS 下的 Windows 3.x，到风靡全球的 Windows 9x、Windows 2000、Windows XP、Windows 2003、Windows 7、Windows 8 等，Windows 系列产品由于硬件支持良好、应用程序众多、具备出色的多媒体功能，成为目前全球使用最广泛的操作系统。

2. UNIX操作系统

UNIX 最早于 1969 年由美国 AT&T 的贝尔实验室开发，是一个强大的多用户、多任务操作系统，支持多种处理器架构，按照操作系统的分类，属于分时操作系统。UNIX 可应用于从巨型计算机到普通 PC 机等多种不同的平台上，它强大的网络支持功能使其广泛应用于网络服务器。

3. Linux操作系统

Linux 是一个多用户多任务、支持多线程和多 CPU 的操作系统，继承了 UNIX 以网络为核心的设计思想，支持 32 位和 64 位硬件，具有开放源代码、可移植性良好、代码资源丰富的特性。这个系统是由世界各地的成千上万的程序员设计和实现的，其目的是建立不受任何商品化软件版权制约的、全世界可自由使用的 UNIX 兼容产品。自 1991 年发布以来，以令人惊异的速度迅速在服务器和桌面系统中获得了成功，它还是一种嵌入式操作系统，可运行在掌上电脑、机顶盒或游戏机等多种硬件平台上。

4. iOS操作系统

iOS 是由苹果公司开发的手持设备操作系统，最早于 2007 年 1 月被苹果公司在 Macworld 展览会上公布，并于同年 6 月发布第一版 iOS 操作系统。iOS 操作系统最初是为 iPhone 设计的，后来陆续套用到 iPod touch、iPad 以及 Apple TV 等苹果产品上。iOS 具有简单易用的界面、令人惊叹的功能，以及超强的稳定性。2013 年 9 月 10 日，苹果公司在媒体发布会上正式发布了 iOS 7。

5. macOS操作系统

macOS 操作系统是苹果机专用系统，是基于 UNIX 内核的图形化操作系统，一般情况下在普通 PC 上无法安装。macOS 是全图形化界面和操作方法的鼻祖，拥有全新的窗口系统、强有力的多媒体开发工具和操作简单的网络结构。macOS 操作系统由苹果公司自行开发，现已经到了 macOS 10。新系统非常可靠，它的许多特点和服务都体现了苹果公司的理念。

6. Android操作系统

Android 是一种基于 Linux 的自由及开放源代码的操作系统，主要用于移动设备，如智能手机和平板电脑，由 Google 公司和开放手机联盟领导及开发。Android 操作系统最初由安迪·鲁宾(Andy Rubin)开发，2005 年 8 月由 Google 收购注资。2007 年 11 月，Google 与 84 家硬件制造商、软件开发商及电信运营商组建开放手机联盟，共同研发改良 Android 系统。第一部 Android 智能手机发布于 2008 年 10 月。随后 Android 逐渐扩展到平板电脑及其他领域，如电视、数码相机、游戏机等。2011 年第一季度，Android 在全球的市场份额首次超过塞班系统，跃居全球第一。2012 年 11 月数据显示，Android 占据全球智能手机操作系统市场 76%的份额，中国市场占有率为 90%。

2.2 Windows 7 基础

Windows 7 是微软公司于 2009 年 10 月发布的一款视窗操作系统。Windows 7 包含 6 个版本，分别为 Windows 7 Starter(初级版)、Windows 7 Home Basic(家庭基础版)、Windows 7 Home Premium(家庭高级版)、Windows 7 Professional(专业版)、Windows 7 Enterprise(企业版)和 Windows 7 Ultimate(旗舰版)。其中 Windows 7 家庭高级版和 Windows 7 专业版是两大主力版本，前者面向家庭用户，后者针对商业用户。

2.2.1　Windows 7 概述

1. Windows 7的启动

打开主机电源后，根据用户的不同设置，可直接登录到桌面完成启动，也可启动登录对话框，输入用户名和密码，确认后登录。

2. Windows 7的退出

单击任务栏的"开始"按钮，在弹出的"开始"菜单中单击"关机"按钮，在计算机完成一系列操作后，操作系统会将计算机的电源自动关闭。单击"关机"按钮右侧箭头，其级联菜单中将出现"切换用户""注销""锁定""重新启动""睡眠"命令，如图 2-1 所示。

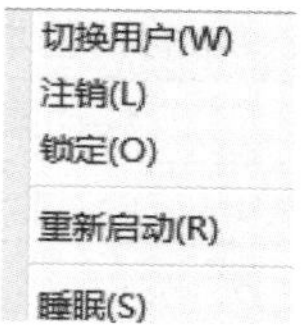

切换用户(W)
注销(L)
锁定(O)
重新启动(R)
睡眠(S)

图2-1　Windows 7"关机"级联菜单

(1) 切换用户

通过"切换用户"命令能快速地退出当前用户，并回到用户登录界面，按照提示进行操作即可切换至其他用户。在此状态下，当前用户的操作程序继续运行，不会受到影响。

(2) 注销

通过"注销"命令，系统会释放当前账户所使用的全部系统资源，回到用户登录界面，以便让其他用户登录。

(3) 锁定

当用户有事需要暂时离开，但电脑还在进行某些操作不方便停止，同时也不希望其他人查看自己电脑的信息时，可使用"锁定"命令使电脑自动锁定，退出计算机桌面，回到用户登录界面。

(4) 重新启动

通过"重新启动"命令，可退出当前系统并重新启动计算机。

(5) 睡眠

睡眠也是退出 Windows 7 操作系统的一种方法，"睡眠"会使得计算机保存当前信息并关闭，再次打开计算机时会恢复到睡眠前的工作状态。此时电脑并没有真正关闭，而是进入一种低耗能状态。

3. 键盘、鼠标的基本操作

Windows 7 的各种操作主要通过键盘和鼠标完成。键盘上除了常用的字母、数字和符号键外，还有一些功能键如 Ctrl、Shift、Alt 等，功能键要与其他键组合使用，才能完成某些操作。表 2-1 列出常见的组合键及功能。

表2-1　常见的组合键及功能

组合键	功能	组合键	功能
Ctrl+Esc	打开"开始"菜单	Alt+F4	结束应用程序
Alt+Esc	切换当前窗口	Ctrl+F4	关闭文档窗口
Ctrl+Shift	切换各种输入法	Ctrl+Space	切换中英文输入状态
Print Screen (Prc)	将整个屏幕作为图像复制到剪贴板	Alt+Prc	将当前活动窗口作为图像复制到剪贴板

　　鼠标是操作计算机最常用的输入设备，它快捷、方便、易学。鼠标一般有两个键，分别称为左键和右键，常用的鼠标操作如表 2-2 所示。

表2-2　鼠标的基本操作

移动/指向/定位	移动鼠标，使其指向操作对象
左击	简称单击，即点击鼠标左键一次
右击	点击鼠标右键一次
双击	连续快速点击鼠标左键两次
释放	释放鼠标按键
拖动	按着鼠标左(或右)键不放，然后拖动鼠标

　　4. 窗口

　　Windows 7 操作系统及其应用程序采用图形化界面，只要运行某个应用程序或打开某个文档，就会对应出现一个矩形区域，这个矩形区域称为窗口。虽然每个窗口内容各不相同，但大多数窗口都具有相同的基本组成部分，如图 2-2 所示。

图2-2　Windows 7"计算机"窗口

　　1) 边框
　　组成窗口的四条边线称为窗口的边框，拖动边框可改变窗口大小。

2) 标题栏

标题栏位于窗口顶部，显示已打开应用程序的图标、名称等，右边有"最小化""最大化/还原"和"关闭"按钮。单击应用程序的图标，会打开应用程序的控制菜单。另外，可双击标题栏完成窗口的最大化和还原的切换，在窗口的非最大化状态下，拖动标题栏，可改变窗口位置；拖动窗口四周的边框，可改变窗口大小。

Windows 7 是一个多任务操作系统，允许多个程序同时运行，但在某一时刻，只能有一个窗口处于活动状态，所谓活动窗口就是指该窗口可以接收用户的键盘和鼠标输入等操作，非活动窗口不会接收键盘和鼠标输入，但相应的应用程序仍在运行，称为后台运行。

3) 地址栏

地址栏显示当前所在的位置，通过单击地址栏中的不同位置，可直接导航到这些位置。

4) 搜索栏

在搜索栏中键入内容后，将立即对选定目标中的内容进行筛选，并显示出与键入内容匹配的文件。在搜索时，如果对查找目标的名称记得不太确切，或需要查找多个文件名类似的文件，则可在要查找的文件或文件夹名中插入一个或多个通配符。通配符有两个，问号(？)和星号(*)，其中问号(？)可与任意字符匹配，而星号(*)则可与多个任意字符匹配。

5) 前进/后退按钮

使用前进/后退按钮可导航到曾经打开的其他文件夹，而不必关闭当前窗口。

6) 工具栏

工具栏中存放着常用的操作按钮，在 Windows 7 中，工具栏上的按钮会根据查看的内容不同而有所变化，但一般包含"组织"等按钮，通过"组织"按钮可实现文件和文件夹的剪切、复制、粘贴、删除、重命名等操作。

7) 导航窗格

用户可在导航窗格中单击文件夹和保存过的搜索，以更改当前文件夹中显示的内容。使用导航窗格可访问文档库、图片库和音乐库等。

8) 详细信息面板

详细信息面板显示当前路径下的文件和文件夹中的详细信息，如文件夹中的项目数、文件的修改日期、大小、创建日期等。

9) 菜单栏

窗口在默认情况下不显示传统的菜单栏及工具栏等，用户可自行设置所需的项目。在"计算机"窗口中，单击"组织"|"布局"|"菜单栏"，如图 2-3 所示，可将传统的菜单栏显示出来。菜单栏一般包含"文件""编辑""查看""工具""帮助"等菜单项，每个菜单项又有许多选项，每个选项对应一个命令来实现某种操作。一般情况下，该窗口所允许的操作都会在菜单栏中找到对应的菜单命令。

在菜单中，Windows 使用许多特殊标记，这些特殊标记都有特定含义，常见标记有：

(1) ▷标记：表明此菜单项目有下一级的级联菜单。

图2-3　"计算机"窗口中的菜单栏

(2) …标记：表明单击此菜单项会打开一个对话框。

(3) √标记：表明该菜单项是复选菜单项，菜单项的文字前出现符号√，表明处于选中状态，再次单击该菜单项时，标记会消失，表明取消选中该菜单项。

(4) ●标记：表明该菜单项是单选菜单项，在所列出的菜单项组中，同一时刻只能有一项被选中。另外，菜单项目中间灰色的横线称为分隔线。当一个菜单项呈灰色时，表明此菜单项目当前不可用。

10) 滚动条

当用户区域显示的文档的高度大于显示窗口的高度时，将在右侧出现垂直滚动条；当文档的宽度大于显示窗口的宽度时，将在底部出现水平滚动条，拖动对应的滚动条，可改变窗口中文档的显示位置。

5. 对话框

对话框是 Windows 7 中用于与用户交互的重要工具，通过对话框，系统可提示或询问用户，并提供一些选项供用户选择。Windows 7 系统有许多对话框，这些对话框的形状和组成差异很大。与窗口相比，对话框只能在屏幕上移动，不能改变大小，也不能缩小成任务栏图标。

对话框分成两种类型，即模式对话框和非模式对话框。模式对话框是指当该种类型的对话框打开时，主程序窗口被禁止，只有关闭该对话框，才能处理主窗口的对话框，如 Word 程序中的"另存为"对话框，如图 2-4 所示。非模式对话框是指那些即使在对话框被显示时仍可处理主窗口的对话框，如 Word 程序中的"查找和替换"对话框，如图 2-5 所示。

图2-4 Word程序的"另存为"对话框

图2-5 Word程序的"查找和替换"对话框

对话框包含一系列控件，控件是一种具有标准外观和标准操作方法的对象。下面介绍最常见的控件。可参见图 2-6~图 2-9。

(1) **选项卡**。选项卡控件通常用于将一些比较复杂的对话框分为多页，实现页面的切换操作。

(2) **文本框**。文本框控件允许用户输入和修改文本信息。

(3) **复选框**。复选框控件的标记是一个小方框,在一组复选框中可选择任意多个。

(4) **单选按钮**。单选按钮控件的标记是一个小圆点,在一组单选项中一次只能选择一个。

(5) **命令按钮**。命令按钮控件用于执行某项命令,单击该按钮可实现某项功能。

(6) **列表框**。列表框控件只是给出一个项目列表,在列表中进行选择。如果单击列表框右侧的按钮弹出向下的列表,则这种列表框称为下拉列表框。

(7) **组合框**。组合框控件同时包含一个文本框控件和一个列表框控件。用户可根据需要从列表中选择,也可在文本框中输入。

(8) **数值框**。数值框控件用于提供用户输入数字的矩形框,还可通过箭头增减数值。

(9) **滑块**。滑块控件又称跟踪条,可在给定范围内选择值。

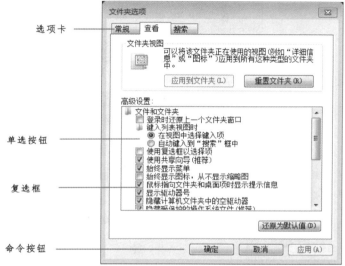

图2-6 对话框中的控件介绍1

图2-7 对话框中的控件介绍2

滑块

图2-8　对话框中的控件介绍3

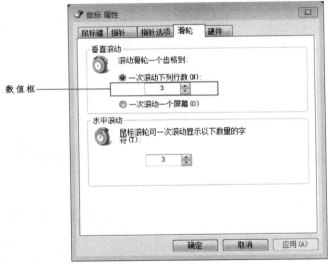

数值框

图2-9　对话框中的控件介绍4

6. 剪贴板

剪贴板是 Windows 操作系统为传递信息而在内存中开辟的临时存储区域，通过它可实现 Windows 环境下运行的应用程序之间或应用程序内的数据传递和共享。剪贴板能共享或传送的信息可以是一段文字、数字或符号组合，也可以是图形、图像、声音等。

利用剪贴板传递信息，首先要将信息从信息源区域复制到剪贴板，然后将剪贴板内的信息粘贴到目标区域中。需要说明的是，因为剪贴板在内存里开设存储空间，所以，当电脑关闭或重启时，存储在剪贴板中的内容将丢失。

2.2.2　Windows 7 的桌面

计算机启动后，显示器上显示的整个屏幕区域称为桌面(Desktop)，桌面是用户与计算机交互的工作窗口。桌面有自己的背景图案，包含各种桌面图标。桌面底部的条状区域叫任务栏，任务栏上有"开始"按钮、任务按钮和其他信息，如时钟等，如图 2-10 所示。

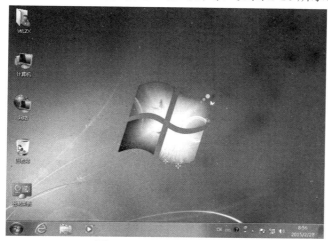

图2-10　Windows 7的桌面

1. 桌面图标

桌面图标由一个个形象的图形和相关说明文字组成。在Windows 7 中，所有文件、文件夹和应用程序都用图标来形象地表示，双击这些图标可快速地打开文件、文件夹或应用程序。快捷方式是一个扩展名为.lnk的文件，一般与一个应用程序或文档相关联，图标左下角有一个小箭头。通过快捷方式可快速打开相关的应用程序或文档以及访问计算机或网络上任何可访问的项目。

通常情况下，桌面图标包括如下几个图标。

(1) **计算机**：可查看并管理本地计算机资源。

(2) **网络**：当本地计算机与局域网相连时，可查看并使用网络中的资源。

(3) **回收站**：是系统中专门存放被删除的文件和文件夹的区域。

可根据实际需求调整桌面上图标的位置。鼠标指向要移动位置的图标，按住左键拖动到目标位置即可。还可按一定规律排列桌面上的图标，在桌面的任意空白处单击右键，弹出快捷菜单，如图 2-11 所示，选择"排序方式"选项，在级联菜单中选择依据名称、大小、项目类型和修改时间进行排列。

图2-11　排列桌面图标菜单

2. 任务栏与"开始"菜单

1) 任务栏

Windows 7 中的任务栏是位于桌面底部的条状区域，由"开始"按钮、程序窗口按钮和通知区域等几部分组成，如

图 2-12 所示，下面将分别进行介绍。

图2-12　任务栏

(1) "开始"按钮。单击可打开"开始"菜单。

(2) **快速启动工具栏**。单击其中的按钮即可启动相应程序。

(3) **任务按钮栏**。显示已打开的程序或文档窗口的缩略图，单击任务按钮可快速地在这些程序之间切换，也可在任务按钮上右击，通过弹出的快捷菜单对程序进行控制。

(4) **语言栏**。显示当前的输入法状态。

(5) **通知区域**。包括时钟、音量、网络以及其他一些显示特定程序和计算机设置状态的图标。

(6) **显示桌面按钮**。鼠标指针移动到该按钮上，可预览桌面，若单击该按钮可快速返回桌面。

图2-13　"开始"菜单

2) "开始"菜单

"开始"菜单中存放着 Windows 7 的绝大多数命令和安装到系统里面的所有程序，是操作系统的中央控制区域。通过该菜单可方便地启动应用程序、打开文件夹、对系统进行各种设置和管理。单击任务栏最左侧的"开始"按钮即可弹出"开始"菜单，如图 2-13 所示。

2.3　Windows 7 的文件和文件夹管理

存放在计算机中的所有程序以及各种类型的数据都以文件形式存储在磁盘上，因此，文件的组织和管理是操作系统要完成的主要功能之一。在 Windows 7 中，可使用"计算机"窗口来完成对文件、文件夹或其他资源的管理。

2.3.1　文件和文件夹基础

文件是计算机系统中数据组织的基本单位。所谓文件(File)，指存放在外存储器上的一组相关信息的集合。文件中存放的可以是一个程序，也可以是一篇文章、一首乐曲、一幅图等。文件夹是系统组织和管理文件的一种形式，是为方便用户查找、维护和存储而设置的，可将文件分门别类地存放在不同文件夹中。在文件夹中可存放所有类型的文件和下一级文件夹、驱动磁盘器等内容。

每个文件都有一个名称，称为文件名，文件名是操作系统中区分不同文件的唯一标志。文件名由主文件名和扩展名两部分组成，主文件名和扩展名之间用英文句点分隔。一般来说，文件的

主文件名应该与文件的内容相关，主文件名可由英文、字符、汉字、数字及一些符号组成，但不能使用|、\、/、<、>、*、?、:、 " 等符号。扩展名表示文件的类型，操作系统中根据扩展名建立应用程序与文件的关联，例如，扩展名为.txt 的文本文件和"记事本"应用程序相关联，当双击扩展名为.txt 的文件时，操作系统将自动启动"记事本"应用程序并将其打开。

　　计算机通过文件夹来组织、管理和存放文件，一个文件夹中可包含其他文件夹。在 Windows 7 的许多文件夹中，有些是系统文件夹(如文档、回收站、Windows、System32 等)，有些是用户创建的文件夹。Windows 7 中的每个文件和文件夹都对应一个图标，一般来说，图标为 形状的是文件夹，其他图标代表的都是文件。双击文件图标即可启动相关的程序或显示相关的文件内容；双击文件夹图标则可打开文件夹窗口，显示该文件夹所包含的文件或子文件夹信息。删除文件或文件夹图标，将同时删除其代表的数据对象。

2.3.2　资源管理器

　　可使用资源管理器，来创建、打开、移动、复制、删除、重命名文件或文件夹。

1．资源管理器

　　资源管理器是 Windows 7 操作中最常用的文件和文件夹管理工具，它分层显示计算机内的所有文件。使用资源管理器可方便地浏览、查看、移动、复制文件或文件夹。

　　可采用以下任意一种方法来启动资源管理器：

　　(1) 双击桌面上的"计算机"图标。

　　(2) 右击"开始"按钮，在弹出的快捷菜单中选择"打开 Windows 资源管理器"。

　　(3) 单击"开始"按钮，在弹出的快捷菜单中选择"所有程序" | "附件" | Windows 资源管理器。

　　打开后的资源管理器窗口如图 2-14 所示。

图2-14　资源管理器窗口

　　从图 2-14 可看出，资源管理器可管理的项目很多，有"库""计算机"等。Windows 资源管理器分左、右两个窗口，其中左窗口为一个树状控件视图窗口，树状控件有一个根，根下面包括节点(又称项目)，每个节点又可包括下级子节点，这样形成一层层的树状组织管理形式。

当某个节点还包含下级子节点时，该节点的前面将带有一个空心三角，单击某个节点前面的三角或双击该节点，将展开此节点。节点展开后，前面的三角会变为实心，此时，如果单击此三角，就可将节点收缩。单击某个节点的名称或图标，就可打开此节点，同时在右窗口中显示该节点中的内容。

2. 库

Windows 7 中使用了"库"组件，可方便对各类文件或文件夹进行管理。打开 Windows 资源管理器，在左侧窗格中可看到"库"。简单地讲，库可将我们需要的文件和文件夹统统集中到一起，就如同网页收藏夹一样，只要单击库中的链接，就能快速打开添加到库中的文件夹，而不需要知道它们原来在本地电脑或局域网中的位置。

实际上，它并非将不同位置的文件物理上移到一起，而通过库将这些目录的快捷方式整合在一起，在资源管理器的任何窗口中都可以方便地访问，大大提高了文件查找的效率。用户不必考虑文件或文件夹的具体存储位置，或者说，库中的对象就是各种文件夹与文件的一个快照，库中并不真正存储文件，只提供一种更快捷的管理方式。

默认情况下，Windows 7 已经设置了"视频""图片""文档"和"音乐"四个库，你还可建立新类别的库。

2.3.3　文件和文件夹管理

1. 文件或文件夹的选定

首先用 Windows 资源管理器打开要选择的文件或文件夹所在的盘和文件夹。可采用以下方法选定、取消选定文件或文件夹。

(1) 选定单个文件或文件夹。

单击要选择的文件或文件夹，此时，该文件或文件夹会变为蓝色，表示被选定。

(2) 选定连续的多个文件或文件夹。

如果要选择的文件或文件夹的位置是连续的，则可在第一个(或最后一个)要选定的文件或文件夹上单击，然后按下 Shift 键不放，再单击最后一个(或第一个)要选定的文件或文件夹，此时，从第一个文件或文件夹到最后一个文件或文件夹所构成的连续区域中的所有文件和文件夹都被选定。

(3) 选定多个不连续的文件或文件夹。

按下 Ctrl 键不放，再依次在每个要选择的文件或文件夹上单击，被单击的文件或文件夹都变为蓝色，表示被选定。

注意：

选择多个文件或文件夹后，如果要取消某个文件或文件夹的选定，可按住Ctrl键，再次单击被选定的文件或文件夹，则此文件或文件夹将恢复正常，表示取消选定。

(4) 全部选定。

选定某个文件夹中的所有文件或文件夹，单击"编辑"菜单，选择"全选"选项；或按组合键 Ctrl+A。

（5）取消选定。

在窗口的任意空白处单击，即可取消选定所有被选定的文件或文件夹。

2. 设置文件或文件夹的属性

在某个文件或文件夹上单击右键，在弹出的快捷菜单中选择"属性"选项，弹出"属性"对话框，如图 2-15、图 2-16 所示。

文件或文件夹都可设置为"只读"或"隐藏"。只需要在"属性"对话框中，将对应的属性复选框前加上对号即可。如果选中"隐藏"，在操作系统的默认设置中，该文件或文件夹将隐藏，即不显示在资源管理器窗口中；如果选中"只读"属性，用户将不能修改该文件的内容。另外，单击"高级"按钮还可设置存档、索引、压缩或加密属性。

在文件夹属性对话框的"共享"选项卡中，可将相应文件夹设置为共享。设置该属性后，当该计算机与某个网络连接时，该网络中的其他计算机可通过网络来查看或使用该共享文件夹中的文件。

Windows 7 默认情况下不显示隐藏的文件、文件夹或驱动器。如果要显示设置为"隐藏"的文件、文件夹或驱动器，可在 Windows 资源管理器中单击"工具"菜单，选择"文件夹选项"；打开"文件夹选项"对话框后，切换到"查看"选项卡，如图 2-17 所示；选中"显示隐藏的文件、文件夹和驱动器"，单击"确定"按钮。此时隐藏的文件或文件夹将显示出来，图标变为半透明状。

图2-15 文件属性对话框

图2-16 文件夹属性对话框

图2-17 "文件夹选项"对话框

3. 新建文件夹

Windows 允许在根目录下创建文件夹，还允许在文件夹下再建子文件夹。下面介绍创建文件夹的方法。

方法 1。打开 Windows 资源管理器，单击需要创建文件夹的磁盘驱动器或文件夹，假设要在名为 word 的文件夹下新建一个文件夹，新文件夹命名为 wy。为此，需要逐级展开该磁盘驱动器下的各个节点，直到名为 word 的文件夹出现在左窗口为止。单击该文件夹，将其打开，然后在右窗口的任意空白处右击。在弹出的快捷菜单中，选择"新建"命令，打开其级联菜单，如图 2-18 所示，单击"文件夹"命令。此时，右窗口出现一个文件夹图标，其中显示蓝色的"新建文件夹"字样，输入新文件夹的名称，按 Enter 键即可。

图2-18　级联菜单

方法 2。在资源管理器的左窗口中，单击要创建文件夹的上一级文件夹，单击"新建文件夹"，资源管理器右窗口将出现一个文件夹图标，其中显示蓝色的"新建文件夹"字样。输入新建文件夹的名字，按 Enter 键确认。此时，会在左侧选定的文件夹中创建相应的文件夹。

4．新建文件

不论是计算机可执行的应用程序，还是我们撰写的文章，都以文件形式存放在磁盘上。在操作系统中，不同类型的数据文件必须用相应的应用程序打开，然后进行编辑。操作系统在完成安装后，已将常见类型的文件与相应的应用程序建立了关联，因此，可使用图 2-18 所示的"新建"级联菜单来创建一些已在操作系统中注册了类型的文件，步骤和新建文件夹相似。但值得注意的是，这些新建的文件只定义了文件名，文件中的内容还需要调用相应的应用程序来生成。例如，利用"记事本"应用程序可新建或编辑扩展名为.txt 的文本文件。

5．复制文件或文件夹

文件或文件夹的复制步骤完全相同，不过，在复制文件夹时，该文件夹内的所有文件的内容将被复制，而且子文件夹和子文件夹内的文件内容都将被复制，即文件和文件夹的复制可同步进行。

复制文件或文件夹的操作步骤如下：

(1) 打开资源管理器。

(2) 在左窗口中，打开源文件或文件夹所在的磁盘，找到存放源文件或文件夹的文件夹，使源文件或文件夹在右窗口中显示出来。

(3) 在右窗口中，选定要复制的文件或文件夹。单击右键，在弹出的快捷菜单中选择"复制"命令，或单击"编辑"菜单中的"复制"命令，或直接按组合键 Ctrl+C，可将被选中的文件或文件夹复制到"剪贴板"。

(4) 在左窗口中，展开节点，找到目标文件夹。

(5) 在右窗口空白处单击右键，在弹出的快捷菜单中选择"粘贴"命令；或单击"编辑"菜单中的"粘贴"命令，或直接按组合键 Ctrl+V，都可完成复制操作。

注意：

如果源文件或文件夹与目标文件夹在同一个盘上，则按住Ctrl键不放，然后用鼠标将选定的文件或文件夹从右窗口拖到左窗口中的目标文件夹上，释放鼠标左键和Ctrl键，即可完成复制操作；如果源文件或文件夹与目标文件夹不在同一个盘上，则直接拖动即可完成复制操作。

6. 移动文件或文件夹

移动文件或文件夹就是将文件或文件夹从一个位置移到另一位置。与复制操作不同，执行移动操作后，相应的文件或文件夹在原位置不再存在。移动文件和移动文件夹的操作步骤与复制操作基本相同。具体步骤如下。

(1) 打开资源管理器。

(2) 在左窗口中，打开源文件或文件夹所在的磁盘，找到目标文件夹，使源文件或文件夹在右窗口中显示出来。

(3) 在右窗口中，选定要移动的文件或文件夹，单击右键，在弹出的快捷菜单中单击"剪切"命令，或单击"编辑"菜单中的"剪切"命令，或直接按组合键 Ctrl+X，则被选中的文件或文件夹被剪切到剪贴板。

(4) 在左窗口中，找到目标文件夹。

(5) 在右侧窗口空白处右击鼠标，选择快捷菜单中的"粘贴"命令，或单击"编辑"菜单下的"粘贴"命令，或直接按组合键 Ctrl+V，都可完成移动。

注意：

如果源文件或文件夹与目标文件夹不在同一磁盘上，则按住Shift键不放，用鼠标将要移动的文件或文件夹从右窗口拖到左窗口中的目标文件夹上，释放鼠标左键和Shift键，可完成移动；如果源文件或文件夹与目标文件夹在同一磁盘上，则直接拖动即可完成移动操作。

7. 删除文件或文件夹

当不再需要某个文件时，可将其删除，以释放磁盘空间。为安全起见，Windows 建立了一个名为"回收站"的特殊文件夹。一般来说，都将要删除的文件或文件夹首先移到回收站，这样，一旦发现是误操作，打开回收站可将其还原。当然，如果确实要删除，也可直接删除，而不送往回收站。另外，已存放在回收站的文件或文件夹，如果确定不再使用，可在回收站将其删除。

(1) 文件或文件夹的删除

打开资源管理器，选定要删除的文件或文件夹。单击后选择"删除"命令；或单击右键，在弹出的快捷菜单中选择"删除"命令。此时将出现"删除文件"或"删除文件夹"对话框。图 2-19 显示了"删除文件夹"对话框。单击"是"，即可将选定的文件或文件夹移到回收站。

如果想直接删除选定的文件或文件夹而不移到回收站，可在选择"删除"命令前，按住 Shift 键不放，再单击"删除"命令，将出现如图 2-20 所示的对话框，单击"是"，即可直接删除文件或文件夹，而不进入回收站。

图2-19　"删除文件夹"对话框

图2-20　直接删除

(2) 回收站的相关操作

双击桌面上的"回收站"图标，即可打开"回收站"窗口，如图 2-21 所示。

如果要从回收站中恢复被删除的文件，或从回收站中删除文件，应在选定文件或文件夹上单击右键，在如图 2-22 所示的快捷菜单中，选择"还原"命令，可将选定的文件或文件夹还原到原位置。如果选择"删除"命令，可彻底删除选定的文件或文件夹。

也可通过"回收站"窗口的"文件"菜单完成还原和删除操作。另外，单击其中的"清空回收站"选项，可将回收站中的文件和文件夹全部删除。

图2-21　"回收站"窗口

图2-22　快捷菜单

8. 重命名文件或文件夹

在 Windows 中，用户可根据需要随时更改文件或文件夹的名称，操作方法如下。

打开资源管理器，选定要更改名称的文件或文件夹。单击"文件"菜单，或右击，然后在弹出的快捷菜单中选择"重命名"命令。此时，被选定的文件或文件夹的名称将变为蓝色，输入新的名称即可。

注意：

一次只能为一个文件或文件夹重命名。

Windows 7 默认不显示已知文件类型的扩展名，以免用户随意修改扩展名。如果需要查看或修改文件扩展名，可选择"工具"|"文件夹选项"；在打开的"文件夹选项"对话框中切换到"查看"选项卡(如图 2-23 所示)，取消选中"隐藏已知文件类型的扩展名"，单击"确定"按钮，这样以后的文件列表将显示所有文件的扩展名。

9. 设置快捷方式

快捷方式是指向计算机或网络上任何可访问项目(如程序、文件、文件夹、磁盘驱动器、Web 页、打印机或另一台计算机)的链接。使用快捷方式可快速打开项目。删除快捷方式后,初始项目仍存在于磁盘中。

创建快捷方式的方法主要有以下几种。

方法 1。选定要创建快捷方式的项目,如文件、程序、文件夹、图片等,选择菜单"文件" | "创建快捷方式",新的快捷方式将出现在原始项目所在的位置上,也可将新的快捷方式拖动到所需位置。

方法 2。直接在桌面创建快捷方式。可右击选中的项目,在快捷菜单中选择"发送到" | "桌面快捷方式"。

方法 3。在需要创建快捷方式的位置单击右键,在弹出菜单中选择"新建" | "快捷方式",打开"创建快捷方式"对话框,如图 2-24 所示,根据提示创建快捷方式。

图2-23　"文件夹选项"对话框　　　　　图2-24　"创建快捷方式"对话框

10. 查找文件或文件夹

在 Windows 7 中,文件名是文件在磁盘中唯一的标识。文件可存放在磁盘的任何一个文件夹中,如果用户忘记了文件名或文件所在的位置,或用户想知道某个文件是否存在,则可通过系统提供的"搜索"功能来查找文件。另外,不仅可查找文件或文件夹,还可在网络中查找计算机、网络用户,甚至可在 Internet 上查找相关信息。

(1) 打开 Windows 资源管理器,首先通过目录地址栏定位到某一位置,接着在右上角的搜索栏中输入要搜索的关键字,如输入"计算机",Windows 立即开始在当前位置搜索。搜索的反馈信息会显示出来,如图 2-25 所示。

(2) 单击搜索栏中的空白输入区,激活筛选搜索界面。其中提供了"修改日期"和"大小"两项,可设置根据文件修改日期和大小对文件进行搜索。

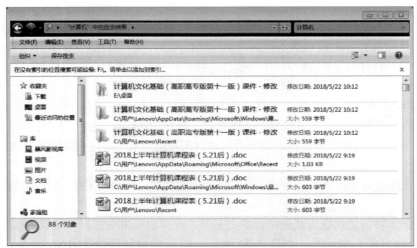

图2-25　搜索文件

11. 文件与文件夹的加密

对文件或文件夹加密，可有效保护它们免受未经许可的访问。加密是 Windows 提供的用于保护信息安全的最强大保护措施。

1) 加密文件和文件夹

(1) 右击要加密的文件或文件夹，在弹出的快捷菜单中选择"属性"命令。在弹出的"属性"对话框中切换到"常规"选项卡，单击"高级"按钮。在弹出的"高级属性"对话框中选中 "加密内容以便保护数据"复选框，如图 2-26 所示。

(2) 单击"确定"按钮，返回"属性"对话框。单击"确定"按钮，弹出"确认属性更改"对话框。选中"将更改应用于此文件夹、子文件夹和文件"单选按钮。

(3) 单击"确定"按钮，开始对选中的文件夹进行加密。

完成加密后，可看到被加密的文件夹的名称已显示为绿色，表明文件夹已被成功加密。

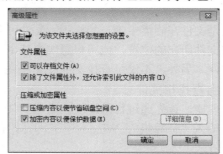

图2-26　"高级属性"对话框

2) 解密文件和文件夹

在图 2-26 所示的"高级属性"对话框中，取消选中"加密内容以便保护数据"复选框。单击"确定"按钮，在弹出的"确认属性更改"对话框中选择"将更改应用于此文件夹、子文件夹和文件"单选按钮。单击"确定"按钮，开始对所选的文件夹进行解密。

完成解密后，可看到文件夹的名称已恢复为未加密状态，表明文件夹已经被成功解密。

12. 文件与文件夹的压缩

对文件或文件夹进行压缩处理，可减小它们的大小，减少它们在卷或可移动存储设备上占用的空间，有利于存储和传输。

Windows 7 系统的一个重要新增功能是置入了压缩文件程序，使用户可对文件进行压缩和解压缩。多个文件被压缩在一起后，用户可将它们看作单个对象进行操作，以便查找和使用。文件压缩后，用户仍可像使用非压缩文件一样执行操作，几乎感觉不到有什么区别。

1) 创建压缩

右键单击要压缩的文件或文件夹，在图 2-27 所示的快捷菜单中选择"发送到"|"压缩(zipped)文件夹"命令，则系统自动进行压缩；或者右击要压缩的文件或文件夹，在快捷菜单中选择"添加到压缩文件"，打开"压缩文件名和参数"对话框，如图 2-28 所示，按照需要进行设置，设置完成后单击"确定"，被压缩的文件或文件夹图标为  。

图2-27　"发送到"快捷菜单

图2-28　"压缩文件名和参数"对话框

2) 添加文件和解压缩文件

要向已经压缩好的文件夹中添加新文件，只需要直接从资源管理器中将文件拖到压缩文件夹即可。要将文件从文件夹中取出，可解压缩；将要解压缩的文件或文件夹按组合键 Ctrl+C 复制到剪贴板，再按组合键 Ctrl+V 粘贴到目标位置。

2.3.4　文件的网络共享

要向网络的其他成员提供可访问的资源，必须先将相关资源设置为共享资源。共享资源可通过共享文件夹、共享打印机等形式提供。单个文件是无法实现共享的。

1. 共享文件夹

(1) 打开资源管理器，右击要设置共享的文件夹，在弹出的快捷菜单中选择"属性"命令，打开"属性"对话框，切换至"共享"选项卡。

(2) 单击图 2-29 中所示的"高级共享"按钮，然后在弹出的"高级共享"对话框中选中"共享此文件夹"复选框，输入共享名，如图 2-30 所示。单击"确定"按钮即可完成该文件夹的共享设置。

图2-29　单击"高级共享"按钮

图2-30　"高级共享"对话框

另外，如果在图 2-30 中单击"权限"按钮，则可打开"共享权限"对话框，在那里可通过"添加/删除"按钮给不同用户分配"完全控制""更改""读取"等权限。

要取消该文件夹的共享属性，停止共享，只需要在图 2-30 中取消选中"共享此文件夹"复选框，然后单击"确定"按钮。

2. 共享本地打印机

本地打印机也可设置为共享打印机，供网络中的其他用户使用，设置方法与共享文件夹相似。单击"开始"按钮，在"开始"菜单中选择"设备和打印机"，打开"打印机"窗口，右键单击要设置为共享的打印机图标，在弹出的快捷菜单中选择"属性"命令。

在打开的对话框的"共享"选项卡中，选中"共享这台打印机"，然后输入打印机的共享名，单击"确定"按钮，即可将该打印机设置为共享打印机。

设定共享资源后，可利用"网络"功能来移动或复制共享计算机中的数据。

2.4　Windows 7控制面板

控制面板是 Windows 7 操作系统自带的查看及修改系统设置的图形化工具，通过这些实用程序可更改系统的外观和功能，对计算机的硬件、软件系统进行设置。例如，可管理打印机、显示设备、多媒体设备、键盘和鼠标等，还可删除程序、管理文件夹、设置防火墙等。对系统的有关设置大多通过控制面板进行。从"开始"菜单中选择"控制面板"即可打开 Windows 7 系统的控制面板，如图 2-31 所示。

图2-31　"控制面板"窗口

Windows 7 系统的控制面板默认以"类别"形式显示功能菜单，分为"系统和安全""用户账户""网络和 Internet""外观和个性化""硬件和声音""时钟、语言和区域""程序"和"轻松访问"八个类别，每个类别都显示具体功能选项，供快速访问。

Windows 7 控制面板还提供"大图标"和"小图标"查看方式。只需要单击控制面板右上角"查看方式"旁的小箭头，从中选择自己喜欢的形式即可。

Windows 7 系统不仅界面美观，功能方面也采用诸多人性化设计。控制面板也提供好用的搜索功能，只要在控制面板右上角的搜索栏中输入关键词，按 Enter 键后即可看到相应的搜索结果。这些功能按类别显示，一目了然，方便用户快速查看功能选项。还可充分利用 Windows 7 控制面板中的地址栏导航，快速切换到相应的分类选项或指定需要打开的程序。单击地址栏每类选项右侧的向右箭头，即可显示该类别下的所有程序，单击需要的程序即可快速打开相应程序。

2.4.1　外观和个性化设置

Windows 7 的个性化设置给用户带来不一样的视觉冲击，它可通过更改系统的主题、声音、桌面背景、屏幕保护程序等为用户定制一个与众不同的系统桌面。

1. 个性化桌面设置

用户操作计算机要经常面对桌面，因此，应该适当美化桌面，使之更适合你的个性。Windows 7 桌面的基本设置包括桌面的基本设置和显示外观设置。其中，显示外观的设置既可在控制面板中进行，也可在桌面上直接进行。

1) 设置桌面图标

为保持桌面的整洁，Windows 7 将"计算机""网络"等图标整理到"开始"菜单中。要将这些图标放置到桌面上，可执行以下操作。

(1) 单击控制面板窗口中的"外观和个性化"，或在桌面的空白区域单击右键，在弹出的快捷菜单中选择"个性化"命令，打开"个性化"窗口，如图 2-32 所示，选择"更改桌面图标"选项，打开"桌面图标设置"对话框，如图 2-33 所示。

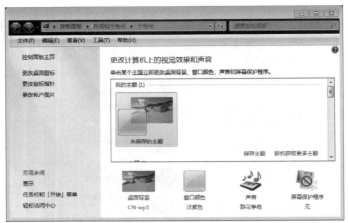

图2-32 "个性化"窗口

(2) 选择要显示到桌面上的图标选项,单击"确定"按钮完成设置。

2) 更改桌面主题

在"个性化"窗口中,Windows 7 提供了包括"我的主题"和"Aero 主题"等多种个性化主题。在图 2-32 所示的窗口中,在列表框中单击某个主题可更改桌面背景、窗口颜色、声音和屏幕保护程序,也可单击窗口底部的相应链接完成上述设置。

3) 设置桌面背景

桌面背景是 Windows 桌面的背景图案,又称为桌面或墙纸,可通过铺设墙纸等操作美化桌面。

图2-33 "桌面图标设置"对话框

单击"桌面背景"链接,打开"桌面背景"窗口,如图 2-34 所示,默认的图片位置是"Windows 桌面背景",系统提供了众多新颖美观的壁纸,可在下拉列表框中选择自己喜欢的壁纸。除了选择系统提供的图片外,还可单击"浏览"按钮,选择自己喜欢的图片做背景,单击"图片位置"下的箭头,有"填充""适应""拉伸""平铺""居中"共五种显示方式。Windows 7 桌面还支持幻灯片壁纸播放功能,在"桌面背景"窗口选中多幅背景图片,设置图片的播放时间间隔,即可将多幅图片组成幻灯片在桌面作为背景播放。

4) 设置显示器的分辨率

显示分辨率是指显示器所能显示的像素数量,像素越多,画面越精细,屏幕区域能显示的信息也越多。单击图 2-32 所示窗口左下方的"显示",打开"显示"窗口,如图 2-35 所示,单击左侧的"调整分辨率",弹出"屏幕分辨率"窗口,如图 2-36 所示。或在桌面的空白处右击,在弹出的快捷菜单中选择"屏幕分辨率"命令,进入"屏幕分辨率"窗口。单击"分辨率"下拉列表框,可调整屏幕分辨率;调整结束后,单击"确定"按钮完成设置。

图2-34　"桌面背景"窗口

图2-35　"显示"窗口

图2-36　"屏幕分辨率"窗口

5) 设置屏幕保护程序

屏幕保护程序指开机状态下在一段时间内没有使用鼠标或键盘操作时,屏幕上出现的动画或图案。屏幕保护程序可起到保护信息安全、延长显示器寿命的作用。设置屏幕保护程序的方法如下。

单击图 2-32 所示窗口底部的"屏幕保护程序"超链接，弹出"屏幕保护程序设置"对话框，如图 2-37 所示，在"屏幕保护程序"下拉列表框中选择一种屏幕保护程序，在"等待"文本框中设置等待时间，单击"确定"按钮完成设置。

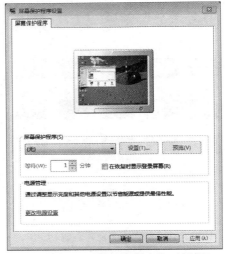

图2-37　"屏幕保护程序"对话框

6) 更改桌面小工具

Windows 7 操作系统中自带很多美观实用的小工具。你可在桌面右边创建一个窗格，以添加一些实用小工具，用于从互联网获得股市行情、天气预报或热点跟踪之类的信息，或帮助用户进行日程管理。如果计算机启动后没有显示桌面小工具，可执行以下操作开启桌面小工具。

(1) 在"控制面板"中单击"外观和个性化"选择"桌面小工具"，或在桌面空白处右击，从弹出的快捷菜单中选择"小工具"命令，打开小工具库窗口，如图 2-38 所示。

(2) 窗口中列出系统自带的多个小工具，用户可从中选择自己喜欢的个性化小工具。双击小工具图标，或者右击，在弹出的快捷菜单中选择"添加"命令，即可将其添加到桌面上，也可以用鼠标将小工具直接拖到桌面上。

(3) 单击小工具右上角的"关闭"按钮，或右击小工具，在快捷菜单中选择"关闭小工具"，可清除桌面上添加的小工具。

图2-38　桌面小工具

2. 任务栏与"开始"菜单的个性化设置

通过"任务栏和「开始」菜单属性"对话框,可对"开始"菜单进行个性化设置。

1) 任务栏

可根据自己的习惯设置任务栏。

(1) 在"个性化"窗口左下角选择"任务栏和「开始」菜单",或在任务栏空白区域右击,在弹出的快捷菜单中选择"属性"命令,均可打开"任务栏和「开始」菜单属性"对话框,如图 2-39 所示。

(2) 选中"任务栏外观"区域的"锁定任务栏"复选框,可锁定任务栏。任务栏被锁定后,其大小、位置等都不能改变。

未锁定时,可通过拖动鼠标来改变任务栏的位置和高度。将鼠标移到任务栏上边沿时,鼠标指针将变为"↕"形状,此时,拖动鼠标就可改变任务栏的高度。可将鼠标移到任务栏的空白处,然后向屏幕的其他边拖动任务栏。

(3) 选中"任务栏外观"区域的"自动隐藏任务栏"复选框,任务栏将自动隐藏,以扩大应用程序的窗口区域。当鼠标移到屏幕的下边沿时,任务栏会自动弹出。

(4) 单击"通知区域"的"自定义"按钮,可在弹出的窗口中选择出现在任务栏上的图标和通知。

2) "开始"菜单

将图 2-39 所示的对话框切换到 "「开始」菜单"选项卡,单击"自定义"按钮,将打开"自定义「开始」菜单"对话框,可在此对"开始"菜单进行设置。如图 2-40 所示,用户可自定义「开始」菜单上的链接、图标以及菜单的外观和行为,还可增加或减少"开始"菜单中的项目等。

图2-39　"任务栏和「开始」菜单属性"对话框

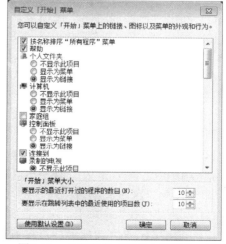

图2-40　"自定义「开始」菜单"对话框

2.4.2　时钟、语言和区域

由于地理和语言的差异,不同国家和地区使用不同的日期、时间、语言和区域标识。通过控制面板中的"时钟、语言和区域"，可更改 Windows 7 显示日期、时间、货币及数字的方式，可选择公制或美国的度量制，可选择输入法区域设置，也可设置键盘布局以符合用户习惯。

　　Windows 7 支持不同国家和地区的多种自然语言，但安装时，只安装默认的语言系统。要支持其他语言系统，需要安装相应的语言以及该语言的输入法和字符集。只要安装了相应的语言支持，不需要安装额外的内码转换软件即可阅读该国的文字。

　　单击"控制面板"窗口中单击"时钟、语言和区域"链接，即可打开图 2-41 所示的窗口。

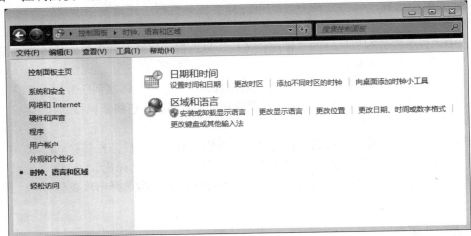

图2-41　"时钟、语言和区域"窗口

1. 日期和时间设置

　　在图 2-41 所示窗口中单击"日期和时间"链接，可打开"日期和时间"对话框，如图 2-42 所示。

　　(1) 利用"日期和时间"选项卡，可调整系统日期、系统时间及时区。

　　(2) 利用"附加时钟"选项卡，可显示其他时区的时间，并可通过单击任务栏时钟等方式查看该附加时钟。

　　(3) 利用"Internet 时间"选项卡，可使计算机与 Internet 时间服务器同步，这有助于确保系统时钟的准确性。如果要进行网络同步，必须将计算机连接到 Internet。

2. 区域设置

　　区域设置影响日期、时间、货币和数字的显示方式。用户通常选择与其位置匹配的区域设置，如英语(美国)或法语(加拿大)。要更改区域设置，在图 2-41 所示的窗口中单击"区域和语言"链接，即可打开"区域和语言"对话框，如图 2-43 所示。

　　(1) 利用"格式"选项卡，可设置要使用的日期、时间、数字和货币格式等数据的显示方式。

　　(2) 利用"位置"选项卡，可设置用户所在的准确位置。

　　(3) 利用"键盘和语言"选项卡，可更改键盘和输入语言。

　　(4) 单击"管理"选项卡中的"更改系统区域设置"按钮，可设置不同程序中显示文本所用的语言，而单击"复制设置"按钮，可将所做的设置复制到所选的账户中。

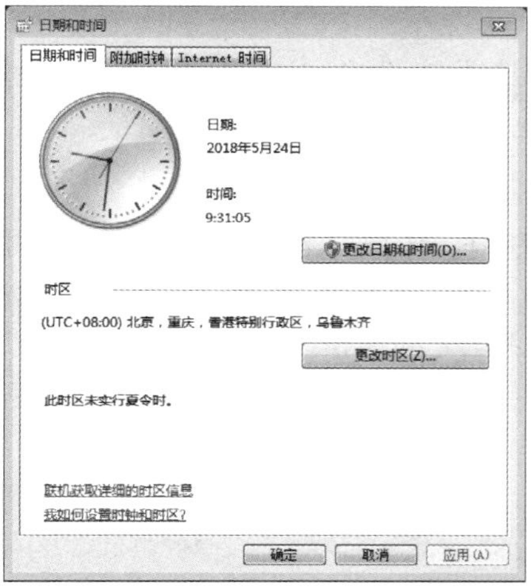

图2-42 “日期和时间”对话框

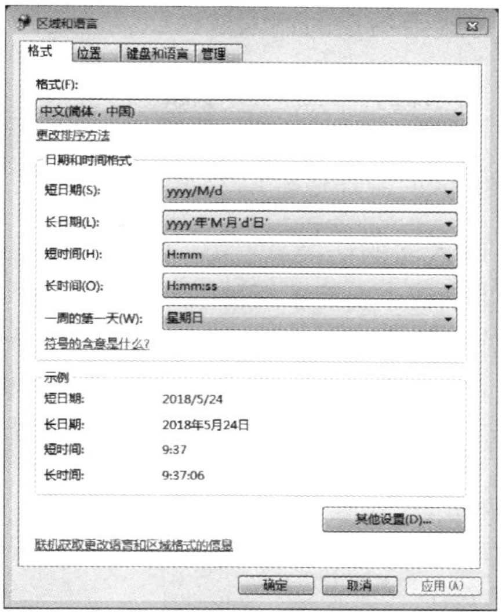

图2-43 “区域和语言”对话框

3. 添加与删除输入法

Windows 7 操作系统中文版自带微软拼音输入法等多种中文输入法，对于 Windows 7 未提供的第三方的中文输入法，如万能五笔输入法、搜狗拼音输入法等，可通过相应的安装程序来添加，用户也可在使用过程中根据需要添加或删除输入法。

1) 添加输入法

(1) 打开“区域和语言”对话框，切换至“键盘和语言”选项卡，单击“更改键盘”按钮，打开“文本服务和输入语言”对话框，如图 2-44 所示。

(2) 单击“添加”按钮，打开“添加输入语言”对话框，如图 2-45 所示。在列表框中选择想要添加的输入法，单击“确定”按钮完成设置。

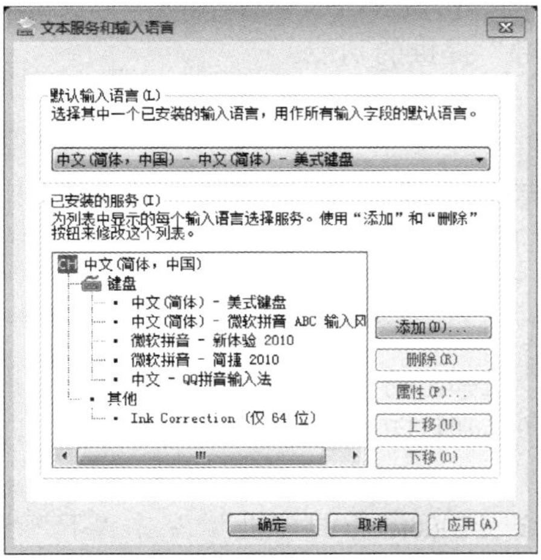

图2-44 “文本服务和输入语言”对话框

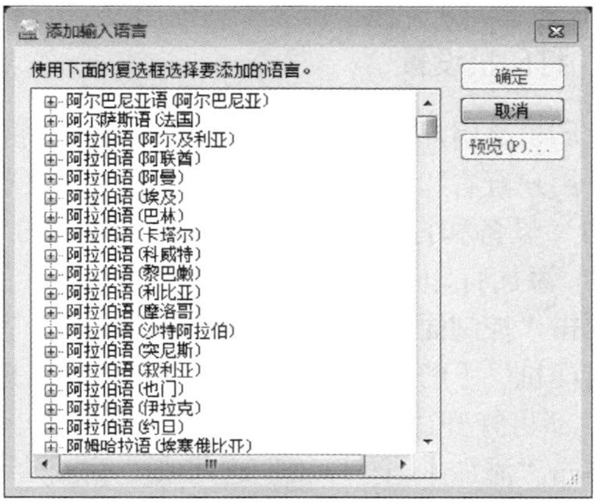

图2-45 “添加输入语言”对话框

2) 删除输入法

在图 2-44 的“文本服务和输入语言”对话框中选中要删除的输入法，单击右侧的“删除”按钮，即可删除指定的输入法。

3) 启用任务栏上的指示器

单击"文本服务和输入语言"对话框的"语言栏"选项卡，如图 2-46 所示，在此可设置是否在桌面上显示语言栏，以及是否在任务栏上显示其他语言栏图标。

4) 输入法的切换

如果系统中安装了两种以上的输入法，则可通过任务栏上的输入法指示器来选择不同的输入法。操作方法是单击任务栏上的输入法指示器，弹出输入法选择菜单，如图 2-47 所示，单击要使用的输入法即可。也可按组合键 Ctrl+Shift 在各种输入法之间切换。

图2-46 "语言栏"选项卡

图2-47 输入法选择菜单

2.4.3 硬件和声音

在系统设置过程中，用户可能需要添加或删除打印机和其他硬件、更新系统声音及更新设备驱动程序等，这就需要使用控制面板的"硬件和声音"提供的功能。

1. 打印机设置

打印机是用户的常用设备之一，安装打印机和安装其他设备一样，必须安装打印机驱动程序。为便于用户查看和使用打印机，在"开始"菜单中专门设置了"设备和打印机"选项。单击"开始"｜"设备和打印机"，可打开"设备和打印机"窗口，如图 2-48 所示。

(1) 添加打印机

单击"控制面板"窗口中的"硬件和声音"链接，在弹出的"硬件和声音"窗口中单击"设备和打印机"下的"添加打印机"链接；或直接在"设备和打印机"窗口中单击"添加打印机"链接，都将打开"添加打印机"对话框，如图 2-49 所示。

单击"添加本地打印机"选项或"添加网络、无线或 Bluetooth 打印机"，单击"下一步"按钮将执行"添加打印机"向导，安装向导将逐步提示用户选择打印端口、选择制造商和型号、打印机命名、确定是否共享、打印测试页等，最后安装 Windows 7 系统下的打印机驱动程序。

图2-48　"设备和打印机"窗口

图2-49　"添加打印机"对话框

(2) 设置默认打印机

如果系统中安装了多台打印机，可在执行具体打印任务时选择打印机，也可将某台打印机设置为默认打印机。要设置默认打印机，在某台打印机图标上单击右键，在弹出的快捷菜单中选择"设为默认打印机"即可。默认打印机的图标左下角有一个√标志。

(3) 取消或暂停文档打印

在打印过程中，用户可取消正在打印或打印队列中的打印作业。在图 2-48 的"设备和打印机"窗口中，右击打印机，在弹出的菜单中单击"查看现在正在打印什么"链接，打开打印队列，右键单击一个文档，然后在弹出的快捷菜单中选择"取消"命令，则停止该文件的打印；选择"暂停"命令，则暂时停止文档的打印。也可选择"重新启动"或"继续"打印。

2. 鼠标设置

单击"控制面板"窗口中的"硬件和声音"链接，在打开的"硬件和声音"窗口中单击"鼠标"链接，将打开"鼠标属性"对话框，如图 2-50 所示。该对话框中有"鼠标键""指针""指针选项""滑轮"和"硬件"选项卡。利用这些选项卡，可查看及修改鼠标的常用属性，如切换主要和次要的按钮、设置双击的速度、启用单击锁定、设置鼠标指针形状、设置鼠标移动速度、设置鼠标滑轮滑动时屏幕滚动的行数等。

3. 声音设置

单击"控制面板"窗口中的"硬件和声音"链接，在打开的"硬件和声音"窗口中，单击"更改系统声音"链接，将打开"声音"对话框，如图 2-51 所示，在此可将 Windows 7 系统声音变为各种音效。

在"程序事件"列表框中有很多以 Windows 为目录的根式结构，那是 Windows 7 系统中各个程序进行时对应的声音设定。

单击"测试"按钮，可听到当前状态下，Windows 7 在登录时发出的声音提示；单击"浏览"按钮，可看到 Windows 7 自带的很多系统声音文件。其实我们在开机时听到的声音就是这些声音文件播放的声音，这些声音还包括 Windows 7 在运行过程中的其他提示音。

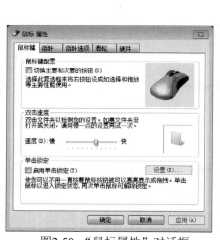

图2-50 "鼠标属性"对话框

图2-51 "声音"对话框

注意：

Windows系统默认的声音格式为WAV格式，因此用户定制自己的声音时，所添加的声音文件也应该是WAV格式的。用户可自行搜索喜欢的WAV格式的音乐，加入这个文件夹中。

2.4.4 程序

计算机在正常工作中需要运行大量程序(例如，听音乐需要播放器；写文章需要文字处理软件)。一台计算机在安装完操作系统后，往往需要安装大量软件。这些软件有些是操作系统自带的，但大多数需要通过光盘或从网络下载安装。软件分为绿色软件和非绿色软件，这两种软件的安装和卸载完全不同。

安装程序时，对于绿色软件，只要将该软件的所有文件复制到本机硬盘，然后双击主程序就可运行。而有些软件的运行需要动态库，其文件必须安装在 Windows 7 的系统文件夹下，这些软件需要向系统注册表写入一些信息才能运行，这样的软件叫非绿色软件。一般来说，大多数非绿色软件为方便用户的安装，都专门编写了一个安装程序，通常安装程序名为 setup.exe，这样，用户只要运行安装程序即可安装软件。

卸载程序时，对于绿色软件，只要将软件的所有文件删除即可；而对于非绿色软件，在安装时都会生成一个卸载程序，只有运行卸载程序才能将软件彻底删除。当然，Windows 7 也提供了"卸载程序"功能，可帮助用户完成软件的卸载。

在"控制面板"窗口中单击"程序"链接下的"卸载程序"链接，将打开"程序和功能"窗口，如图 2-52 所示。

图2-52　"程序和功能"窗口

1. 删除程序

右侧窗口中显示了目前已经安装的程序。从列表框中选定程序，单击右键，在弹出的快捷菜单中单击"卸载"命令，即可实现对该程序的删除操作。

2. 打开或关闭Windows功能

安装 Windows 7 时，一般根据安装时计算机的配置来安装相应组件。单击"程序和功能"窗口左侧的"打开或关闭 Windows 功能"链接，打开"Windows 功能"窗口，如图 2-53 所示，可通过选中复选框来打开 Windows 的某些功能。

图2-53　"Windows功能"窗口

2.4.5　网络和 Internet

不少用户在访问共享资源时，总喜欢利用"网络"功能来移动或复制共享计算机中的信息。"网络"是局域网用户访问和管理网络资源的一种途径，通过它可添加网上邻居、访问网上共享资源。计算机连接到网络后，打开"网络"可显示网络上的所有计算机、共享文件夹、打印机等资源。

双击桌面上的"网络"图标，将打开"网络"窗口，如图 2-54 所示。

图2-54　"网络"窗口

用户双击网络中某台计算机的图标，即可登录到该计算机，对共享资源进行访问。这样，用户可根据需要在不同计算机之间进行数据的复制、移动、删除等操作，对所连接的计算机的操作和对本地计算机的操作相同。

2.4.6　用户账户

Windows 7 是多用户操作系统，允许多个用户使用同一台计算机，每个用户都可拥有属于个人的数据和程序。用户登录计算机前需要提供登录名和密码，登录成功后，用户只能看到自己权限范围内的数据和程序，只能执行自己权限范围内的操作。Windows 7 中设立"用户账户"的目的就是便于对用户使用计算机的行为进行管理，以更好地保护每位用户的私有数据。

1. 用户账户

用户账户是通知 Windows 用户可访问哪些文件和文件夹，可对计算机和个人首选项(如桌面背景或屏幕保护程序)进行哪些更改的信息集合。通过用户账户，用户可在拥有自己的文件和设置的情况下与多个人共享计算机。每个人都可使用用户名和密码访问其用户账户。

Windows 7 有三种类型的用户账户，分别是管理员账户、标准账户和来宾账户，每种账户类型为用户对计算机提供不同的控制级别。

(1) 管理员账户

管理员账户是系统内置的权限等级最高的账户，具有对计算机的完全控制权。管理员账户可更改安全设置，安装软件和硬件，访问计算机上的所有文件，还可更改其他用户账户。

(2) 标准账户

允许用户使用计算机的大多数功能，但如果要执行的更改会影响计算机的其他用户或安全，则需要管理员的认可。

(3) 来宾账户

来宾账户允许用户使用计算机，但没有访问个人文件的权限，也无法安装软件或硬件，不能更改计算机的设置，也不能创建密码。来宾账户主要提供给临时需要访问计算机的用户使用。

2. 创建新账户

管理员类型的账户可创建新账户，操作方法如下。

(1) 使用管理员账户登录计算机，打开控制面板，单击"用户账户和家庭安全"链接，单击"用户账户"链接，弹出"用户账户"窗口，如图 2-55 所示。

图2-55　"用户账户"窗口

(2) 单击"管理其他账户"链接，在弹出的窗口中单击"创建一个新账户"链接，出现"创建新账户"窗口，如图 2-56 所示。在该窗口中填写新账户名并选择相应的账户类型，填写完成后单击"创建账户"按钮即可完成账户的创建。

图2-56　"创建新账户"窗口

也可直接在"控制面板"窗口中单击"用户账户和家庭安全"链接下的"添加或删除用户账

户"链接，在出现的"管理账户"窗口中单击"创建一个新账户"链接，也可弹出图 2-56 所示的窗口。

3. 更改账户

在"用户账户"窗口中单击"管理其他账户"链接，在出现的"管理账户"窗口单击想要更改的账户名称，弹出"更改账户"窗口，如图 2-57 所示。

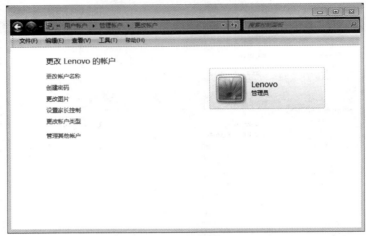

图2-57　"更改账户"窗口

单击窗口左侧的相关链接，可更改账户名称、为账户创建密码、更改账户图片、更改账户类型及删除账户等。

另外，用户账户控制(UAC)可防止对计算机进行未经授权的更改。使用管理员账户登录计算机后，单击"用户账户"窗口中的"更改用户账户控制设置"链接，在随后出现的"用户账户控制设置"窗口中进行调整即可。

2.5　Windows 7 的实用程序

Windows 7 操作系统为用户提供了大量实用程序，包括用于计算机管理的系统工具和辅助工具以及 Windows 资源管理器"画图""计算器""记事本""写字板"等，这些程序大多在"开始"菜单的"附件"中。利用这些程序，可完成简单的文字处理、图像处理、计算、录音等。系统自带的这些工具小巧简单，作用非凡，让我们使用电脑更便捷、更高效。单击"开始"｜"所有程序"｜"附件"，就可打开这些应用程序，如图 2-58 所示。

2.5.1　画图

"画图"是一个用于绘制、调色和编辑图片的程序，用户可用它绘制黑白或彩色图形，并可将这些图形保存为位图文件(.bmp 文件)，可打印图形，可将图形作为桌面背景，或粘贴到另一个文档中。还可使用"画图"查看和编辑扫描的照片等。

打开"画图"程序主窗口，如图 2-59 所示。

　　用绘图工具在画布上绘图完毕后，单击"画图"按钮下拉菜单中的"保存"命令，可将图片保存为图片格式的文件。

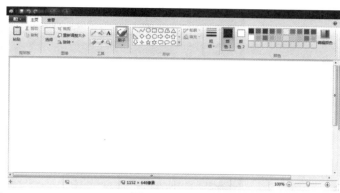

图2-58　　"附件"中包含的程序　　　　　　　图2-59　　　"画图"窗口

2.5.2 写字板和记事本

　　"写字板"和"记事本"是 Windows 7 自带的两个文字处理程序，这两个应用程序都提供了基本的文本编辑功能。

1. 写字板

　　打开"写字板"程序主窗口，如图 2-60 所示。

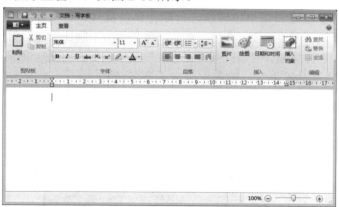

图2-60　　"写字板"窗口

　　"写字板"是 Windows 系统自带的较高级文字编辑工具。相比"记事本"，它具备格式编辑和排版功能。在 Windows 7 系统中，"写字板"的主要功能在界面上一览无余，我们可很方便地使用各种功能，对文档进行编辑、排版。"写字板"功能区共有两个选项卡，在"查看"选项卡中，可为文档加上标尺或放大、缩小进行查看，也可更改度量单位等，这些也是新的"写字板"才具备的功能。

2. 记事本

"记事本"是一个文本文件编辑器,可用它编辑简单的文档或创建 Web 页。"记事本"的使用非常简单,它编辑的文件是文本文件,这为编辑一些高级语言的源程序提供了极大的方便。

打开"记事本"程序主窗口,如图 2-61 所示。

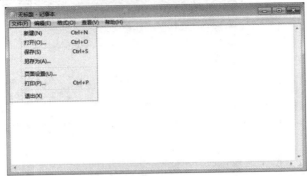

图2-61   "记事本"窗口

打开"记事本"后,会自动创建一个空文档,标题栏上将显示"无标题"。

新建一个文件或打开一个已存在的文件后,就可在"记事本"的用户编辑区输入文件的内容,或编辑已输入的内容了。

2.5.3 计算器

打开"计算器"程序主界面,如图 2-62 所示,通过"查看"菜单下的相应命令,可进行数制转换、三角函数运算等。除了原有的科学计算器功能外,新的计算器还加入编程和统计功能。此外,Windows 7 的计算器还具备单位转换、日期计算及贷款、租赁计算等实用功能。

通过单位转换功能,可将面积、角度、功率、体积等的不同计量进行相互转换;日期计算功能可很轻松地帮助我们计算倒计时等;而"工作表"菜单项下的功能则可帮助我们计算贷款月供额、油耗等,功能非常贴近生活,给人们带来了许多便利。

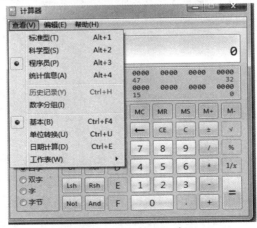

图2-62   "计算器"窗口

2.5.4　截图工具

在生活中，我们经常用截图工具来截取图片以介绍某些知识或说明问题。一般的专业截图软件，需要设置好截图热键再截取，比较麻烦。在 Windows 7 中，使用系统自带的截图工具就可以随心所欲地按任意形状截图。

启动 Windows 7 后，依次单击"开始"｜"所有程序"｜"附件"｜"截图工具"，或在"开始"菜单的搜索框中键入 SnippingTool 并按 Enter 键，均可启动截图工具。

打开截图工具后，在截图工具的界面上单击"新建"按钮右侧的小三角按钮，如图 2-63 所示。可从弹出的下拉列表中选择"任意格式截图""矩形截图""窗口截图"或"全屏幕截图"，其中任意格式截图可截取不规则图形。

选择截图模式后，整个屏幕就像蒙上一层白纱，此时按住左键，选择要捕获的屏幕区域，然后释放鼠标，截图工作就完成了。可使用笔、荧光笔等工具添加注释，操作完成后，在标记窗口中单击"保存截图"按钮，在弹出的"另存为"对话框中输入截图的名称，选择保存截图的位置及保存类型，然后单击"保存"按钮。

图2-63　　"截图工具"窗口

2.5.5　录音机

"录音机"是 Windows 7 提供给用户的一种具有语音录制功能的工具，可使用它收录用户自己的声音，并以声音文件格式保存。

连接好麦克风后，单击"开始"｜"所有程序"｜"附件"｜"录音机"；或在"开始"菜单的搜索框中键入命令 SoundRecorder 并按 Enter 键，均可打开"录音机"对话框，单击"开始录制"即可开始录音。

录制完毕后单击"停止录制"按钮，就会弹出"另存为"对话框，输入文件名，选择保存位置进行保存，默认文件类型为.wma。

2.5.6　数学输入面板

在日常工作中，难免需要输入公式，写作科技论文更是经常遇到公式。虽然 Office 中带有公式编辑器，但输入公式时仍需要经过多个步骤的选择，总是不那么方便。Windows 7 操作系统提供了手写公式功能，操作方法如下。

(1) 在"开始"菜单的搜索框内输入 MIP 并按 Enter 键，打开 Windows 7 内置的数学输入面板组件，如图 2-64 所示。

(2) 在手写区域内用鼠标或手写板写入公式。如在预览框中发现自动手写识别的公式存在错误，可用右键框选出具体字符，从菜单中显示的相应候选字符中选取正确的进行更正。

(3) 公式输入完毕后，单击右下角的"插入"按钮，即可将公式直接输入 Word 文档窗口或其他编辑器窗口。

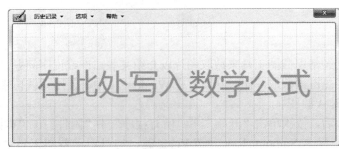

图2-64　数学输入面板

习　题

1. 操作系统根据文件的_____来区分文件类型。
   A. 创建方式　　　　B. 打开方式　　　　C. 主文件名　　　　D. 扩展名
2. 计算机操作系统的主要功能是_____。
   A. 把程序转换为目标程序　　　　　　　B. 实现软硬件转换
   C. 管理系统所有的软件、硬件资源　　　D. 进行数据处理
3. Windows 剪贴板是_____中的一个临时存储区，用来临时存放文字或图形。
   A. 硬盘　　　　　　B. 显示存储区　　　C. 应用程序　　　　D. 内存
4. 在 Windows 资源管理器中，按下_____键不放，用鼠标将同一磁盘中选定的文件或文件夹从右窗口拖动到左窗口，可实现文件或文件夹的复制。
   A. Ctrl　　　　　　B. Shift　　　　　　C. Alt　　　　　　D. Tab
5. 删除选定的文件时，在进行删除操作的同时按下_____可直接删除，不进入回收站。
   A. Shift键　　　　　B. Alt键　　　　　C. Space键　　　　D. Ctrl键
6. 删除 Windows 桌面上某个应用程序的图标，意味着_____。
   A. 该应用程序连同其图标一起被删除
   B. 只删除了该应用程序，对应的图标被隐藏
   C. 只删除了图标，对应的应用程序被保留
   D. 该应用程序连同其图标一起被隐藏
7. 在 Windows 中，当一个应用程序窗口被最小化后，该应用程序将_____。
   A. 中止执行　　　　　　　　　　　　　B. 继续在前台执行
   C. 暂停执行　　　　　　　　　　　　　D. 被转入后台执行
8. 在 Windows 中，若要将当前活动窗口复制到剪贴板，可按_____组合键。
   A. Ctrl+Print Screen　　　　　　　　　B. Alt+Print Screen
   C. Print Screen　　　　　　　　　　　D. Shift+Print Screen
9. 先单击第一项，然后_____再单击最后一项，可选定多个连续文件或文件夹。
   A. 按住Alt键　　　　B. 按住Ctrl键　　　C. 按住Shift键　　　D. 按住Del键
10. 有关 Windows 的菜单，下列叙述不正确的是_____。
    A. 选项后面有"▶"，表示当前不可用
    B. 选项后面有"…"，表示会弹出对话框

C. 选项前面有"√"，表示该选项为复选，而且已被选中

D. 选项前面有实心圆"●"，表示该选项是单选，而且已被激活

11. 在 Windows 系统操作中，Ctrl+V 是_____命令的快捷键。

　　A. 复制　　　　　　B. 剪切　　　　　　C. 粘贴　　　　　　D. 全选

12. 在 Windows 中，当某个程序因为各种原因不能正常关闭时，可按下_____组合键打开 Windows 任务管理器来结束不响应的程序。

　　A. Ctrl+Shift+Esc　　　　　　　　B. Alt+F4

　　C. Ctrl+Alt+Delete　　　　　　　D. Reset键

13. 如果某个 Windows 的菜单项呈现暗淡色，说明_____。

　　A. 该菜单项还没有设置具体功能，当前不可用

　　B. 没有满足该菜单命令执行的前提条件，当前不可用

　　C. 此菜单出现偶然错误，重新启动Windows 7就可解决

　　D. 用户执行了错误操作

14. 将鼠标指针指向_____后拖动，可移动窗口的位置。

　　A. 边框　　　　　　B. 工具栏　　　　　C. 标题栏　　　　　D. 状态栏

15. Windows 系统的计算机以_____身份登录计算机可获得对整个计算机操作的全部权限。

　　A. 来宾　　　　　　B. 普通用户　　　　C. 管理员　　　　　D. 高级用户

16. 下列操作中，_____不是剪贴板的基本操作。

　　A. Ctrl+C　　　　　B. Ctrl+V　　　　　C. Ctrl+X　　　　　D. Ctrl+N

17. Windows 的控件不包括_____。

　　A. 帮助控件　　　　B. 滑块控件　　　　C. 命令按钮控件　　D. 组合框控件

18. 关于"全角"与"半角"说法中，正确的是_____。

　　A. "全角"下不能输入英文字母，"半角"下不能输入汉字

　　B. "半角"下输入的汉字大小是"全角"下的二分之一

　　C. 英文字母在"全角"方式下和汉字同样大小，在"半角"方式下占一个字节

　　D. "全角"下只能输入汉字，不能输入英文字母

19. 在 Windows 中，当对话框打开时，主程序窗口被禁止，关闭该对话框后才能处理主窗口，这种对话框称为_____。

　　A. 非模式对话框　　B. 一般对话框　　　C. 公用对话框　　　D. 模式对话框

20. Windows 有四个库，分别是视频、图片、_____和音乐。

　　A. 下载　　　　　　B. 桌面　　　　　　C. 收藏夹　　　　　D. 文档

第3章

字处理软件 Word 2010

Word 2010 是微软公司办公自动化套件 Office 2010 的重要组成部分，是应用最广泛的文字处理和文档编排软件系统。Word 2010 是 Word 2003、Word 2007 的升级版，除了包含以前版本的内容，如文档的编辑、字体设置、段落格式设置、图文混排、表格制作、页面布局及打印等，还增加了一些新功能，这些新增功能主要集中于为已完成的文档增色，通过这一新版本，还可在浏览器和移动电话中利用内容丰富、为人熟知的 Word 功能。通过本章内容的学习，你可熟练地运用 Word 2010 进行文字处理、文档排版、文书制作、表格制作、图文混排、书籍排版等操作。

3.1　Office 2010 简介

3.1.1　Office 2010 版本

Microsoft Office 2003 是微软公司针对 Windows 操作系统推出的办公室套装软件，于 2003 年 9 月 17 日推出，其前一代产品为 Office XP，后一代产品为 Office 2007。2007 年，微软公司推出了 Microsoft Office 2007 系列版本：家庭和学生版、标准版、中小企业版、专业版、专业增强版、企业版。Microsoft Office 2007 是全新的操作界面，更加人性化，使用起来也更顺手。

Microsoft Office 2010 是 Microsoft Office 2007 的升级版，共有 6 个版本，每种版本都包含不同的组件，用户可根据自己的需求选择合适的版本。各版本的区别如表 3-1 所示。

表3-1　Microsoft Office 2010的各个版本

家庭和学生版	Word	Excel	PowerPoint	OneNote			
标准版	Word	Excel	PowerPoint	Outlook	OneNote	Publisher	
免费初级版	Word	Excel	PowerPoint	Outlook	OneNote	Publisher	Access
专业增强版	Word	Excel	PowerPoint	Outlook	OneNote	Publisher	Access
		InfoPath	SharePoint Workspace	Communicator			
专业版	Word	Excel	PowerPoint	Outlook	OneNote	Publisher	Access
家庭和商业版	Word	Excel	PowerPoint	Outlook	OneNote		

3.1.2　Office 2010 组件

从上表中可看到，常用的 Microsoft Office 2010 有各种丰富的、方便实用的功能，包含日常办公事务处理的常用组件。本教材采用的是专业版，各组件功能如下。

1. 字处理软件Word 2010

Word 2010 是集文字处理、表格处理、图文混排于一体的办公自动化软件，是功能强大的文档处理工具，用来创建和编辑具有专业外观的文档，如信函、论文和报告等。

2. 电子表格处理软件Excel 2010

Excel 2010 主要用于电子表格处理，可高效地完成各种表格和图表的设计，也可进行复杂的数据计算和数据分析。Excel 2010 不但可用于个人、办公等有关的日常事务处理，还广泛应用于财务、行政、金融、经济、统计和审计等众多领域，大大提高了数据处理的效率。

3. 演示文稿软件PowerPoint 2010

PowerPoint 2010 是一个功能强大的演示文稿制作工具，能够制作出具有专业外观的演示文稿，用于演讲、教学、设计制作广告宣传和产品演示等多个领域。

4. 电子邮件管理软件Outlook 2010

Outlook 2010 是一个电子邮件客户端工具，用于发送和接收电子邮件，管理联系人信息、管理日程、分配任务等。利用"即时搜索"和"待办事项栏"等新功能，可组织和随时查找所需信息。通过新增的日历共享功能，用户能与同事、朋友和家人安全地共享存储在 Outlook 2010 中的数据。

5. 电子记事本管理软件OneNote 2010

OneNote 2010 是一个笔记记录管理工具，用于收集、组织、搜索、剪辑笔记和其他信息，具有功能强大的共享笔记本和搜索功能。OneNote 2010 将所需的信息保留在手边，可减少在电子邮件、书面笔记本、文件夹中搜索信息的时间，有助于提高工作效率。

6. 桌面排版软件Publisher 2010

Publisher 2010 是一种商务排版程序，可快速创建专业的营销材料、完整的企业发布和营销材料的解决方案。用户可使用基于任务的直观环境来创建用于印刷品、电子邮件和网站的材料，可指导用户完成从最初概念到最终的内部交付整个过程的操作，而不要求具备专业设计和生产技术知识。

7. 数据库管理软件Access 2010

Access 2010 是一个面向办公自动化、功能强大的关系数据库管理系统，用于创建数据库和程序来跟踪与管理信息。Access 2010 相对于其他版本的特点，在于使用简便。Access 2010 可充分运用信息的力量。透过新增的网络数据库功能，在追踪与共享数据，或利用数据制作报表时，更加轻松、便捷，还可帮助用户共享、管理、审核和备份信息。

3.1.3　典型字处理软件概述

1. 字处理软件Word

Word 是微软公司推出的 Office 办公套件中的重要组件，是全球通用的字处理软件，是日常办公使用频率最高的文字处理软件，其界面友好，功能强大，为用户提供了一个智能化的工作环境，适于制作各类文档，如信函、传真、公文、报刊、书刊和简历、网页等。

Word 在每一个升级版本中都会比前一个版本增加许多新功能，内容更丰富、操作更简便，这使得 Word 在各类字处理软件中一直处于领先地位。

2. 字处理软件WPS

WPS 系列软件是金山公司推出的国产品牌办公软件。1999 年金山公司推出 WPS 2000，WPS 2000 集文字处理、电子表格、多媒体演示制作、图文排版、图像处理等五大功能于一体，拓展了办公软件的功能。2001 年 5 月，WPS 正式采用国际办公软件通用定名方式，更名为 WPS Office。在功能上，WPS Office 从单纯的文字处理软件升级为以文字处理、电子表格、多媒体演示制作、电子邮件和网页制作等一系列产品为核心的多模块组件式产品。

我国政府在 2002 年统一采购了 WPS Office 2002，国家各部委成为金山 WPS 软件最大的客户。WPS Office 2010 与以前的 WPS 系列产品相比，更体现了开放、高效的办公理念，在兼容性、易用性上都有了质的飞跃，从使用习惯到文件格式都可完全兼容微软 Office 软件。

3.2　Word 2010 概述

3.2.1　Word 2010 新增功能

1. 导航窗格

利用导航窗格可更便捷地查找信息。

单击"视图"功能选项卡，在"显示"组中勾选"导航窗格"选项，如图 3-1 所示，即可在主窗口的左侧打开导航窗格，如图 3-2 所示。在导航窗格中的搜索框中输入要查找的关键字，单击"放大镜"按钮，搜索结果快速定位，并高亮显示与搜索内容相匹配的关键词；单击搜索框后面的"×"按钮即可关闭搜索结果并关闭所有高亮显示的关键词。单击导航窗格中第二个功能选项卡"浏览您的文档中的页面"时，可在导航窗格中查看该文档的所有页面的缩略图，需要快速定位到某页文档时，单击该页缩略图即可。

图3-1　"视图"功能选项卡的"显示"组　　　　图3-2　导航窗格

2. 屏幕截图

单击"插入"选项卡,在"插图"组中单击"屏幕截图"按钮,如图 3-3 所示,单击下拉菜单中的可用视图中的窗口缩略图,可选择当前打开的非最小化的应用程序窗口,将其插入光标所在位置。可截取桌面的任意位置,以图片形式插入光标所在位置(类似 QQ 中的截图功能)。

图3-3　"屏幕截图"按钮

3. 删除背景

在 Word 2010 文档中加入图片后,还可对图片进行简单的抠图操作,而不必使用专门的图形处理软件。

选中插入的图片,选择"图片工具"|"格式",在"调整"组中单击"删除背景"按钮,如图 3-4 所示,会自动生成一个"背景消除"选项卡,如图 3-5 所示,该选项卡显示"标记要保留的区域""标记要删除的区域""删除标记""放弃所有更改""保留更改"等按钮,你可根据需要从中选择。

图3-4　"删除背景"按钮　　　　图3-5　"背景消除"选项卡

4. 屏幕取词

在处理 Word 文档时,如果遇到不认识的英文单词,我们可查阅词典。Word 2010 自带文档翻译功能，除了文档翻译、选词翻译和英语助手外，还增加了"翻译屏幕提示"功能，可像电子词典一样进行屏幕取词翻译。

在"审阅"选项卡的"语言"组中，单击"翻译"下拉箭头，在弹出的下拉列表中单击"选择转换语言"选项，在弹出的"翻译语言选项"对话框中，在"译自："下拉框选择"英语(美国)"，在"翻译为："下拉框选择"中文(中国)"。设置完成后，单击"确定"按钮。再次在"审阅"选项卡的"语言"组中单击"翻译"按钮下拉箭头，在弹出的下拉列表中单击"翻译屏幕提示[英语助手：简体中文]"选项，如图3-6所示。这时只要将鼠标指向一个单词或一个选定的短语，就会弹出一个浮动窗口显示翻译结果。

5. 文本效果

在Word 2010中，除可为文字添加字符格式外，还可为文字添加图片特效，例如阴影、凹凸、发光以及反射等。

选取要设置效果的文字，在"开始"功能选项卡的"字体"组中，单击"文本效果"按钮 A' 的下拉箭头，在下拉列表中选择需要的效果即可，如图3-7所示。

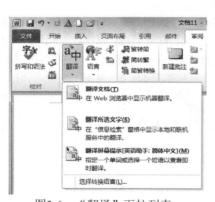
图3-6 "翻译"下拉列表

图3-7 "文本效果"下拉列表

6. 图片艺术效果

Word 2010为用户新增了图片编辑工具，不需要其他的图片编辑软件，就可以插入、剪裁和添加图片特效，也可更改文字颜色的饱和度、色调、亮度等，便于快速地将简单文档转换为艺术作品。

选择要添加效果的图片，选择"图片工具"|"格式"，如图3-8所示，单击需要的按钮就可以对图片进行相应的设置。

图3-8 "格式"选项卡

7. SmartArt图形

SmartArt 图形也是 Word 2010 新增的功能，可在文档中插入丰富多彩、表现力丰富的 SmartArt 示意图，使用户可轻松制作出精美的业务流程。

在"插入"选项卡的"插图"组中，单击 SmartArt 按钮，如图 3-9 所示。在弹出的"选择 SmartArt 图形"对话框中，选择需要的形状即可在文档中插入 SmartArt 图形，如图 3-10 所示。

图3-9　SmartArt按钮

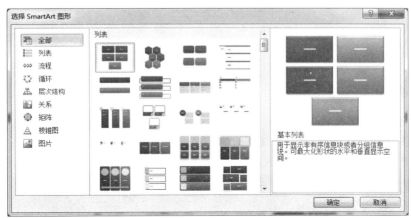

图3-10　"选择SmartArt图形"对话框

8. 轻松写博客

单击"文件"选项卡，再单击"新建"命令即可打开新建列表。如图 3-11 所示，在列表中选择"博客文章"选项，然后单击右下角的"创建"按钮，即可轻松创作博客文章。

9. 改变字号

在 Word 2010 中增加了快速改变文字字号的按钮。

选中需要改变字号的文本，在"开始"选项卡的"字体"组中，单击"增大字体"或"缩小字体"按钮，即可快速改变文字的字号，如图 3-12 所示。

图3-11　新建"博客文章"列表

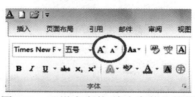

图3-12　"增大字体/缩小字体"按钮

10. 屏幕提示功能

Word 2010 增加了屏幕提示功能，用于提示各个工具按钮的功能。

鼠标指针移至某个按钮时，会弹出相应的屏幕提示框，如图 3-13 所示。如果想要获得更详细的信息，可单击键盘上的 F1 键，查找帮助即可。

图3-13　"有关详细帮助，请按F1"屏幕提示

3.2.2　Word 2010 的窗口介绍

Word 2010 的窗口主要由标题栏、功能区、编辑区、状态栏、滚动条和导航窗格等组成。如图 3-14 所示。

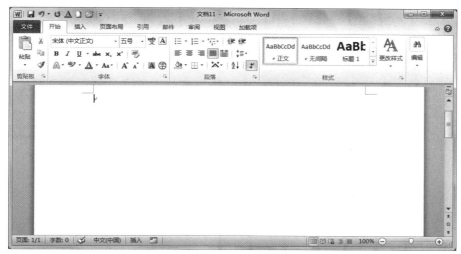

图3-14　Word 2010的窗口

1．标题栏

标题栏位于窗口的最上方，从左到右依次为控制菜单按钮、快速访问工具栏、正在操作的文档名称、应用程序名称和窗口控制按钮。如图 3-15 所示。

图3-15　标题栏

标题栏各组成部分的功能如下。

(1) 控制菜单按钮█

位于标题栏的最左端，单击该按钮出现下拉菜单，主要实现对窗口的最小化、最大化、还原、移动、改变大小和关闭等操作，双击此按钮可直接退出 Word 2010 应用程序。

(2) 快速访问工具栏

用于显示常用的工具按钮，默认显示"保存""撤消"和"恢复"按钮，单击某个按钮可执行相应的操作。用户也可自己定制快速访问工具栏。

方法 1。单击快速访问工具栏右侧的箭头，在下拉列表中勾选需要的工具按钮。如图 3-16 所示。

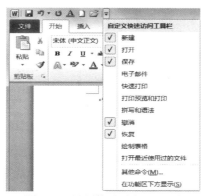

图3-16　设置快速访问工具栏

方法 2。在任意功能区空白处单击右键，如图 3-17 所示。单击"自定义快速访问工具栏"选项，弹出"Word 选项"对话框，如图 3-18 所示。选中要添加到快速访问工具栏的选项，单击"添加"按钮，将需要的命令添加到右侧框内。单击"确定"按钮，快速访问工具栏上就会增加所选项的工具按钮。

图3-17 右击功能区空白处弹出的快捷菜单 　　图3-18 自定义快速访问工具栏

(3) 窗口控制按钮

在标题栏的最右侧，从左到右依次为最小化、最大化/还原、关闭按钮。

当窗口处于非最大化状态时，拖动标题栏可在桌面上移动窗口，改变窗体在屏幕上的位置。双击标题栏可在最大化与还原之间切换。

2. 功能区

1) Backstage视图

从 Word 2007 升级到 Word 2010，最显著的变化就是用"文件"选项卡取代了 Word 2007 中的 Office 按钮。单击"文件"选项卡可查看 Backstage 视图。如图 3-19 所示，Backstage 视图包含用于对文档执行操作的命令集，包含"选项""保存""最近所用文件""新建""信息"等命令。

图3-19 Word 2010的Backstage视图

单击"文件"选项卡中的"选项"命令，弹出"Word选项"对话框，其中包含"常规""显示""保存""高级"等选项，每个选项都有很多可改变 Word 系统设置的选项。要从 Backstage 视图回到文档，单击"文件"以外的任意选项卡，或按键盘上的 Esc 键。

2）功能区介绍

Word 2010 的功能区位于标题栏下方，包含 "开始""插入""页面布局""引用""邮件""审阅""视图"和"加载项"8 个选项卡。每个选项卡根据功能的不同又分为若干个组。

（1）"开始"选项卡。

如图 3-20 所示，"开始"选项卡包括"剪贴板""字体""段落""样式"和"编辑"5 个组，对应于 Word 2003 中"编辑"和"段落"菜单的部分命令。该选项卡主要用于帮助用户对 Word 2010 文档进行文字编辑和格式设置，是用户最常用的功能区。

图3-20　"开始"选项卡

（2）"插入"选项卡。

如图 3-21 所示，"插入"选项卡包括"页""表格""插图""链接""页眉和页脚""文本"和"符号"7 个组，对应于 Word 2003 中"插入"菜单的部分命令。该选项卡主要用于在 Word 2010 文档中插入各种元素。

图3-21　"插入"选项卡

（3）"页面布局"选项卡。

如图 3-22 所示，"页面布局"选项卡包括"主题""页面设置""稿纸""页面背景""段落"和"排列"6 个组。该选项卡主要用于帮助用户设置 Word 2010 文档页面样式。

图3-22　"页面布局"选项卡

（4）"引用"选项卡。

如图 3-23 所示，"引用"选项卡包括"目录""脚注""引文与书目""题注""索引"和"引文目录"6 个组，该选项卡主要用于实现在 Word 2010 文档中插入目录等较高级的功能。

图3-23　"引用"选项卡

(5) "邮件"选项卡。

如图 3-24 所示,"邮件"选项卡包括"创建""开始邮件合并""编写和插入域""预览结果"和"完成"五个组,该选项卡专门用于在 Word 文档中执行邮件合并方面的操作。

图3-24 "邮件"选项卡

(6) "审阅"选项卡。

如图 3-25 所示,"审阅"选项卡包括"校对""语言""中文简繁转换""批注""修订""更改""比较"和"保护"八个组,该选项卡主要用于对 Word 2010 文档进行校对和修订等操作,适用于多人协作处理 Word 2010 长文档。

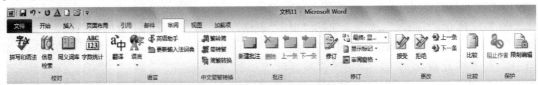

图3-25 "审阅"选项卡

(7) "视图"选项卡。

如图 3-26 所示,"视图"选项卡包括"文档视图""显示""显示比例""窗口"和"宏"五个组,该选项卡主要用于帮助用户设置 Word 2010 操作窗口的视图类型,以方便操作。

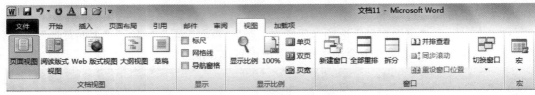

图3-26 "视图"选项卡

(8) "加载项"选项卡。

如图 3-27 所示,"加载项"选项卡只有"菜单命令"组,加载项是可为 Word 2010 安装的附加属性,如自定义的工具栏或其他命令扩展。该选项卡主要用于在 Word 2010 中添加或删除加载项。

图3-27 "加载项"选项卡

3. 编辑区

编辑区指窗口中间的空白区域，是用户进行文本输入、编辑或排版等操作的工作区域。在编辑区里，可尽情发挥你的聪明才智和丰富的想象力，编辑出图文并茂的优秀作品。闪烁的 I 形光标是文字插入点，可接受键盘的输入。

4. 滚动条

滚动条分为水平滚动条和垂直滚动条，分别位于窗口的下端和右端。鼠标拖动滚动条可快速定位文档在窗口中的位置。单击垂直滚动条下方的"选择浏览对象"按钮可选择不同的浏览方式。

5. 状态栏

状态栏位于窗口的最下端，如图 3-28 所示，用于显示当前文档的一些状态参数，如光标所在的页码、字数和插入/改写按钮。单击"改写"或"插入"状态，或按键盘上的 Insert 键，可在"改写"和"插入"之间转换。状态栏右侧显示的是文档查看视图按钮和缩放比例。

图3-28　状态栏

3.2.3　Word 2010 的文档视图

在 Word 2010 中提供多种文档视图模式供用户选择，这些视图模式包括"页面视图""阅读版式视图""Web 版式视图""大纲视图"和"草稿视图"五种。用户可在"视图"选项卡的"文档视图"组中选择需要的文档视图模式，如图 3-26 所示。也可在 Word 2010 文档窗口右下方的任务栏上单击视图按钮选择视图，如图 3-29 所示。

图3-29　文档视图按钮

1. 页面视图

页面视图可显示 Word 2010 文档的打印结果外观，主要包括页眉、页脚、图形对象、分栏设置、页面边距等元素，这是最接近打印结果的视图方式，Word 2010 默认的视图方式是页面视图。

2. 阅读版式视图

阅读版式视图以图书翻开的样式显示 Word 2010 文档。在该状态下，除了"阅读版式"工具栏外的所有工具栏都隐藏起来。在阅读版式视图中，用户还可单击"工具"按钮，在弹出的下拉列表中选择各种阅读工具。

3. Web版式视图

Web 版式视图以网页形式显示 Word 2010 文档，Web 版式视图适于发送电子邮件和创建网页。

4. 大纲视图

大纲视图主要用于 Word 2010 文档的设置和显示标题的层级结构，可方便地折叠和展开各层级的文档。在该视图下，插入的页眉/页脚、分栏、图片等信息都不显示。大纲视图广泛用于 Word 2010 长篇文档的快速浏览和调整。

5. 草稿视图

草稿视图取消了页面边距、分栏、页眉/页脚和图片等元素，仅显示标题和正文，是最节省计算机系统硬件资源的视图方式，该视图主要在单纯的文字录入时使用。

3.2.4 Word 2010 的联机帮助

在编辑 Word 文档时，难免遇到各种问题，用户可通过系统帮助来解决问题。

使用帮助功能的操作方法如下。

方法 1。单击功能区右侧的"帮助"按钮❷(如图 3-30 所示)，或按键盘上的 F1 键，打开"Word 帮助"窗口，如图 3-31 所示。在"搜索"框中输入需要帮助的关键词，单击"搜索"按钮，即可获得帮助信息。

图3-30　"帮助"按钮　　　　　　　　　　图3-31　"Word帮助"窗口

方法 2。单击"文件"选项卡中的"帮助"选项，在"支持"列表中单击"Microsoft Office 帮助"按钮❷，如图 3-32 所示。在提示键入关键字的位置键入，然后单击"搜索"按钮即可找到一系列相关内容的主题。

图3-32　"帮助"选项列表

3.3　Word 文档的基本操作

Word 文档的基本操作包括创建新文档、打开文档、保存文档、保护文档、关闭文档、编辑文档以及输入数据等，Word 2010 文档的扩展名是.docx。

3.3.1　启动与退出

1. Word 2010的启动

常用的启动 Word 2010 的方法有以下几种：

(1) 单击"开始"菜单按钮，选择菜单中"所有程序"｜Microsoft Office｜Microsoft Word 2010 命令。

(2) 双击 Windows 桌面上已经建立的 Word 2010 快捷方式图标。

(3) 双击已经创建的 Word 2010 文档。

2. Word 2010的退出

使用 Word 2010 应用程序对文档进行编辑操作并保存后，如果确定不再对文档执行任何操作，此时应该退出 Word 2010 应用程序。

常用的退出 Word 2010 的方法有以下几种：

(1) 单击 Word 窗口右上角的"关闭"按钮 ▉。

(2) 单击"文件"选项卡中的"退出"命令。

(3) 双击窗口标题栏左上角的控制图标按钮 ▉。

(4) 按键盘上的组合键 Alt+F4。

在退出 Word 2010 文档时，如果没有保存已编辑的文档，窗口中将出现 Microsoft Word 对话框，如图 3-33 所示。此时，如果需要保存，就单击"保存"按钮，则当前编辑的文档被保存然后退出；若不需要保存，就单击"不保存"按钮，则不保存当前编辑的文档然后退出；若单击"取消"按钮，则取消退出操作，返回 Word 文档编辑窗口，继续编辑当前的文档。

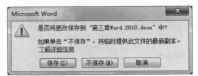

图3-33　Microsoft Word对话框

注意：

(1) 单击"文件"选项卡中的"关闭"命令，关闭的是Word 2010文档窗口，此时并没有退出Word应用程序。

(2) 单击"文件"选项卡中的"退出"命令，则是退出Word 2010应用程序。

3.3.2　创建文档

启动 Word 2010 后，系统自动打开一个名为"文档1"的空白文档，此时可录入文字、编辑、设置格式、排版等。如果想再创建一个新的空白文档，常用的方法有以下几种。

1. 新建空白文档

新建空白文档操作方法如下。

方法 1。单击"文件"选项卡中的"新建"选项，如图 3-34 所示。在"可用模板"列表中单击"空白文档"按钮，然后单击右下角的"创建"按钮，即可创建一个新的空白文档。默认的文档名为"文档1""文档2"等。在"可用模板"列表中还可选择建立"博客文章""书法字帖""样本模板"等常用文档。

图3-34　单击"新建"选项

方法 2。单击快速启动工具栏右边的下拉箭头，在弹出的下拉列表中单击"新建"选项，则快速启动工具栏上会显示"新建 □"按钮。单击"新建"按钮，可建立一个新的空白文档。

　　方法 3。使用组合键 Ctrl＋N，建立一个新的空白文档。

2．利用模板创建文档

　　Word 2010 自带一些文档模板，这些模板已定义好了文档的布局和格式。创建后，在该模板已有的布局和格式上修改即可。

　　单击"文件"选项卡中的"新建"命令，如图 3-35 所示。在"可用模板"列表的"Office.com 模板"中，单击需要的模板样式，然后单击"创建"按钮，即可创建有模板的文档，模板文档的扩展名是.dotx。部分模板还带有提示向导，可指导你完成文档的创建。

图3-35　利用模板创建文档

3.3.3　打开文档

　　对于已经保存过的文档，如果想要再次编辑，可打开该文档。

　　打开文档的方法有以下几种。

1．使用按钮或快捷键打开

　　单击"文件"选项卡中的"打开"命令、单击"快速启动工具栏"中的"打开 □"按钮，或使用组合键 Ctrl+O，都可出现"打开"对话框，如图 3-36 所示。在左侧导航窗格，单击要打开文件所在的驱动器或文件夹，此时，右侧窗口会显示要打开的文档名，双击即可打开文档。如果需要以特殊方式打开文档，在双击要打开的文档前，单击"打开"按钮右方的箭头，弹出打开方式下拉列表，如图 3-37 所示。单击需要的选项，再双击要打开的文档名，该文档就会以所选的方式打开。

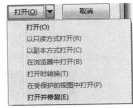

图3-36 "打开"对话框　　　　图3-37 打开方式

2. 快速打开文档

单击"文件"选项卡中"最近所用文件"命令，在右侧"最近使用的文档"列表中选择要打开的文档，可直接打开相应的文档，如图 3-38 所示。

图3-38 快速打开已有的文档

3.3.4 保存文档

文档在编辑的过程中，需要随时存盘，防止意外关闭文档导致未存盘的内容丢失。

1. 保存新建文档

对于从未保存过的新文档，在第一次保存时，单击"文件"选项卡中的"保存"命令、单击快速启动工具栏上的"保存"按钮，或按组合键 Ctrl+S，都会弹出 "另存为"对话框，如图 3-39 所示。

图3-39　"另存为"对话框

在对话框中设置保存位置；在"文件名"后的组合框中输入要保存的文件名，或选择下拉列表中已有的文件名，文件名最多不超过 255 个字符；在"保存类型"下拉列表中，选择要保存的文件类型。位置、名称、保存类型都设置完成后，单击"保存"按钮保存文档。

2. 保存已保存过的文档

已有文档编辑后，仍然需要保存，单击"文件"选项卡中的"保存"命令或单击快速启动工具栏上的"保存"按钮 ，会将更改保存在原文件中，不再出现"另存为"对话框。

注意：

对已保存过的文档进行编辑修改后，再次存盘时，如果需要以新文件名、新保存位置、新文件类型保存文档，则需要单击"文件"选项卡中的"另存为"命令。在打开的"另存为"对话框中设置新的文件名、新的保存位置、新的文件类型，单击"确定"按钮即可。此时，窗口中正在处理的是另存后的新文档，原文档则保持不变。

3. 自动保存

Word 2010 提供一种定时自动保存文档的功能，可根据设定的时间间隔定时自动保存文档，这样可避免因死机、意外停电或意外关机而丢失未保存的内容。

单击"文件"选项卡中的"选项"命令，打开"Word 选项"对话框，选择"保存"选项卡，如图 3-40 所示，选中"保存自动恢复信息时间间隔"复选框，并设定时间间隔。

注意：

当输入或编辑一个较大的文档时，要养成随时保存文档的好习惯，以免因意外(如断电、死机)而导致文档内容丢失。

图3-40   设定时间间隔

4. 文档加密保护

若需要保护自己创建的文档，防止他人未经允许查看或编辑文档，可设置"打开文件时的密码"和"修改文件时的密码"，使得他人在没有密码的情况下无法打开或编辑该文档。

如图 3-41 所示，在"另存为"对话框中，单击"工具"下拉列表中的"常规选项"，将弹出"常规选项"对话框，如图 3-42 所示。在该对话框中输入打开文件时的密码，修改文件时的密码，单击"确定"按钮，即可对文件进行加密保存。

若只设置文档的打开密码，可单击"文件"选项卡的"信息"命令，在右侧的 Backstage 视图中，单击"保护文档"按钮，在弹出的下拉列表中，单击"用密码进行加密"选项命令。在弹出的"加密文档"对话框中输入密码后单击"确定"，就设置了文档的打开密码。

图3-41   "另存为"对话框的"工具"下拉列表

图3-42   "常规选项"对话框

3.4　文档的录入与编辑

文档的录入与编辑包括文本的录入、移动插入点，以及选定文本并对其进行移动、复制、删除、查找和替换等。这些操作主要通过"开始"选项卡中"剪贴板"组和"编辑"组中的按钮来实现。

3.4.1　文档的输入

新建或打开文档后，即可在编辑区录入文本。在文档的窗口中有一条闪烁的竖线，称为"插入点"，用来表示文本的录入位置。

Word 2010 具有自动换行功能，当录入文字到达每行的末尾时，会自动换行(称为软回车)，再录入的文字在下一行出现；如果一段录入结束，要另起一段时，按键盘上的 Enter 键(回车键)，此时，该段后会插入一个段落标记(称为硬回车)，表示该段结束，新段落从下一行开始。

如果想把两个段落合并为一个段落，只需要把两段之间的回车标记删除即可。

1. 选择输入法

录入文字时，需要使用汉字输入法，Windows 系统提供一些输入法供用户使用，你也可以自行安装第三方输入法。

选择输入法的方法有以下几种：

(1) 单击任务栏右侧的输入法指示器，在"输入法"列表中单击需要的输入法。

(2) 按组合键 Ctrl+Shift，可在各种输入法之间进行切换。

(3) 按组合键 Ctrl+空格，可在中、英文输入法之间进行切换。

2. 特殊符号的录入

输入文本时，可能需要输入一些键盘上没有的特殊符号(如俄文字符、日文字符、希腊文字符、数学符号、图形符号等)，录入特殊符号的方法有以下两种：

(1) 使用软键盘。

Office 2010 提供 13 种软键盘，通过这些软键盘可方便地输入各种符号。

右击输入法指示器上的软键盘按钮▦，在"软键盘"列表中选择需要输入的符号类型，如图 3-43 所示。在该列表中单击"0 数学符号"选项命令，会弹出数学符号的软键盘，如图 3-44 所示。此时可使用键盘，或单击屏幕上软键盘上的各个按钮，在文档的插入点位置插入相应的符号，符号输入完毕后不需要软键盘时，再次单击软键盘按钮，软键盘就会隐藏起来。

(2) 单击"插入"选项卡 "符号"组中的"符号"按钮，如图 3-45 所示。在下拉列表中，选择需要的符号。

如果下拉列表中没有需要的符号，可单击"其他符号"选项，弹出"符号"对话框，如图 3-46 所示。选择不同的"字体"，会显示不同符号。单击"插入"按钮或直接双击要插入的符号，即可在插入点位置插入选择的符号。

图3-43　软键盘列表　　　　　　　　　图3-44　"数学符号"软键盘

图3-45　"符号"下拉列表

3. 日期和时间的录入

如果需要在文本中录入日期和时间，单击"插入"选项卡"文本"组中的 日期和时间 按钮，弹出"日期和时间"对话框，如图3-47所示，在"可用格式"列表中选择日期和时间格式或语言后，单击"确定"按钮完成日期时间的录入。

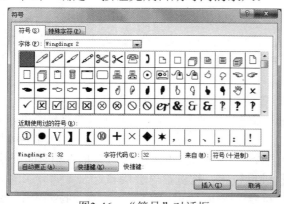

图3-46　"符号"对话框

图3-47　"日期和时间"对话框

4. 录入状态

Word 2010提供两种录入状态："插入"和"改写"。"插入"状态指键入的文本将插入当前光标所在的位置，光标后面的文字将按顺序后移；"改写"状态指键入的文本将光标后的文字按顺序覆盖掉。

"插入"和"改写"状态的切换有以下两种方法。

(1) 按键盘上的 Insert 键。

(2) 单击状态栏左端的"改写"或"插入"标记。

3.4.2　文档的编辑

文档的编辑包括选定文本，移动、复制、删除、撤消与恢复文本，以及查找和替换等。

1. 选定文本

在 Word 2010 中，无论是简单的移动、复制、删除，还是复杂的格式设置，都必须先选定文本，再进行相应的编辑操作，被选定的文本呈反显状态。

选定文本的方法有以下几种。

1) 用鼠标选定文本

小块文本的选定：按住鼠标的左键从起始位置拖动到终止位置，鼠标拖过的文本即被选中，呈反显状态。这种方法适用于选定小块的、不跨页的文本。

大块文本的选定：单击要选定文本的起始位置，然后一直按住 Shift 键，再单击文本的终止位置，则起始位置与终止位置之间的文本就会被选中。这种方法适用于选定大块的(尤其是跨页的)文本。

选定一行或多行：在左侧选定栏处，鼠标指针会变成右向的空心箭头，此时，单击可选定指针指向的一行，按住左键拖动，则可选定鼠标滑过的多行文本。

选定一段：　　　①在左侧选定栏处，双击可选定指针指向的段落。

　　　　　　　　　②在段落中的任意位置三击鼠标左键，可选定该段落。

选定整篇文档：　①在左侧选定栏处，按住 Ctrl 键，单击左键。

　　　　　　　　　②在左侧选定栏处，三击鼠标左键。

　　　　　　　　　③按组合键 Ctrl+A。

2) 用键盘选定文本

用键盘选定文本时，注意要在所选文本的起始位置单击。

Shift+←(→)方向键：分别由插入点位置向左(右)扩展选定一个字符或汉字。

Shift+↑(↓)方向键：分别由插入点位置向上(下)扩展选定一行字符或汉字。

Ctrl+Shift+Home：从插入点位置扩展选定至文档的开头处。

Ctrl+Shift+End：从插入点位置扩展选定至文档的结尾处。

Ctrl+A 或 Ctrl+5(数字小键盘上的数字 5)：选定整篇文档。

2. 取消文本的选定

要取消选定的文本，用鼠标单击文档中的任意位置，即可取消对文本的选定。

3. 删除文本

在编辑文档时，我们经常需要对文档的内容进行适当的剪切、删除。

要删除小块文本，可采用以下几种方法。

(1) 按键盘上的 BackSpace 键(退格键)，删除光标前一个字符。

(2) 按键盘上的 Delete 键，删除光标后一个字符。

(3) 按组合键 Ctrl+Backspace，删除光标前一个英文单词或一个汉语词组。

(4) 按 Ctrl+Delete，删除光标后一个英文单词或一个汉语词组。

要删除大块文本，可采用以下几种方法。

(1) 选定要删除的文本后，按 Delete 键删除。

(2) 选定要删除的文本后，单击"开始"选项卡的"剪贴板"组中的 ✄ 剪切 按钮。

(3) 在选定文本位置右击，在弹出的快捷菜单中选择"剪切"命令。

(4) 利用组合键 Ctrl+X。

注意：

第1种方法删除的文本直接被删除，而第2、3、4种方法删除的文本保存在剪贴板中，被剪切的文本可被粘贴到本文档的其他位置，甚至是其他应用程序中。

4. 移动文本

在编辑文档的过程中，经常需要将整块文本移到其他合适的位置，来组织和调整文档的结构。

可通过鼠标拖放来移动文本。

选定要移动的文本后，将鼠标移动到选定文本上，按住鼠标左键不放，拖动到目标位置释放鼠标左键即可。

也可利用剪贴板移动文本。

操作方法如下。

(1) 选定要移动的文本。

(2) 单击"开始"选项卡的"剪贴板"组中的"剪切"按钮；或在选定文本处右击，在弹出的快捷菜单中单击"剪切"命令；或使用组合键 Ctrl+X，将选定文本移动到剪贴板。

(3) 在目标位置单击，将插入点移到该位置，单击"开始"选项卡的"剪贴板"组中的"粘贴"命令。此时，可选择粘贴方式：保留源格式、合并格式、只保留文本；或在目标位置处右击，在弹出的快捷菜单中单击"粘贴"命令；或使用组合键 Ctrl+V，将剪贴板上的内容粘贴到目标位置。

5. 复制文本

在编辑文档的过程中，有时需要将选定文本复制到其他位置。

可通过鼠标拖放来复制文本。

选定要复制的文本后，将鼠标移到选定文本上，按住键盘上的 Ctrl 键，再按住鼠标左键，拖动到目标位置释放鼠标左键即可。

也可以利用剪贴板复制文本。

操作方法如下。

(1) 选定要复制的文本。

(2) 单击"开始"选项卡"剪贴板"组中的"复制"按钮；或在选定文本处右击，在弹出的快捷菜单中单击"复制"命令；或使用组合键 Ctrl+C，将选定文本复制到剪贴板中。

(3) 在目标位置单击，使插入点移到该位置，单击"开始"选项卡的"剪贴板"组中的"粘贴"命令。此时，可选择粘贴方式：保留源格式、合并格式、只保留文本；或在目标位置处右击，在弹出的快捷菜单中单击"粘贴"命令；或使用组合键 Ctrl+V，将剪贴板上的内容粘贴到目标位置。

6. 选择性粘贴

进行一般性粘贴操作时，会对原文本及所有包含的格式进行粘贴。如果只想复制不带格式的文本或表格中的纯文字，则需要用到选择性粘贴。

操作方法如下。

(1) 选定要复制的网页内容或其他多格式的文本，单击右键，在弹出的快捷菜单中单击"复制"命令；或按组合键 Ctrl+C 将其复制到剪贴板中。

(2) 单击目标位置，使插入点移到该位置，单击"开始"选项卡的"剪贴板"组中"粘贴"按钮的下拉箭头。在下拉菜单中，单击"选择性粘贴"命令，弹出"选择性粘贴"对话框，如图 3-48 所示。在"形式"列表框中选择"无格式文本"项，单击"确定"按钮即可。

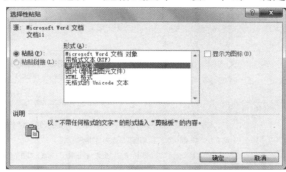

图3-48　"选择性粘贴"对话框

7. 撤消与恢复

在文本的录入和编辑过程中，Word 2010 会自动记录最新的操作和刚执行的命令，这种存储功能使我们有机会改正错误的操作。

1) 撤消

如果不小心删除了有用的文本，可通过撤消功能来改正错误。

撤消方法有以下两种。

(1) 单击快速访问工具栏中的"撤消"按钮 。

(2) 使用组合键 Ctrl+Z。

2) 恢复

在经过撤消操作后，"撤消"按钮右边的"恢复"按钮将变为可用状态。恢复是撤消的反向操作，如果认为不应撤消刚才的操作，则可通过"恢复"按钮来实现。

恢复方法有以下两种。

(1) 单击快速访问工具栏中的"恢复"按钮 。

(2) 使用组合键 Ctrl+Y。

单击快速访问工具栏上的"撤消"和"恢复"按钮中间的下拉箭头，Word 2010 将显示最近可撤消或可恢复的操作列表，单击列表中的某个操作可撤消或恢复该操作前的所有操作。

注意：

"撤消"与"恢复"是配套使用的，如果没有"撤消"，就不可能有"恢复"。

3.4.3 查找和替换

在 Word 2010 中可在文档中搜索指定内容，并将搜索到的内容全部替换为另外的文本、图形、指定格式等，还可快速定位文档。用户在修改、编辑长篇文档时，非常方便。

1. 查找

(1) 导航窗格查找

单击"视图"选项卡的"显示"组中"导航窗格"按钮，此时，导航窗格前被打上勾，同时窗口左侧弹出导航窗格，如图 3-49 所示。在搜索框中输入要查找的关键字"计算机"，文档会快速定位到该关键字，并高亮显示。

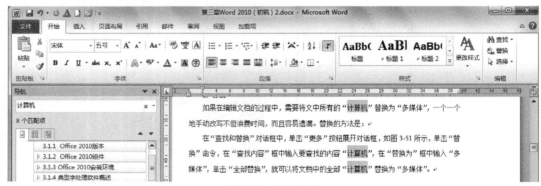

图3-49 导航窗格

(2) 高级查找

在导航窗格中单击搜索框右侧的下拉箭头，选择"高级查找"命令；或单击"开始"选项卡的"编辑"组中的"查找"按钮右侧的下拉箭头，在列表中单击"高级查找"命令，都可弹出"查找和替换"对话框，如图 3-50 所示。在该对话框中输入要查找的内容，单击"查找下一处"，系统会自动从光标处开始查找，并找到该关键字。如果想继续查找，可继续单击"查找下一处"，Word 2010 会帮助你逐个找到要搜索的内容，直到结束。

图3-50 "查找和替换"对话框

2. 替换

如果在编辑文档的过程中，需要将文中所有的"计算机"替换为红色字体的"多媒体"三个字，一个一个地手动改写不但浪费时间，而且容易遗漏。这时可利用替换功能。

　　单击"替换"命令，弹出"查找和替换"对话框。在"查找内容"框中输入要查找的内容"计算机"，在"替换为"框中输入要替换的内容"多媒体"，单击"更多"按钮展开对话框，如图 3-51 所示。单击"格式"按钮，在下拉列表中单击"字体"命令，在弹出的"字体"对话框中，设置字体颜色为"红色"，确定后关闭"字体"对话框。单击"全部替换"，就可将文档中的全部"计算机"替换为红色字体的"多媒体"。

图3-51　"查找和替换"对话框

注意：

　　单击"全部替换"按钮，会弹出Microsoft Word对话框，如图3-52所示，表示已经对文档替换完成。确定后，关闭"查找和替换"对话框，返回到文档编辑状态。

图3-52　替换操作完成后的对话框

3.5　文档的格式设置与排版

　　文档的各种格式及版面的设计，不仅以美化其外观，还能体现文档内容本身的特点。文档的格式设置主要包括字符格式的设置、段落格式的设置、边框和底纹的设置、项目符号和编号的设置以及文本效果的设置等，主要通过"开始"选项卡的"字体"组和"段落"组来实现。

3.5.1　设置字符格式

　　字符格式是指文字的外观，主要指对录入的文本进行字体、字形、字符间距、字号、颜色、下划线及其字体效果的设置。

1. 字体的设置

1) 使用功能区按钮

选定要格式化的文本，在"开始"选项卡的"字体"组中，进行字体、字号、字形、字体的颜色和加下划线等设置，如图 3-53 所示。Word 2010 默认的格式是"宋体""五号"。

2) 使用"字体"对话框

在"开始"选项卡的"字体"组右侧，单击启动器按钮，或在选定文本处单击右键，在快捷菜单中单击"字体"命令，都可弹出"字体"对话框，如图 3-54 所示。在"字体"选项卡中，可设置字体、字形、字号、颜色、下划线、特殊效果。

图3-53　"字体"组　　　　　　　　　　　　图3-54　"字体"对话框

另外，现实生活中，有时需要比"初号"或"72 磅"更大的特大字。如果要设置特大字，可选定要设置为特大字的文本，单击"开始"选项卡"字体"组中的"字号"框，输入特大字的字号磅值，按 Enter 键确认。文字的字号最大可达 1638 磅。

2. 字符间距的设置

字符间距是指字与字之间的距离。有时会因为文档设置的需要而调整字符间距，以达到理想效果。

选中要设置的文本，单击"开始"选项卡的"字体"组右侧的启动器按钮，打开"字体"对话框，单击"高级"选项卡，如图 3-55 所示，根据需要进行设置。

(1) **缩放**：设置字符的宽高比，实现"长字"和"扁字"的效果。如果要使用特殊比例，可直接在编辑框中输入想要的比例。Word 2010 默认的缩放比例为 100%。

还可通过以下方法设置缩放比例。方法是单击"开始"选项卡"段落"组中的"中文版式"按钮右侧的下拉箭头，在弹出的下拉列表中单击"字符缩放"下拉列表，选择合适的缩放比例。

(2) **间距**：在选项卡中设置字符间距的三种样式是"标准""紧缩""加宽"。Word 2010 默认的间距为"标准"。

(3) **位置**：在不改变字符大小的前提下，可设置字符位置的高低。有三个选项"标准""提升"

"降低"。Word 2010 默认的位置为"标准"。

3. 文本效果格式的设置

(1) 设置"突出显示"效果

Word 2010 提供了"突出显示"功能，通过此功能可将文字标记为"突出显示"的各种颜色，使文字看上去像用荧光笔作了标记。 单击"开始"选项卡"字体"组中的"突出显示"按钮右侧的下箭头，弹出下拉列表，如图 3-56 所示。鼠标指向某种颜色，在文档中看到预览效果，单击即可将选定的颜色应用到所选的文字上。

图3-55　"字体"对话框的"高级"选项卡　　　　图3-56　"突出显示"下拉列表

(2) 设置文本效果

通过"文本效果"按钮可将文字设成发光、阴影、轮廓等效果。单击"开始"选项卡"字体"组中的"文本效果"按钮右侧的向下箭头，弹出下拉列表，如图 3-57 所示。鼠标指向某种效果，在文档中可看到预览效果，单击即可将选定的效果应用到所选的文本上。

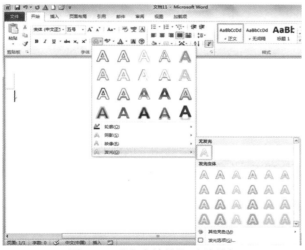

图3-57　"文本效果"下列列表

在下拉列表中还可单击"轮廓""阴影""映像"或"发光"效果的下拉箭头，在下拉列表中单击需要的效果按钮，文档中文本效果将发生变化。

另外，在"字体"对话框中，单击"确定"按钮左方的"文本效果"按钮，弹出"设置文本效果格式"对话框，如图 3-58 所示，从中选择需要的动态效果，单击"关闭"按钮，返回到文本的编辑状态。

4. 带圈的字、上标、下标等效果的设置

在"开始"选项卡的"字体"组中，还可设置"带圈字符""上标""下标""下划线""更改大小写"等效果。

操作方法如下。

(1) 带圈字符

选中要设置的文本，单击"开始"选项卡 "字体"组中的"带圈字符"按钮⊕，弹出"带圈字符"对话框，如图 3-59 所示，在对话框中选择样式、圈号，单击"确定"按钮。

图3-58　"设置文本效果格式"对话框

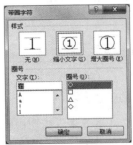

图3-59　"带圈字符"对话框

(2) 上标、下标

选定要设置为上标或下标的文本，单击"开始"选项卡的"字体"组中下标或上标按钮 x_2 x^2。

(3) 下划线

选中要设置下划线的文本，单击"开始"选项卡的"字体"组中"下划线"右侧下拉箭头，弹出下拉列表，如图 3-60 所示。在下拉列表中选择线型的样式，指向"下划线颜色"命令，在下一级菜单中选择下划线的颜色。

(4) 更改大小写

选中要设置大小写的英文单词，单击"开始"选项卡"字体"组中的"更改大小写"按钮右侧的下拉箭头，弹出下拉列表，如图 3-61 所示。在下拉列表中选择需要的命令。

另外，在"开始"选项卡的"字体"组中，还有"拼音指南""删除线""增大字体""缩小字体"等按钮，单击可执行相应的操作。

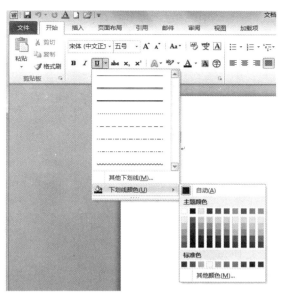

图3-60 "下划线"下拉列表

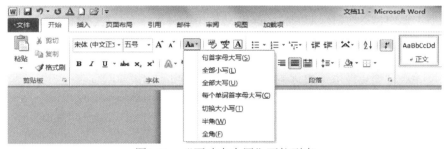

图3-61 "更改大小写"下拉列表

3.5.2 设置段落格式

设置不同的段落格式，可使文档布局合理、层次分明。段落格式的设置主要包括行距的大小、段落的缩进方式、段前和段后距离、换行和分页、段落对齐方式等。

1. 使用"段落"组按钮设置

单击"开始"选项卡"段落"组中的按钮来设置段落格式。

对齐方式。单击"开始"选项卡的"段落"组中的"对齐方式"按钮 ≡ ≡ ≡ ≡ 进行设置，单击相应的按钮可快速设置段落的对齐方式。这些按钮从左到右分别是：左对齐、居中、右对齐、两端对齐。

减少和增加缩进。单击"开始"选项卡"段落"组中的"缩进"按钮 ≢ ≢ 来减少和增加缩进量。每按一次减少或增加一个字符，即向左或向右缩进一个汉字。

2. 使用"段落"对话框设置

单击"开始"选项卡的"段落"组右侧的启动器按钮；或在选定文本区域单击右键，在弹出的快捷菜单中选择"段落"，都会弹出"段落"对话框，如图 3-62 所示。对话框有三个选项卡，分别是"缩进和间距""换行和分页""中文版式"。我们最常用到的是"缩进和间距"选项卡，在"缩进和间距"选项中，可执行缩进、间距和对齐方式等多项设置。

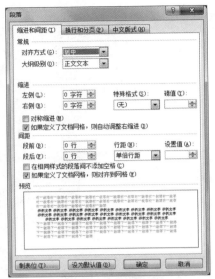

(1) **对齐方式**：可设置段落或文本的左对齐、居中、右对齐、两端对齐、分散对齐等。

(2) **左侧、右侧缩进**：可将选定的段落的所有行的左、右边距都缩进一定的字符数。

(3) **特殊格式缩进**：特殊格式中有"无""悬挂缩进"和"首行缩进"三种形式。

"**首行缩进**"：表示段落中的第一行从第一个字符起左缩进一定的值。

"**悬挂缩进**"：是指段落中除了第一行以外，其余所有的行都左缩进一定的值。

(4) **间距**：可在段前、段后分别设置一定的空距。通常以"行"或"磅"为单位。在间距列表下的"段前"或"段后"框中输入所需要的间距，或单击上下箭头选择间距值。

图3-62 "段落"对话框

(5) **行距**：指行与行之间的距离，其默认值是"单倍行距"。

单倍、1.5 倍、2 倍、多倍行距表示分别设定标准行距相应倍数的行距，如果需要把行距设置为 1.75 倍行距，在"行距"的下拉列表中选择"多倍行距"，然后在"设置值"框中输入 1.75。

如果设定固定的磅值作为行距，可在"行距"的下拉列表框中选择"固定值"，然后在设置值框中输入具体的磅值数。

3. 使用格式刷设置

(1) 格式刷

格式刷是实现快速格式化的重要工具。格式刷可将字符格式和段落格式快速复制到其他文本上。

操作方法如下。

先选定已经设置好格式的文本，单击"开始"选项卡的"剪贴板"组中的 格式刷 按钮。此时，鼠标指针变成一个带 I 字的小刷子，按住鼠标左键刷过需要设置格式的文本，被刷过的文本的格式会变成最初选定文本的格式，同时，鼠标指针恢复原样。

注意：

如果要多次使用格式刷，就要双击"格式刷"按钮，这样就可反复地在多处使用格式刷。要停止使用格式刷，需要再次单击"格式刷"按钮或按Esc键。

(2) 快速清除格式

对文本设置各种格式后，如果需要还原成默认格式(宋体，五号)，可使用 Word 2010 增加的"清除格式"功能，快速清除字符格式。

选择需要清除格式的文本，单击"开始"选项卡"字体"组中的"清除格式"按钮，之前所设置的所有格式都被清除，还原为默认格式。

3.5.3　项目符号和编号

使用项目符号和编号，可使文档变得层次清楚，易于阅读和理解。
插入项目符号和编号的操作方法如下。

1. 使用"段落"组按钮

选中需要添加项目符号的段落，单击"开始"选项卡的"段落"组中"项目符号"或"编号"按钮右侧的下拉箭头，在下拉列表中单击需要的项目符号或编号，如图 3-63 所示。

图 3-63　在下拉列表中单击需要的项目符号或编号

2. 自定义项目符号

如果对项目符号库中的 7 种类型不满意，单击列表中的"定义新项目符号"选项，弹出"定义新项目符号"对话框，如图 3-64 所示。单击"符号"或"图片"按钮，在弹出的对话框中选择要添加的项目符号。设置完成后，单击"确定"按钮，返回到"定义新项目符号"对话框，再次单击"确定"按钮即可。

图 3-64　"定义新项目符号"对话框

3. 多级列表

对于含有多个层次的段落，为清晰地体现层次结构，可对其设置多级列表。
(1) 选中需要添加多级列表的段落，单击"段落"组中的"多级列表"按钮，在弹出的下拉列表中选择需要的列表样式，如图 3-65 所示，此时段落的编号级别为 1 级。

图3-65　"多级列表"下拉列表

(2) 单击要设置 2 级列表编号的段落,单击"多级列表"按钮,在弹出的下拉列表中单击"更改列表级别"选项,在弹出的级联列表中单击"2 级"选项。此时,该段落的编号级别将调整为 2 级。

如果对"多级列表"中的选项不满意,单击列表中的"定义新多级列表"选项,弹出"定义新多级列表"对话框,如图 3-66 所示,修改级别、编号样式和格式等,单击"确定"即可完成修改。

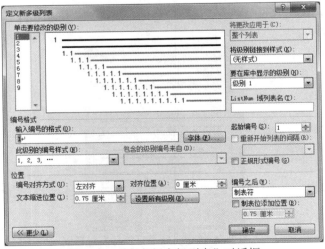

图3-66　"定义新多级列表"对话框

在插入项目符号的段落后按 Enter 键,系统会自动在新段落前插入一个同样的项目符号;在插入项目编号的段落后按 Enter 键,系统会根据前面插入的编号样式自动在新段落前插入连续的字母或数字作为项目编号。系统还自动调整所有项目符号或编号的位置,使段落缩进相同。

3.5.4　边框和底纹

在 Word 2010 中，可为选定的文字、段落、页面及图形添加边框和底纹，使内容更加生动。添加边框和底纹的操作方法如下。

1. 字符边框和字符底纹

文字默认的是无边框和无底纹。

(1) 添加字符边框

选定要添加边框的文字，单击"开始"选项卡 "字体"组中的"字符边框"按钮，可给选中的文字加一个默认的黑色字符边框。

(2) 加字符底纹

选中要添加底纹的文字或段落，单击"开始"选项卡的"字体"组中的"字符底纹"按钮，可给选定的文字或段落加上灰色底纹。

如果需要添加特殊的字符边框和字符底纹，单击"开始"选项卡"段落"组中的"边框"按钮右侧的下拉箭头，如图 3-67 所示。在弹出的下拉列表中单击"边框和底纹"命令，弹出"边框和底纹"对话框，如图 3-68 所示。单击"边框"选项卡，可详细设置字符边框线的样式、颜色、宽度；单击"底纹"选项卡，可设置底纹的填充颜色、样式。此时，一定注意"应用于"要选择"文字"，单击"确定"按钮完成设置。

2. 段落边框和段落底纹

选定需要添加边框的段落，单击"开始"选项卡 "段落"组中的"边框"按钮右侧的下拉箭头，如图 3-67 所示。在弹出的下拉列表中选择合适的边框线类型。

如果要设置特殊的段落边框和段落底纹，操作方法与设置字符边框和字符底纹相同，只是要注意，"应用于"要选择"段落"。

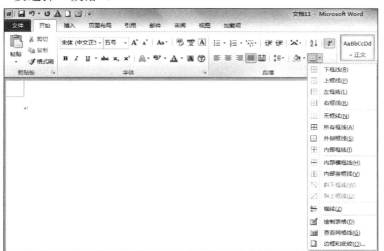

图3-67　"边框"下拉列表

图3-68 "边框和底纹"对话框

注意:

设置边框和底纹时,"应用于"一定要选择正确。如果选择的是"文字",则添加的是字符边框和字符底纹;如果选择的是"段落",则添加的是段落边框和段落底纹。

3. "页面"边框

Word 2010 可为整个页面添加边框。其方法是在"边框和底纹"对话框中单击"页面边框"选项卡,分别设置边框的样式、线型、颜色、宽度、应用范围等。注意,此选项卡中还添加了"艺术型"边框效果。

3.5.5 插入页眉/页脚

页眉是每个文档页面页边距的顶部区域,通常显示书名、章节等信息。页脚是每个页面页边距的底部区域,通常显示文档的页码等信息。

1. 插入页眉/页脚

单击"插入"选项卡"页眉和页脚"组中的"页眉"按钮,在弹出的下拉列表中选择相应的页眉样式,如图 3-69 所示。或单击"编辑页眉"选项,文档自动进入页眉编辑区,如图 3-70 所示。在页眉位置输入页眉的内容,输入的文本可在"开始"选项卡的"字体"组中进行格式设置。

完成页眉的编辑后,选择"页眉和页脚工具"|"设计",单击"导航"组中的"转至页脚"按钮,如图 3-70 所示。转到当前页的页脚进行编辑。也可选择"编辑页眉"或"编辑页脚"命令,此时系统会自动切换到页眉或页脚编辑状态,功能区也会增加"设计"选项卡。

在页眉/页脚处于编辑状态时,可直接编辑页眉和页脚的内容,也可单击"插入"选项卡中的"页码""日期和时间""图片"或"剪贴画"等按钮,在页眉或页脚编辑区插入相应内容。设置完成后,单击选项卡最右侧的"关闭页眉和页脚"按钮,或双击正文区域,即可返回到文档编辑状态。

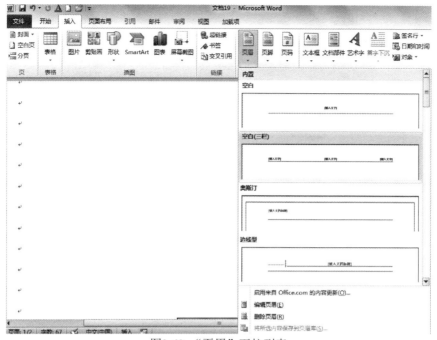

图3-69　"页眉"下拉列表

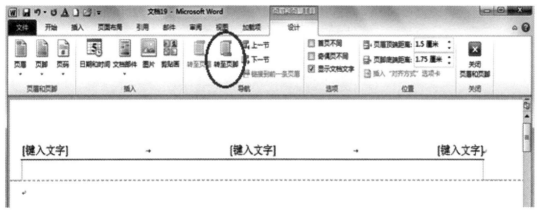

图3-70　页眉编辑区和"设计"选项卡

2. 设置页码

如果一篇文档包含很多页，为打印后便于排列和阅读，应添加页码。在使用 Word 2010 提供的页眉/页脚样式中，部分样式提供了添加页码的功能，即插入某些样式的页眉/页脚后，会自动添加页码。若使用的样式没有自动添加页码，就需要手动添加。

打开文档，单击"插入"选项卡"页眉和页脚"组中的"页码"按钮，如图 3-71 所示。在弹出的下拉列表中选择页码的位置，在弹出的级联列表中选择页码的样式。

图3-71 "页码"下拉列表

此外，单击"页码"按钮后，单击下拉列表中的"设置页码格式"选项命令，可在弹出的"页码格式"对话框中设置页码的编码格式、起始页码等参数，如图3-72 所示。

图3-72 "页码格式"对话框

3.5.6 样式

样式是 Word 2010 提供的文档快速排版的重要功能，一般用于较长文档的排版，如书稿、论文等，可简化排版操作，提高工作效率。

所谓样式就是多个格式组合成的集合，是系统自带的或由用户自定义的一系列排版格式的总和，包括字体格式、段落格式、页眉/页脚等设置。Word 2010 提供了一百多种内置样式，如标题样式、正文样式、页眉页脚样式等。

对样式的操作主要有应用样式、创建样式、修改和删除样式。

1. 应用样式

应用样式主要有以下几种方法。

（1）选定要使用样式的文本，单击"开始"选项卡"样式"组中的"样式"按钮，如图 3-73 所示，当鼠标移过某样式，选中的文本就会变成该样式；单击某样式，即可将该样式应用到选定的文本。

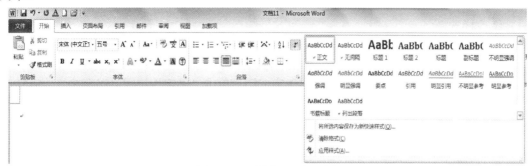

图3-73　"样式"下拉列表

（2）单击"样式"组中右下角的启动器按钮 ，弹出"样式"任务窗格，如图 3-74 所示。在窗格中选择需要的样式。

2. 创建样式

Word 2010 还允许用户自行创建一些新样式，并利用这些新样式来排版。

新建样式的操作方法如下。

在图 3-74 所示的"样式"任务窗格的底部，单击"新建样式"按钮 ，出现"根据格式设置创建新样式"对话框，如图 3-75 所示。输入新建样式名称，在"样式类型"下拉列表中选择样式的适用范围是段落或字符，在"格式"区域进行相应的格式设置。设置完成后，单击"确定"按钮，完成新样式的创建。

图3-74　"样式"任务窗格

图3-75　"根据格式设置创建新样式"对话框

3. 修改、删除样式

用户在使用系统内置的样式时，有些格式并不符合自己的排版要求，这时可以对样式进行修改。

(1) 修改样式

在图 3-74 所示的"样式"任务窗格中，鼠标指向要修改的样式，单击右侧的箭头，如图 3-76 所示。在下拉列表中单击"修改"命令，弹出"修改样式"对话框，如图 3-77 所示。在对话框的"格式"区域修改字体格式或段落格式。修改完成后，单击"确定"按钮，保存被修改的样式，此后，可随时将该样式应用于文档中。

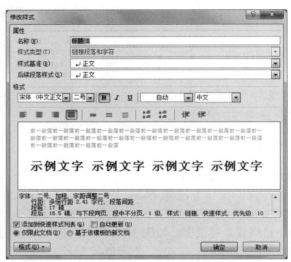

图3-76　修改样式下拉列表　　　　　图3-77　"修改样式"对话框

(2) 删除样式

单击"开始"选项卡的"样式"组右侧的启动器按钮，弹出样式窗格，鼠标指向要删除的"新样式1"样式，单击其右侧的箭头，如图 3-78 所示。在快捷菜单中，单击"删除"新样式1""命令，或指向"新样式1"样式，单击右键，在弹出的快捷菜单中单击"删除"命令，都可删除自己创建的样式。

注意：

Word 2010只允许删除用户自己创建的样式，而Word的内置样式只能修改，不能删除。

图3-78　样式快捷菜单

3.6 表格的应用

表格是一种简明直观的表达方式，有时，一个表格比大段的文字更能清晰地说明问题。在 Word 2010 中，我们不仅可随心所欲地制作表格，更可对表格进行编辑和格式化，使表格美观、清晰、布局合理。

3.6.1 创建表格

Word 2010 的表格中，行和列交叉的矩形部分称为单元格。在创建表格前，最好先大体规划一下表格的结构，对表格的行数和列数做到心中有数。

创建表格有以下几种方法。

1. 使用虚拟表格

将鼠标定位到要插入表格的位置，单击"插入"选项卡的"表格"组中"表格"按钮的下拉箭头，在弹出的下拉列表中有一个 10 列×8 行的虚拟表格，此时移动鼠标可选择表格的行/列值，如图 3-79 所示。例如，要建立一个 5 列 4 行的表格，将鼠标指针指向坐标为 5 列、4 行的单元格，鼠标前的区域将呈选中状态，并显示为橙色。此时，文档中会虚拟显示出这个表格，单击鼠标左键，即可在文档中插入一个 5 列、4 行的表格。这种方法主要适于创建较小的表格。

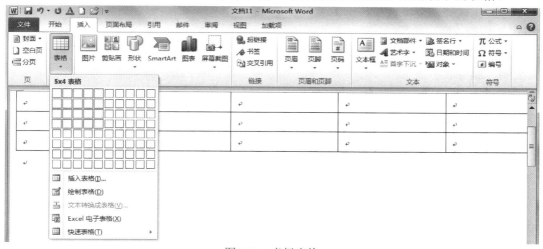

图3-79　虚拟表格

2. 使用"插入表格"对话框

当需要用的表格超过 10 列×8 行时，无法通过虚拟表格功能插入表格。可通过"插入表格"对话框来完成。

将插入点定位在需要插入表格的位置，单击"表格"按钮的下拉箭头，弹出创建表格的下拉列表，单击"插入表格"命令，弹出"插入表格"对话框，如图 3-80 所示。

图3-80 "插入表格"对话框

在"列数"和"行数"框中分别设置表格的列数和行数,然后单击"确定"按钮,即可插入表格。此种方法主要适用于创建行、列数较大的表格,最大可插入 63 列、32 767 行的表格。

3. 绘制表格

创建表格的另一种方法是使用 Word 2010 的"绘制表格"功能。此方法的最大优点是用户可像使用自己的笔一样随心所欲地绘制出各种不同行高、列宽的表格,以及不规则的复杂表格。

操作方法如下。

(1) 将插入点定位在要插入表格的位置,在"插入"选项卡的"表格"组中单击"表格"按钮的下拉箭头,如图 3-79 所示,在弹出的下拉列表中单击"绘制表格"命令。

(2) 此时鼠标指针呈笔状,然后按住鼠标左键在矩形框大小的编辑区拖动,文档编辑区中将出现一个虚线框,待虚线框达到合适大小后释放鼠标,可绘制出表格的外框。

(3) 绘制表格时,Word 2010 系统会自动出现"设计"和"布局"选项卡,如图 3-81 所示。在"绘图边框"组中,设置框线的类型、粗细和颜色,还可通过切换"绘制表格"和"擦除"按钮来绘制、删除表格线。

图3-81 "设计"选项卡

(4) 绘制完成后,再次单击"绘制表格"选项或按下 Esc 键,可使鼠标指针退出笔形状态,即退出绘制表格状态,回到 Word 的编辑状态,此时,文档中出现刚才绘制完成的表格。

在图 3-81 所示的"设计"和"布局"选项卡中,提供了一组常用的制表工具,可方便地根据自己的需要制作、编辑出完美的表格。在绘制过程中需要对绘制的表格进行修改时,可单击"设计"选项卡中的"擦除"按钮进行擦除。

4. 插入Excel 电子表格

Word 2010 增加了调用 Excel 电子表格的功能,当涉及复杂的数据关系时,可以使用该功能。

单击"插入"选项卡"表格"组中的"表格"按钮下拉箭头,弹出表格下拉列表,如图 3-79 所示,单击"Excel 电子表格"命令,文档中自动生成一个 Excel 表格,并呈编辑状态,如图 3-82 所示。此时,可利用功能区中的功能按钮对 Excel 表格进行编辑。若要退出表格的编辑状态,单击表格外的任意空白处即可。若要再次返回编辑状态，直接双击 Excel 表格。

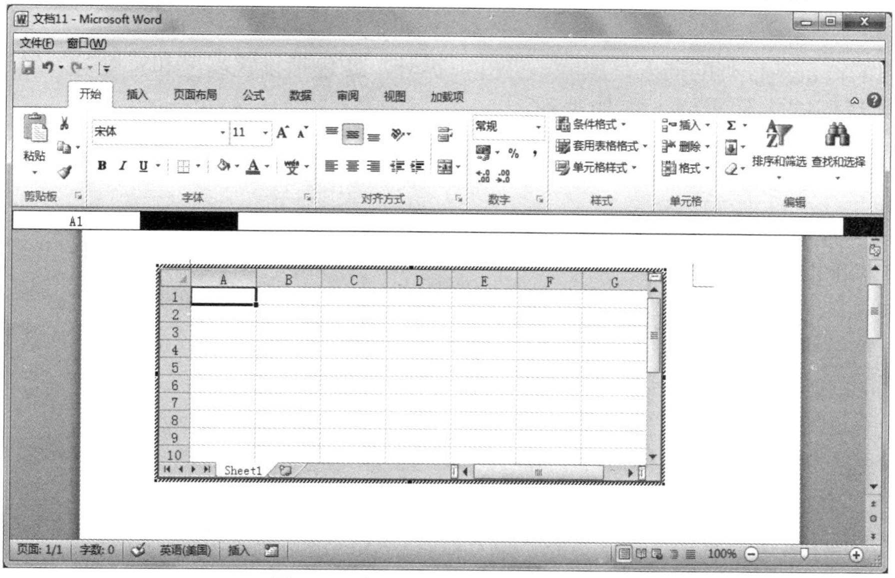

图3-82　插入"Excel 电子表格"

5. 使用"快速表格"

如果要创建带有样式的表格，可通过 Word 2010 的"快速表格"功能实现。操作方法如下。

将光标插入点定位在需要插入表格的位置，单击"插入"选项卡"表格"组中的"表格"按钮下拉箭头，如图 3-79 所示。单击"快速表格"命令，如图 3-83 所示。在下拉列表中单击需要的样式，即可将其插入文档。

图3-83　"快速表格"下拉列表

3.6.2 编辑表格

表格的编辑包括行列的插入、删除、合并、拆分，还包括设置高度和宽度等。经过编辑的表格才更符合我们的实际需要，更加美观。

1. 表格的选定

编辑表格时，首先要选定表格，被选定的部分呈反显状态。

(1) 单元格的选定

将鼠标移到单元格内部的左侧，鼠标指针变成向右的黑色箭头，单击可选定一个单元格。按住鼠标左键继续拖动可选定多个单元格形成的矩形块。按住 Ctrl 键不放，然后依次选择其他分散的单元格即可选中多个不连续的单元格。

(2) 行的选定

鼠标移到左侧选定区，鼠标指针变成右向的空心箭头，单击可选定一行，按住鼠标左键继续向上或向下拖动，可选定多行。

(3) 列的选定

将鼠标移至表格的顶端，鼠标指针变成向下的黑色箭头。在某列上单击可选定一列，按住鼠标左键向左或向右拖动，可选定多列。

(4) 整表选定

当鼠标指针移向表格内，表格外的左上角会出现一个"全选"按钮🔄，单击该按钮可选定整个表格。

2. 在表格中录入与编辑文字

在表格中对文字进行录入、编辑等操作，包括对文字的录入、删除、更改、移动、复制以及字体、字号等的设置，这些操作在前面讲过，这里不再赘述。当单元格不够宽时，Word 2010 会自动增大该行的行高。如果要在单元格中另起一新段，可按 Enter 键，该行的行高也会相应增大。

3. 行、列的插入和删除

插入表格后，如果想增加一些内容，可在表格中插入行、列或单元格。

插入和删除行、列或单元格的方法有以下几种。

方法 1。利用选项卡按钮

(1) 插入行、列或单元格

在需要插入新行或新列的位置，选定一行(一列)或多行(多列)，要插入的行数(列数)与选定的行数(列数)相同。如果要插入单元格，选定时就要选择单元格。

单击"布局"选项卡的"行和列"组中"在上方插入""在下方插入""在左侧插入""在右侧插入"中的任意一个按钮，可实现相应的操作，如图 3-84 所示。

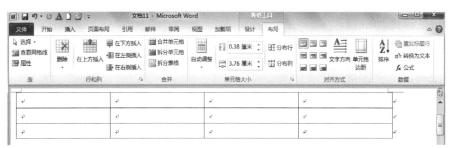

图3-84　"布局"选项卡

(2) 删除行、列或单元格

对于表格中多余的行或列，可将其删除。操作方法如下。

将插入点定位在某个单元格内，单击"布局"选项卡"行和列"组中的"删除"按钮，弹出下拉列表，如图 3-85 所示。单击某个选项即可执行相应的操作。

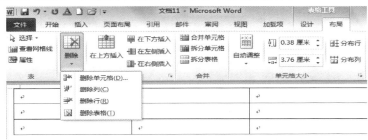

图3-85　删除行、列或单元格

方法 2。快捷菜单

对于行、列和单元格的插入或删除，可在选定行或列后，单击右键弹出快捷菜单，如图 3-86所示。单击某个选项执行相应的功能。

图3-86　快捷菜单

4. 行高、列宽的调整

通常情况下，系统会根据表格的内容自动调整行高、列宽。用户也可根据需要自行调整行高、列宽。

调整行高、列宽有以下几种方法。

(1) 利用鼠标拖动框线

将鼠标移到要调整行或列的框线上，当鼠标指针变成双向箭头时，按住鼠标左键并拖动，表格中将出现一条虚线，拖放到合适的位置释放鼠标即可。

(2) 利用"布局"选项卡

如果要精确地调整表格的行高、列宽，将光标定位到某行或某列，单击"布局"选项卡的"单元格大小"组中的按钮，如图3-84所示。"高度"框可调整光标所在行的行高，"宽度"框可调整光标所在列的列宽。

(3) 使用表格属性调整

选中需要调整的行或列，单击右键，在弹出的快捷菜单中单击"表格属性"命令；或单击"表格工具｜布局"选项卡的"单元格大小"组中的指示按钮，弹出"表格属性"对话框，如图3-87所示。单击"行"或"列"选项卡，可精确设定行高或列宽的值。

图3-87　"表格属性"对话框

(4) 自动调整

单击"布局"选项卡"单元格大小"组中的"分布行"或"分布列"按钮；或单击右键，在弹出的快捷菜单中单击"平均分布各行"或"平均分布各列"命令，则表格中所有行或列的高度或宽度将均匀分布。

5. 单元格的合并与拆分

设计复杂格式的表格时，需要将多个单元格合并成一个，或将一个单元格拆分成多个，这时可利用 Word 2010 提供的合并单元格或拆分单元格功能。

操作方法如下。

(1) **合并单元格**。选中需要合并的多个单元格，单击"布局"选项卡"合并"组中的"合并单元格"按钮，如图3-88所示。这样将选中的多个单元格合并成一个单元格。

图3-88　"合并"组中的按钮

(2) **拆分单元格**。选中需要拆分的某个单元格，单击"布局"选项卡"合并"组中的"拆分单元格"按钮，弹出"拆分单元格"对话框，如图 3-89 所示。在对话框中设置拆分的列数、行数，单击"确定"按钮。

图3-89　"拆分单元格"对话框

(3) **拆分表格**。如果要将一个表格拆分成两个表格，则单击第二个表格第一行的任意单元格，单击"布局"选项卡"合并"组中的"拆分表格"按钮，即可将一个表格拆分成两个表格。

3.6.3　格式化表格

格式化表格主要包括设置表格的边框和底纹、设置表格的自动套用格式，以及设置单元格中文字的字体、字号和对齐方式等。

1. 使用"表格自动套用格式"

Word 2010 提供了"表格自动套用格式"功能，使用该功能可快速格式化表格，操作方法如下。

单击表格内任意单元格，单击"设计"选项卡的"表格样式"组中需要设置的样式按钮，如图 3-90 所示，即可将该样式应用到选定表格。

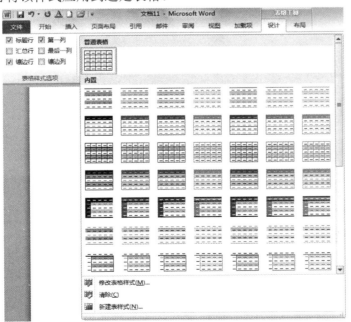

图3-90　"设计"选项卡的"表格样式"组

2. 设置边框和底纹

操作方法如下。

方法 1。单击表格内的任意单元格，单击"设计"选项卡"绘图边框"组右侧的启动器按钮，如图 3-91 所示。在弹出的"边框和底纹"对话框中，单击"边框"选项卡，可设置边框的样式、颜色和宽度；单击"底纹"选项卡，在"填充"下拉列表框中设置表格的底纹颜色，在"图案/样式"下拉列表框中设置图案的样式。

图3-91 "设计"选项卡的"绘图边框"组

方法 2。要设置边框，可单击"设计"选项卡"表格样式"组中"边框"按钮右侧的下拉箭头，如图 3-92 所示；在下拉列表中选择需要的边框。要设置底纹，可单击"设计"选项卡的"表格样式"组中"底纹"按钮右侧的下拉箭头，如图 3-93 所示；在下拉列表中选择需要的颜色。

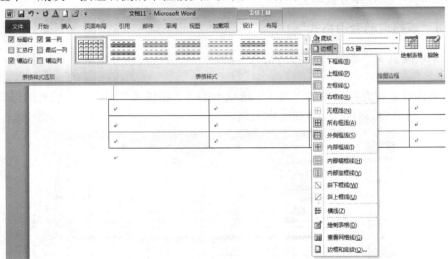

图3-92 "设计"选项卡的"边框"下拉列表

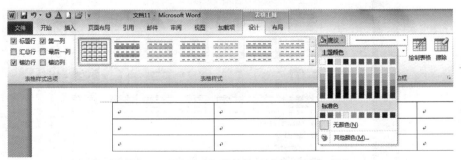

图3-93 "设计"选项卡的"底纹"下拉列表

3. 设置表格内文本对齐方式

Word 2010 提供 9 个对齐方式按钮来设置单元格中文字的对齐方式，每个按钮可控制文字在单元格中水平和垂直两个方向的对齐方式。

操作方法如下。

方法 1。选中需要设置对齐方式的单元格，单击"布局"选项卡"对齐方式"组中需要设置的对齐方式按钮，如图 3-94 所示。

方法 2。选定要设置对齐方式的单元格，右击弹出快捷菜单，单击"单元格对齐方式"级联菜单中的对齐方式按钮，如图 3-95 所示。

图3-94 "布局"选项卡的"对齐方式"组

图3-95 "单元格对齐方式"快捷菜单

4. 设置重复标题行

在使用 Word 2010 制作和编辑表格时，当同一张表格需要在多个页面中显示时，为方便阅读，往往需要在每一页的表格中都显示标题行文字。

操作方法如下。

选中表格标题行，单击"布局"选项卡"数据"组中的"重复标题行"按钮，此时，每一页的表格中都显示第一页的标题行。

3.6.4 文本与表格的转换

Word 2010 提供文本与表格的相互转换功能，可将已排版完成的表格瞬间转换成文本，或将排列有序的文本瞬间转换成表格。

1. 将文本转换成表格

对于已编辑好的较复杂文本，如果感觉使用表格更直观清晰，则可将其转换为表格。文档中的每项内容之间以半角逗号、段落标记或制表位等特定符号来分隔。

操作方法如下。

(1) 选中要转换为表格的文本，单击"插入"选项卡"表格"组中的"表格"按钮下拉箭头，在弹出的下拉列表中单击"文本转换成表格"选项，系统弹出"将文字转换成表格"对话框，如图 3-96 所示。

(2) 在对话框中，首先在"文字分隔位置"区域选择文本中使用的分隔符，必须选择正确的文本分隔位置，对话框中会自动出现合适的"列数"。确定后，所选文本即可转换成表格。

转换成表格时，Word 会自动删除选定文本中指定的分隔符号，并添加表格线。如果对转换的表格的行高和列宽不满意，可通过前面介绍的方法进行调整。

2. 表格转换成文本

选中需要转换为文本的表格，在"布局"选项卡"数据"组中，单击"转换为文本"按钮，弹出的"表格转换成文本"对话框如图 3-97 所示。在对话框中选择合适的文字分隔符，然后单击"确定"按钮，即可将选定的表格转换成文本。

图3-96 "将文字转换成表格"对话框

图3-97 "表格转换成文本"对话框

3.7 图文混排

在 Word 2010 文档中，除了文字、表格等内容外，还可插入图片、数学公式、图表等对象，可绘制图形，进行图文混排，从而使文档图文并茂，更加生动。这些操作主要通过"插入"选项卡的"插图"组、"页眉和页脚"组、"文本"组的对应按钮来实现。

3.7.1 插入图片

在文档中添加图片，可使文档更加生动形象。我们可将已保存的图片(如从网上、数码相机或扫描仪得到的图片)插入 Word 文档。

1. 插入图片

将光标定位在需要插入图片的位置，单击"插入"选项卡"插图"组中的"图片"按钮，打开"插入图片"对话框，如图 3-98 所示。从列表中选择需要插入的图片，然后单击"插入"按钮即可在文档中插入图片。

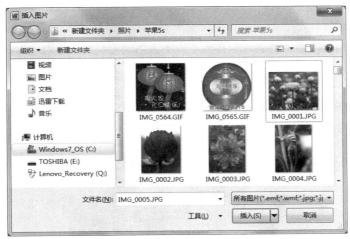

图3-98   "插入图片"对话框

在 Word 2010 文档中插入图片后，图片嵌入该文档。借助 Word 2010 提供的"插入和链接"功能，用户不仅可将图片插入文档中，而且在原始图片发生变化时，Word 2010 文档中的图片可随之更新。

操作方法如下。

(1) 在"插入图片"对话框中选中要插入文档的图片，然后单击"插入"按钮右侧的下拉箭头，如图 3-99 所示。单击"插入和链接"命令，选中的图片被插入 Word 文档中。当原始图片内容发生变化(文件未被移动或重命名)时，重新打开文档后，将看到图片已经更新(必须在关闭所有 Word 文档后重新打开该文档)。如果原始图片被移动位置或该图片被重命名，则当图片再次变化后，文档中的图片不会再发生变化，而是保留最近的图片版本。

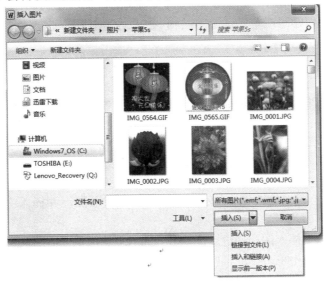

图3-99   "插入图片"对话框的"插入"下拉列表

(2) 如果在"插入"下拉菜单中选择"链接到文件"命令，则当原始图片移动位置或图片被重命名时，Word 2010 文档中将不显示该图片。

2. 插入剪贴画

Word 自带一个内容丰富的剪辑库, 存放了许多常用的剪贴画, 分为动物、科技、建筑等多种类型共几百张图片, 用户可方便地将需要的剪贴画插入文档中。

操作方法如下。

(1) 将插入点定位到需要插入剪贴画的位置, 单击"插入"选项卡"插图"组中的"剪贴画"按钮, 打开"剪贴画"任务窗格, 如图 3-100 所示。

图3-100 "剪贴画"任务窗格

(2) 在"搜索文字"文本框中输入剪贴画类型, 如输入"人物"后, 单击"搜索"按钮进行搜索, 稍等片刻, 将在列表框中显示搜索到的人物类的全部剪贴画。

(3) 单击要插入的剪贴画或单击选定剪贴画右侧的下拉按钮, 选择"插入"命令, 所选剪贴画就插入文档的指定位置了。

3. 插入屏幕截图

屏幕截图是 Word 2010 新增的功能, 屏幕截图功能会智能地监视活动窗口。通过该功能, 可便捷地截取屏幕图像, 直接插入当前文档中。

(1) 截取窗口

将插入点定位在需要插入图片的位置, 单击"插入"选项卡"插图"组中"屏幕截图"按钮的下拉箭头。如图 3-101 所示, 弹出的"可用视窗"下拉列表中显示了当前所有非最小化窗口的缩略图, 单击要插入的窗口缩略图, Word 2010 会自动截取图片并插入文档中。

(2) 截取区域

将插入点定位在需要插入图片的位置, 单击"插入"选项卡"插图"组中"屏幕截图"按钮的下拉箭头, 在下拉列表中单击"屏幕剪辑"选项, 当前文档窗口将自动缩小, 整个屏幕将朦胧显示, 如图 3-102 所示。鼠标指针变成"+"的形状, 此时按住鼠标左键不放, 拖动鼠标选择截取区域, 被选中的区域将呈高亮显示, 释放鼠标左键, Word 2010 会自动将截取的屏幕图像插入文档中。

图3-101 "可用视窗"下拉列表

图3-102 截取的屏幕区域

3.7.2 编辑图片

Word 2010 允许对插入的图片进行修改、编辑和删除，例如调整图片的大小、颜色和线条，设置文字相对图片的环绕方式以及在文档中的位置等。

插入剪贴画和图片后，功能区将显示"格式"选项卡，如图 3-103 所示。

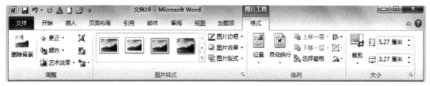

图3-103 "格式"选项卡

"格式"选项卡中的各组功能如下。

1. "调整"组

可删除剪贴画或图片的背景，以及调整剪贴画或图片的亮度、对比度、饱和度、色调和艺术效果。

设置图片的大小、颜色等格式后，若要还原为之前的状态，可在"调整"组中单击"重设图片"按钮右侧的下拉按钮，选择相应的命令。

2. "图片样式"组

对剪贴画或图片应用内置样式，设置边框样式、设置图片效果以及设置图片版式等。

选中插入的图片，单击"图片样式"组中的"图片效果"下拉箭头，弹出下拉列表。可设置图片的"预设""阴影""映像""发光"等效果。每种效果中还有级联下拉列表，在列表中有很多图片效果，如图 3-104 所示。单击需要的图片效果即可。

图3-104　　"图片效果"的"发光"下拉列表

3．"排列"组

可调整图片位置、设置图片环绕方式及旋转方式等。要设置图片环绕方式，可单击"自动换行"下拉箭头。如图 3-105 所示，在弹出下拉列表中，选择需要的环绕方式；还可单击"位置"下拉箭头，下拉列表中有 10 种环绕方式，选中需要设置的一种即可。

图3-105　　"自动换行"下拉列表

4．"大小"组

可对剪贴画或图片进行调整大小和裁剪等操作。

(1) "裁剪"按钮

利用"格式"选项卡中的工具按钮，可完成对图片的裁剪。操作方法如下。

选中要裁剪的图片，图片周围出现 8 个尺寸控点。单击"格式"选项卡"大小"组中的"裁剪"工具按钮，图片四周会出现控点。指向控点，按住鼠标左键向图片内部拖动，即可裁剪掉多余部分，操作时要注意鼠标指针的变化，以免误剪。

(2) 设置图片的高度和宽度

插入图片后，如果图片的高度或宽度不合适，需要对图片进行调整，则需要通过以下方法实现。

方法 1。手动调整，选中图片后，图片周围会出现 8 个尺寸控点。当鼠标放到四个角的控点的任意一个，出现双向箭头时，按住左键拖动鼠标，可粗略调整图片的高度、宽度。

方法 2。利用文本框，单击"格式"选项卡"大小"组中的"高度"和"宽度"文本框，在其中输入数值；或单击文本框右边的上下箭头微调按钮，调到需要的数值即可。

方法 3。利用对话框，单击"格式"选项卡"大小"组中右下角的启动器按钮，弹出"布局"对话框，如图 3-106 所示。在对话框的"大小"选项卡中，输入图片的"高度"和"宽度"的绝对值，可对图片的大小进行更详细的设置。

图3-106　"布局"对话框的"大小"选项卡

注意：

利用"布局"选项卡设置图片的高度、宽度时，首先要取消选中"锁定纵横比"，再输入"高度"和"宽度"值。

3.7.3　插入和编辑艺术字

为使 Word 文档更加生动美观、更具感染力，可在文档中插入艺术字。艺术字是把文字作为图形来处理的，艺术字默认的插入形式是非嵌入式的，所以艺术字可放置到页面任意位置，可实现与文字的环绕，还可与其他非嵌入式对象组合。

1. 插入艺术字

插入艺术字的操作方法如下。

(1) 将光标定位到需要插入艺术字的位置，单击"插入"选项卡"文本"组中的"艺术字"按钮，弹出下拉列表，如图 3-107 所示，显示艺术字样式列表。

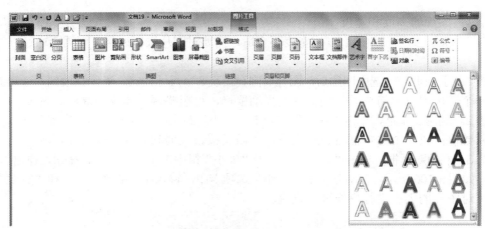

图3-107 "艺术字"下拉列表

(2) 选择需要的艺术字样式后，文档中将出现一个插入艺术字文本框，单击"请在此放置您的文字"占位符，如图 3-108 所示，此时可输入艺术字的内容。

图3-108 文本框

默认情况下，艺术字文本的格式与插入时光标插入点所在位置的文本格式一致。若要更改格式，可先选中艺术字，单击"开始"选项卡，在"字体"组和"段落"组中进行设置。将文档中已有的文字改为艺术字的操作方法如下。

选中要设置艺术字的文字后，单击"插入"选项卡"文本"组中"艺术字"按钮的下拉箭头，如图 3-107 所示。单击某种艺术字样式，可将选中的文字快速转换成艺术字。

2. 编辑艺术字

选中插入的艺术字后，会出现"绘图工具"|"格式"选项卡，如图 3-109 所示。可通过"插入形状""形状样式""艺术字样式"等组对艺术字文本框的格式进行设置。

要对艺术字文本设置填充、文本效果等格式，可通过"形状样式"组进行设置。

要对艺术字文本设置文字方向等格式，可通过"文本"组进行设置。

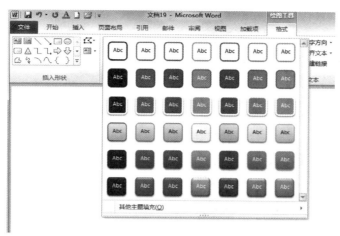

图3-109　　"格式"选项卡的"形状样式"组

3.7.4　绘制图形

1．绘制自选图形

打开需要插入图形的文档，单击"插入"选项卡"插图"组中的"形状"按钮，在弹出的下拉列表中选择需要的绘图工具，如图 3-110 所示，此时鼠标指针呈十字状。

在需要插入自选图形的位置按住鼠标左键不放，拖动鼠标进行绘制，当绘制到合适大小时释放鼠标即可。

图3-110　　"形状"下拉列表

注意：

绘制矩形或椭圆时，同时按住Shift键不放，可绘制出一个正方形或圆。因此，在绘制图形的过程中，配合Shift 键的使用，可绘制出特殊图形。

2. 编辑自选图形

插入自选图形后，功能区将显示"绘图工具"｜"格式"选项卡，利用该选项卡中的相应组，可设置自选图形的大小、形状和样式等。操作方法如下。

(1) 单击"绘图工具｜格式"选项卡"插入形状"组中的"编辑形状"按钮，可将选中的自选图形更改为其他形状，如图 3-111 所示。

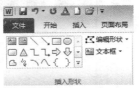

图3-111　"插入形状"组

(2) 单击"绘图工具｜格式"选项卡的"形状样式"组中对应的按钮，可对自选图形应用内置样式，如图 3-112 所示。可设置形状填充效果、形状轮廓样式及形状效果等。

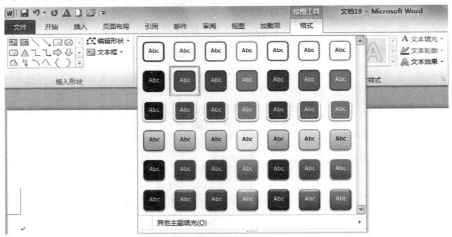

图3-112　对自选图形应用内置样式

例如，单击"形状填充"下拉箭头，弹出"形状填充"下拉列表，如图 3-113 所示。选择相应的命令选项，或单击"形状样式"组右下角的启动器按钮，在弹出的"设置形状格式"对话框中进行更详细的设置。

3. 添加文字

自选图形绘制好后，可在其中添加文字，也可设置文字的格式，操作方法如下。

在选中的自选图形上单击右键，在弹出的快捷菜单中单击"添加文字"命令，此时自选图形相当于一个文本框，可在其中输入文字。

图3-113　"形状填充"下拉列表

4. 组合图形

Word 提供了设置图形的叠放次序与组合功能，即将各种自选图形、艺术字等多个对象进行组合，使多个对象组合在一起形成一个新的操作对象。对组合的对象进行移动、调整大小等操作时，不会改变各对象的相对位置、大小等。

(1) 叠放次序

选中要设置叠放次序的对象，单击鼠标右键，在弹出的快捷菜单中单击"置于顶层"或"置于底层"命令，如图 3-114 所示。

"置于顶层"提供三种叠放方式：置于顶层、上移一层、浮于文字上方。

"置于底层"提供三种叠放方式：置于底层、下移一层、衬于文字下方。

(2) 组合图形

将绘制的自选图形、艺术字等对象的叠放次序设置好后，可将它们组合成一个整体，以防止叠放好的图形改变位置和大小。

方法 1。按住 Shift 键，依次单击需要组合的图形对象，在选中的图形上单击鼠标右键，如图 3-115 所示，在弹出的快捷菜单中选择"组合"级联菜单中的"组合"命令，则被选中的多个图形就组合成一个图形对象。

图3-114　"置于顶层"菜单　　　　　图3-115　"组合"菜单

方法 2。选中需要组合的多个图形对象，单击"绘图工具 | 格式"选项卡"排列"组中的"组合"按钮的下拉箭头，在弹出的下拉列表中选择"组合"命令。

(3) 取消组合

如果组合在一起的图形对象需要修改某一部分，可取消组合，操作方法如下。

在组合好的图形对象上单击鼠标右键，如图 3-115 所示，在弹出的快捷菜单中单击"组合"命令级联菜单中的"取消组合"命令，即可将组合在一起的图形对象解除组合，重新调整要修改的图形的大小、叠放次序后，可重新组合。

注意：

默认情况下，Word 中插入的自选图形、艺术字和文本框都是非嵌入式环绕方式，因此可直接对它们进行拖动、设置叠放次序及执行组合等。如果需要组合的图形对象中含有嵌入式图片，只有先将图片设置为非嵌入式环绕方式，才可设置叠放次序或执行组合操作。

3.7.5 插入和编辑文本框

文本框是把文字作为图形来处理的一种方式，是一种自选图形，是存放文本或者图形的一个矩形框架。

1. 插入文本框

(1) 打开需要编辑的文档，单击"插入"选项卡"文本"组中的"文本框"按钮的下拉箭头，在弹出的下拉列表中选择需要的文本框样式，如图 3-116 所示。

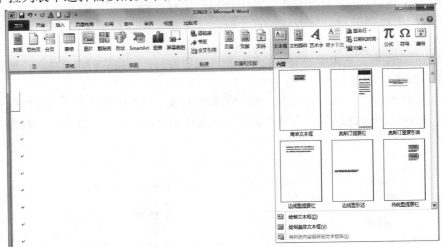

图3-116 "文本框"下拉列表

(2) 插入文本框后，文本框内有"键入文档的引述……更改引言文本框的格式"初始化字样的提示文字为占位符，并为选中状态，此时可直接输入文本内容。

(3) 文本框中的文本格式设置和文本框外的文本格式设置方法一样。

另外，单击"文本"组中的"文本框"下拉箭头，在弹出的下拉列表中单击"绘制文本框"或"绘制竖排文本框"命令选项，可手工绘制文本框。

2. 编辑文本框

在 Word 2010 文档中插入文本框后，如果要对其进行格式设置，可在"绘图工具" | "格式"

选项卡中设置，如图 3-117 所示。

图3-117 "格式"选项卡

可在"形状样式"组中设置"形状填充""形状轮廓""形状效果"等，其方法与自选图形的操作相同。

"文本"组中包含"文字方向""对齐文本""创建链接"等内容，用于对文本框内的文本内容进行艺术修饰，其方法与对艺术字进行艺术修饰的操作方法相同。

3.7.6 插入数学公式

当撰写论文、学术报告时，经常用到数学公式。用计算机处理文本时，数学公式是最难处理的，有些数学符号很难从键盘输入，Word 2010 提供了数学公式编辑器，用来编辑一些复杂的数学公式。

1. 插入数学公式

操作方法如下。

(1) 单击"插入"选项卡"符号"组中的"公式"按钮的下拉箭头，弹出内置的"公式"下拉列表，如图 3-118 所示。单击所需的公式类型；或在下拉列表中单击"插入新公式"命令，功能区出现"公式工具｜设计"选项卡，如图 3-119 所示。可根据需要来选择相应的符号类型编辑公式结构，如分数、上/下标、根式、积分、导数符号、极限和对数等。

图3-118 "公式"下拉列表

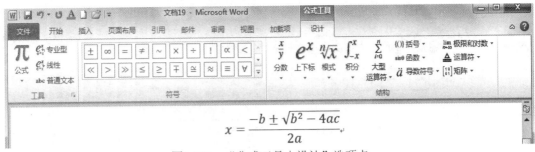

$$x = \frac{-b \pm \sqrt{b^2 - 4ac}}{2a}$$

图3-119　"公式工具｜设计"选项卡

2. 修改数学公式

输入的数学公式需要修改时，双击已经输入的公式，进入公式编辑状态，此时可修改公式。

3.7.7　插入 SmartArt 图形和封面

在 Word 2010 文档中可插入丰富多彩的 SmartArt 图形，也可插入封面、空白页等内容，主要通过"插入"选项卡的"插图"组和"页"组中的按钮实现。

1. 插入SmartArt图形

定位需要插入 SmartArt 图形的位置，单击"插入"选项卡的"插图"组中的"插入 SmartArt 图形"按钮，弹出图 3-120 所示的"选择 SmartArt 图形"对话框。

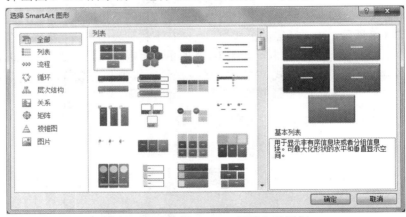

图3-120　"选择SmartArt图形"对话框

在对话框中，显示每个 SmartArt 图形的分类和预览效果以及详细说明。选择需要的图形，如"垂直框列表"。确定后，将相应的图形插入文档中，在左侧"文本"窗格中或在图形占位符的位置输入文字信息即可。若在"在此处键入文字"窗格中添加或删除内容，右侧图形区会自动更新。

插入图形后，功能区显示"SmartArt 工具"｜"设计"和"SmartArt 工具"｜"格式"选项卡，如图 3-121 所示。可在"布局"组和"SmartArt 样式"组中选择系统提供的样式图形，也可在"更改颜色"下拉列表中选择需要的颜色。

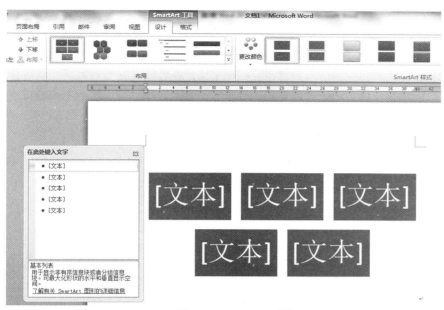

图 3-121　SmartArt 图

2. 插入封面

为使文档更完美，Word 2010 提供了"封面库"，可给文档添加美观的封面，操作方法如下。

单击"插入"选项卡"页"组中"封面"按钮的下拉箭头，弹出下拉列表，如图 3-122 所示。单击需要的封面样式，即可将选中的封面插入文档的第一页，现有文档内容自动后移。在封面页上的文本属性框中输入标题、副标题、作者等信息。

如果对插入的封面不满意，也可将其删除，操作方法如下。

在图 3-122 所示的"封面"下拉列表中，单击"删除当前封面"选项即可。

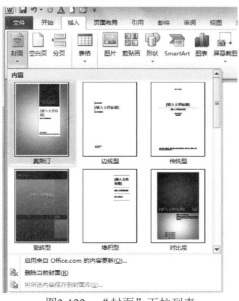

图3-122　"封面"下拉列表

3.8 文档的页面布局和打印

一篇 Word 文档编辑完成后，最终需要打印出来，在打印前需要对整篇文档进行页面布局的设置，包括页面主题、页边距、页面方向、纸张大小、页面颜色等设置，主要通过"页面布局"选项卡各组中的按钮和"文件"选项卡中的按钮来实现。

3.8.1 页面设置

"页面布局"选项卡主要包括"主题"组、"页面设置"组、"页面背景"组等。

1. 主题样式

主题主要用来设置页面的外观效果，Word 2010 提供了多种内置的主题样式，操作方法如下。

单击"页面布局"选项卡"主题"组中"主题"按钮的下拉箭头，在下拉列表中选择合适的主题，如图 3-123 所示。

如果对某个主题样式很满意，要经常使用该主题，可在"主题"下拉列表中，选择"保存当前主题"；在"主题"组中还可重新设置主题的"颜色""字体"和"效果"等样式。

2. 页面设置

Word 2010 的页面设置主要包括设置页面的纸张大小、文字方向、页边距等内容。

页面设置主要通过"页面布局"选项卡的"页面设置"组进行设置；或者单击"页面布局"选项卡的"页面设置"组中右下角的启动器按钮，弹出"页面设置"对话框，在"页面设置"对话框中可以详细设置"页边距""纸张""版式"和"文档网络"等。

(1) 文字方向

文档的文字方向主要有水平和垂直两种，也可设置文字按一定角度旋转。

单击"页面布局"选项卡的"页面设置"组中"文字方向"按钮的下拉箭头，弹出下拉列表，如图 3-124 所示，可单击"水平"或"垂直"命令选项，单击"文字方向选项"命令，可详细设置需要的文字方向。

(2) 页边距

页边距是文档内容与页面边界之间的距离，包括上、下、左、右页边距。在 Word 2010 中，上、下页边距默认是 2.54 厘米，左、右页边距默认是 3.18 厘米。如果需要精确设置页边距，可执行以下操作。

单击"页面布局"选项卡"页面设置"组中"页边距"按钮的下拉箭头，弹出下拉列表，如图 3-125 所示，选择需要的页边距；或者单击"自定义边距"命令，弹出"页面设置"对话框，如图 3-126 所示，在"页边距"选项卡中进行详细的设置。

(3) 纸张方向

纸张的方向有"横向""纵向"两种，操作方法如下。

单击"页面布局"选项卡"页面设置"组中"纸张方向"按钮的下拉箭头，弹出下拉列表，如图 3-127 所示，选择需要的纸张方向。

图3-123　"主题"下拉列表

图3-124　"文字方向"下拉列表

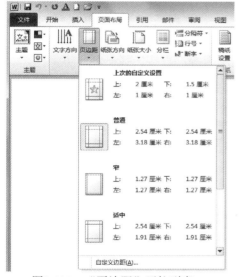

图3-125　"页边距"下拉列表

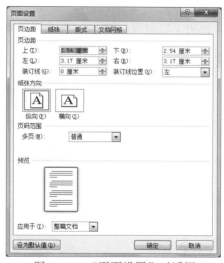

图3-126　"页面设置"对话框

图3-127　"纸张方向"下拉列表

(4) 纸张大小

Word 2010 默认的纸张大小是 A4 纸。要详细设置纸张的大小，可执行以下操作。

单击"页面布局"选项卡 "页面设置"组中的"纸张大小"下拉箭头，弹出下拉列表，如图 3-128 所示，选择需要的纸张大小。单击"其他页面大小"命令选项，也可弹出如图 3-126 所示的"页面设置"对话框，在"纸张"选项卡中的"纸张大小"下拉列表中选择需要的纸张大小。

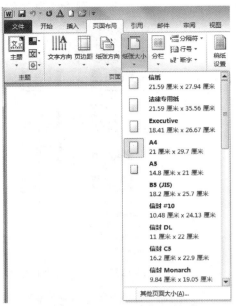

图3-128　"纸张大小"下拉列表

3.8.2　设置页面背景

页面背景设置包括水印、页面颜色、页面边框等内容的设置。

1. 水印

在 Word 2010 文档中，可设置文字水印和图片水印效果，操作方法如下。

打开需要添加水印的 Word 文档，单击"页面布局"选项卡"页面背景"组中"水印"按钮的下拉箭头，弹出下拉列表，如图 3-129 所示，Word 已提供了一些内置的水印样式，如"机密""严禁复制"等，直接选择一种即可。

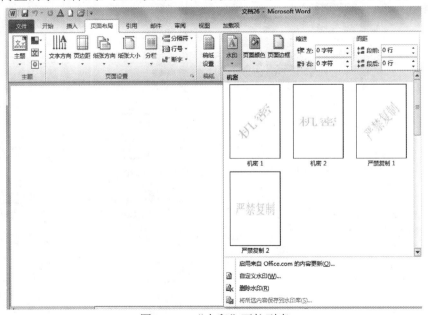

图3-129　"水印"下拉列表

如果内置的水印样式中没有需要的样式，单击"水印"下拉列表中的"自定义水印"选项，弹出"水印"对话框，如图 3-130 所示，然后在"水印"对话框中选中"文字水印"，在"文字"

后的列表框中选择所需的文字或直接输入想要的文字，再选择"字体""字号""颜色"等格式，单击"确定"按钮，即可在文档中添加文字水印。

图3-130 "水印"对话框

要设置图片水印，在"水印"对话框中选中"图片水印"选项，单击"选择图片"按钮，在"插入图片"对话框中选择合适的图片，并单击"插入"按钮。在"水印"对话框中选中"冲蚀"选项，在"缩放"列表中选择图片的缩放比例，单击"确定"按钮即可。

2. 页面颜色和边框

页面背景颜色指显示于 Word 文档最底层的颜色或图案，用于丰富 Word 文档的页面显示效果。设置背景颜色的操作方法如下。

打开 Word 文档，单击"页面布局"选项卡"页面背景"组中"页面颜色"按钮的下拉箭头，弹出下拉列表，如图 3-131 所示，选择"主题颜色"或"标准色"中所需要的颜色。

图3-131 "页面颜色"下拉列表

要为文档设置页面边框，可单击"页面布局"选项卡"页面背景"组中的"页面边框"按钮，弹出"边框和底纹"对话框，设置的方法同 3.5.4 节。

3. 稿纸设置

Word 2010 提供了稿纸设置功能，使文档变得更美观，操作方法如下。

打开 Word 文档，单击"页面布局"选项卡"稿纸"组中的"稿纸设置"按钮，弹出"稿纸设置"对话框，如图 3-132 所示。在"格式"下拉列表中选择"方格式稿纸"，在"行数×列数"下拉列表中选择稿纸的行列数，在"网络颜色"下拉列表中选择方格的颜色。确定后，即生成一份美观的方格式稿纸。

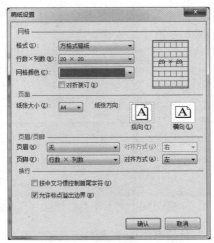

图3-132 "稿纸设置"对话框

3.8.3 分节、分页、分栏

1. 分节

节是独立的编辑单位，每一节可设置成不同的格式。插入分节符可将文档分成多节，然后根据需要设置每节的格式。文档分节后，可为不同节的文档设置不同的格式，如页边距、纸张大小、纸张方向、页面边框、页眉、页脚、分栏、脚注和尾注等。

(1) 插入分节符

将插入点定位在需要插入分节符的位置，单击"页面布局"选项卡"页面设置"组中的"分隔符"按钮，弹出下拉列表，如图3-133所示，选择相应的分页符或分节符。

图3-133 "分节符"和"分页符"下拉列表

"下一页"：插入一个分节符，新节从下一页开始。

"连续"：插入一个分节符，新节从同一页开始。

"奇数页"或"偶数页"：插入一个分节符，新节从下一个奇数页或偶数页开始。

(2) 删除分节符

单击"开始"选项卡的"段落"组中"显示/隐藏编辑标记"按钮，可显示出隐藏的分节符标记，将光标定位到"分节符"标记前，按 Delete 键即可删除该分节符。

2. 分页

Word 2010 有自动分页功能，当文档内容满一页时系统会自动切换到下一页，并在文档中插入一个自动分页符，再输入的文字出现在下一页。除了自动分页外，也可插入人工分页符进行强制分页。操作方法如下。

将光标插入点定位到要分页的位置，单击"页面布局"选项卡的"页面设置"组中的"分隔符"按钮，弹出的下拉列表如图 3-133 所示。单击"分页符"选项，即可在当前插入点插入一个人工分页符，开始新的一页。通过组合键 Ctrl+Enter，也可插入人工分页符，开始新的一页。

删除分页符的操作方法如下。

单击"开始"选项卡"段落"组中的"显示/隐藏编辑标记"按钮，可显示出隐藏的人工分页符标记，或切换到草稿视图，在该视图下，人工分页符是一条中间带"分页符"字样的虚线，把插入点定位在人工分页符前，按 Delete 键即可删除人工分页符。

注意：

Word文档的自动分页符是一条水平虚线，不能删除。

3. 分栏

所谓分栏就是将一段文本分成并排的几栏，只有当填满第一栏后才移到下一栏。在编辑报纸、杂志时，经常用到分栏，分栏可增加版面的美感，便于划分板块和阅读。

设置分栏的操作方法如下。

选中要设置分栏排版的文档内容，单击"页面布局"选项卡"页面设置"组中的"分栏"按钮，弹出下拉列表，如图 3-134 所示。选择分栏方式，也可单击"更多分栏"选项，打开"分栏"对话框，如图 3-135 所示。在对话框中设置"栏数""宽度和间距""分隔线"等。

图3-134　"分栏"下拉列表

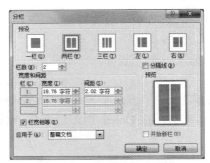

图3-135　　"分栏"对话框

注意：

只有在页面视图下才能正常显示分栏效果，其他视图均不显示或显示不正常。

3.8.4　打印设置

编辑好一篇文章，排版好后一般需要打印。在打印前，先要进行打印预览，布局不合理的地方可回到编辑状态继续调整。对效果感到满意后，可将该文档打印出来。

1. 打印预览

打印预览是指用户在屏幕上预览打印的效果，如果对编辑好的文档中某些地方不很满意，可重新返回编辑状态对文档进行修改。打印预览的操作方法如下。

单击"文件"选项卡，单击左侧窗格中的"打印"命令，在右侧窗口的预览区中可预览打印效果，预览时，可通过窗口右下角的"显示比例"滑块来改变预览图的大小，如图 3-136 所示，若还需要对文档进行修改，可按 Esc 键或单击"文件"等其他选项卡返回文档。

图3-136　　"打印"预览

2. 打印

预览完成后，如果确认文档的内容和格式都正确无误，对各项设置也都很满意，就可以开始打印文档。打印文档的操作方法如下。

单击"文件"选项卡，在左侧窗格中单击"打印"命令，如图 3-136 所示，在"份数"微调框中设置打印份数，在"设置"区域确定打印范围，完成后单击"打印"按钮，打印机便自动打印该文档。

3. 取消打印

在打印过程中，如果发现打印选项设置有误，或打印时间太长无法完成打印，可取消打印。取消打印的操作方法如下。

在任务栏区域中双击打印机图标 ，弹出"打印任务"窗口，右键单击要取消的打印任务，在弹出的快捷菜单中单击"取消"选项，在打开的对话框中单击"是"按钮，即可取消正在打印的文档。或按 Esc 键取消打印。

3.9　Word 2010 的其他功能

3.9.1　邮件合并

每年高考录取结束后，各高校要给被录取的考生寄送录取通知书。同一学校发出的录取通知书中的文字基本相同，不同之处仅在于考生姓名和录取专业等。即要编辑处理的多份文档中的主要内容都是相同的，只是具体数据有所不同。如果使用普通编辑方法，将相同的内容复制，其他内容逐一填写，要制作上百份甚至上千份是很麻烦的。

Word 2010 增加了"邮件"选项卡，可实现邮件合并的各种功能，此功能要与 Excel 等数据源结合使用。

建立邮件合并需要两部分内容，一部分是主文档，即相同的内容，如录取通知正文；另一部分为数据源文件，即变动内容，如学生姓名、录取专业等。然后将两份文档以一定方式合并，得到主体结构信息一致，只有个别属性不同的一系列文档(称为"合并文件")。

下面以套用信函制作 11 份录取通知书为例，讲解邮件合并的操作方法。

1. 创建主文档

主文档可以新建，也可以是已经建好的文档。这里新建一个 Word 文档，输入通知书中相同部分的内容，不同的内容不必填写。保存后，成为通知书的主文档，如图 3-137 所示。

2. 创建数据源

启动 Excel 2010 应用程序，输入如图 3-138 所示的考生姓名和录取专业，保存为"录取数据.xlsx"文件，即创建了邮件合并的数据源。

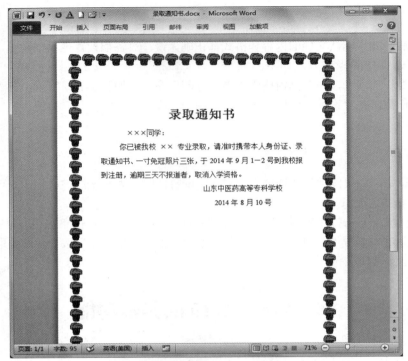

图3-137　邮件合并的主文档

图3-138　邮件合并的数据源

图3-139　"选择收件人"按钮的下拉列表

3. 选择收件人

(1) 单击"邮件"选项卡"开始邮件合并"组中"选择收件人"按钮的下拉箭头，弹出下拉菜单，如图 3-139 所示。选择"使用现有列表"，弹出"选取数据源"对话框，如图 3-140 所示。

图3-140　"选取数据源"对话框

(2) 选择已经保存的数据源"录取数据.xlsx"，打开"选择表格"对话框，如图 3-141 所示。确定后，"邮件"选项卡中的按钮变成可用状态。

图3-141　"选择表格"对话框

也可选择"键入新列表"命令来新建数据源，弹出"新建地址列表"对话框，如图 3-142 所示，输入数据源条目信息。

4. 插入合并域

将光标定位到主文档需要插入数据的位置，即"×××同学"的前面，单击"邮件"选项卡的"编写和插入域"组中"插入合并域"按钮的下拉箭头，弹出下拉菜单，如图 3-143 所示，单击"姓名"，则姓名数据源插入录取通知书中姓名所在的位置。

再将鼠标定位到"专业"前面，在图 3-143 中的"插入合并域"下拉列表中选择"专业"，则专业数据源插入录取通知书中的专业所在的位置。

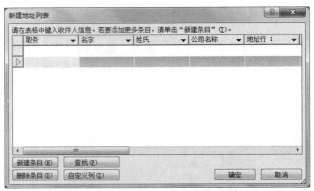
图3-142　"新建地址列表"对话框

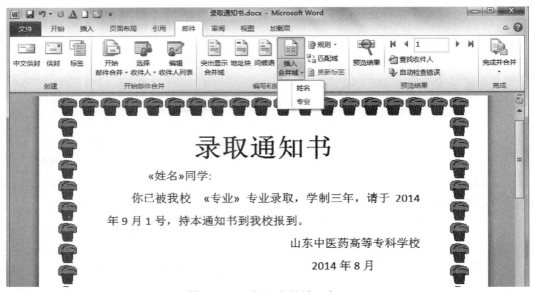
图3-143　"插入合并域"窗口

5. 邮件合并

单击"邮件"选项卡"完成"组中"完成并合并"按钮的下拉箭头,弹出下拉列表,如图3-144所示。单击"编辑单个文档"选项,弹出"合并到新文档"对话框,如图3-145所示。根据实际需要选择"全部""当前记录"或指定范围,本例中选择"全部"。

图3-144　"完成并合并"按钮的下拉列表

图3-145　"合并到新文档"对话框

单击"确定"按钮完成邮件合并，主文档和数据源合并成另一个新的"信函 1"文档，如图 3-146 所示，合并后的文档中共 11 份录取通知书。

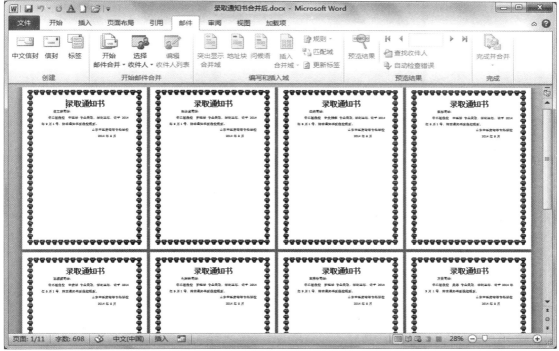

图3-146　"邮件合并"后的录取通知书

3.9.2　插入目录

在文档编辑完成后，需要插入各级目录，利用 Word 2010 中的"目录"域功能，可自动将文档中使用的标题样式提取出来，生成目录。

1. 插入目录

插入目录的操作方法如下。

(1) 打开需要编辑的文档，将插入点定位在文档的起始处，单击"引用"选项卡的"目录"组中"目录"按钮的下拉箭头，弹出下拉列表，选择需要的目录样式，如图 3-147 所示。

图3-147　"目录"下拉列表

(2) 如果对目录下拉列表中的样式不满意，可在下拉列表中单击"插入目录"，打开"目录"对话框，如图 3-148 所示。在"格式"下拉列表中选择需要的目录样式。

图3-148　"目录"对话框

2. 更新目录

插入目录后，如果文档中的页码发生了变化，可对目录进行更新，更新目录的操作方法如下。

方法 1。将光标插入点定位在目录列表中，单击"引用"选项卡"目录"组中的"更新目录"按钮，或者单击选中目录左上角的"更新目录"按钮(如图 3-149 所示)，都可弹出"更新目录"对话框，如图 3-150 所示。在对话框中根据实际情况进行选择，然后单击"确定"按钮即可更新目录。

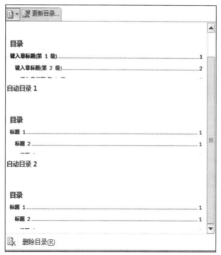

图3-149　"更新目录"按钮

方法 2。用鼠标右键单击目录列表，在弹出的快捷菜单中选择"更新域"命令，弹出"更新目录"对话框，选择需要的选项，即可实现目录的更新。

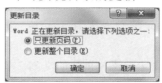

图3-150　"更新目录"对话框

如果在右键快捷菜单中选择"编辑域"，在弹出的对话框中选择需要的选项，则可重新编辑域。

3. 删除目录

插入目录后，若要将其删除，可将插入点定位在目录列表中，单击"引用"选项卡"目录"组中"目录"按钮的下拉箭头，弹出下拉列表，如图 3-147 所示。单击"删除目录"选项，即可删除相应的目录。

3.9.3　审阅与修订

在 Word 2010 文档编辑中，经常要进行修改，多人合作修改可快速完成文档的修改任务。在"审阅"功能选项卡中可实现"拼写和语法检查""审阅""插入批注""修订文档"等功能。

1. 拼写和语法检查

Word 2010 提供拼写和语法检查功能，它是一个自带的常用词典，能进行中、英文的拼写和语法检查，提高单词、词组和语法的准确性。

单击"审阅"选项卡"校对"组中的"拼写和语法"按钮，打开"拼写和语法"对话框，如图 3-151 所示。

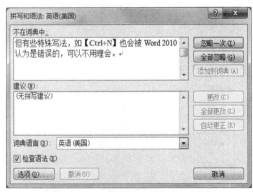

图3-151　"拼写和语法"对话框

输入文本时，Word 2010 会自动进行拼写和语法的检查，如果在文档中输入错误的或不可识别的单词，系统会使用红色波浪线标出拼写错误；对于存在语法错误的句子，会使用绿色的波浪线标出语法错误。这些波浪线不影响文档的打印，属于非打印字符。但有些特殊写法，如组合键Ctrl+N 会被 Word 2010 认为是拼写错误，可以不必理会。

2. 使用批注

Word 2010 提供了插入批注的功能，操作方法如下。

(1) 新建批注

打开需要添加批注的文档，选中需要添加批注的文本，单击"审阅"选项卡"批注"组中的"新建批注"按钮，如图 3-152 所示。窗口右侧将建立一个标记区，标记区中会为选中的文本添加批注框，如图 3-153 所示，此时可在批注框中输入批注内容。

图3-152　"批注"组

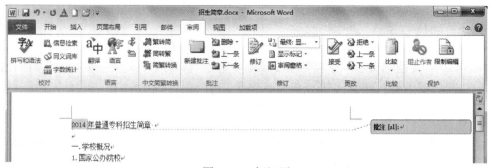

图3-153　标记区

(2) 删除批注

右键单击批注框，在弹出的快捷菜单中选择"删除批注"命令；或在图 3-152 中的"批注"组中单击"删除"按钮下方的下拉箭头，在弹出的下拉列表中选择需要的选项。

3. 修订文档

Word 2010 提供文档修订功能。在文档修订模式下修改文档时，Word 应用程序会自动跟踪对文档的所有更改，包括插入、删除和格式更改，并对更改的内容做出标记。

(1) 修订文档

打开要修订的文档，单击"审阅"选项卡"修订"组中"修订"按钮的下拉箭头，弹出下拉列表，如图 3-154 所示。单击"修订"选项，此时"修订"按钮变为高亮显示状态，即进入修订模式。在此状态下，对文档的所有修改都被记录下来，以不同的标记标出对不同类型的内容进行的修改，如图 3-155 所示。插入的内容被标记为蓝色字加蓝色的下划线，删除的内容被标记为红色字加删除线。

如果要取消修订功能，再次单击"修订"按钮即可。

图3-154　"修订"下拉列表

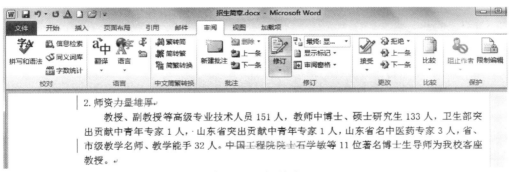

图3-155　显示标记

(2) 设置修订选项

对文档执行的修订通常以标记方式插入文档。修订文档时，可根据修订内容的不同以不同标记线条表示，用户可对修订内容的样式进行自定义设置，操作方法如下。

单击"审阅"选项卡"修订"组中"修订"按钮的下拉箭头，在下拉列表中选择"修订选项"，打开"修订选项"对话框，如图 3-156 所示。在"标记"区域分别选择不同修订标记样式与颜色，在"移动""表单元格突出显示""格式"和"批注框"选项中，根据自己的浏览习惯和要求设置显示样式，设置完成后单击"确定"按钮，返回文档，可看到修改后的效果。

(3) 显示修订标记状态

为方便用户对修订前后的文档进行对比，对文档进行修订后，可在文档的原始状态和修订后的状态之间进行切换。可通过"修订"组中的"显示标记"下拉列表设置修订标记状态，如图 3-157 所示。

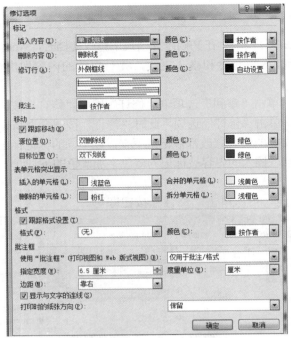

图3-156　　"修订选项"对话框

图3-157　　"显示标记"下拉列表

修订文档后，默认状态是显示标记的最终状态，如果要查看原始文档，则选择"原始状态"选项；如果要查看修订后的状态，则选择"最终状态"选项。

(4) 接受或拒绝修订

对于修订过的文档，作者可接受或拒绝所做的修订。若接受修订，文档会保存为审阅者修改后的状态，否则保存为修改前的状态。操作方法如下。

将插入点定位到文档中修订过的地方，单击"审阅"选项卡"更改"组中"接受"或"拒绝"按钮的下拉箭头，弹出下拉菜单，如图 3-158 所示。选择相应命令；或右键单击修订过的地方，在弹出的快捷菜单中选择"接受修订"或"拒绝修订"。

图3-158   "接受"下拉菜单

习 题

1. Word 文档实现快速格式化的重要工具是＿＿＿。
　　A. 格式刷　　　　　　　B. 工具按钮　　　　C. 选项卡命令　　　D. 对话框

2. Word 2010 文档的默认扩展名是＿＿＿。
　　A. .dat　　　　　　　　B. .dotx　　　　　　C. .docx　　　　　　D. .doc

3. Word 以"磅"为单位的字号中，根据页面的大小，文字的磅值最大可达＿＿＿磅。
　　A. 1024　　　　　　　　B. 1638　　　　　　C. 500　　　　　　　D. 390

4. 在 Word 文档中，"剪贴画"默认的插入形式是＿＿＿。
　　A. 浮动式　　　　　　　B. 嵌入式　　　　　C. 四周型　　　　　　D. 紧密型

5. 在 Word 文档窗口中进行两次剪切操作后，剪贴板的内容＿＿＿＿。
　　A. 只有第一次剪切的内容　　　　　B. 只有最后一次剪切的内容
　　C. 可以有两次剪切的内容　　　　　D. 一定是空白的

6. Word 文档的分栏效果只能在＿＿＿视图中正常显示。
　　A. 草稿　　　　　　　　B. 页面　　　　　　C. 阅读版式　　　　　D. 大纲

7. 要在 Word 的同一个多页文档中设置三个以上不同的页眉页脚，必须＿＿＿＿。
　　A. 分栏　　　　　　　　B. 分节　　　　　　C. 分页　　　　　　　D. 采用不同的形式

8. 在 Word 编辑状态下，可将插入点快速移到文档尾部的组合键是＿＿＿＿。
　　A. Ctrl+End　　　　　　B. Alt+End　　　　　C. End　　　　　　　D. PageDown

9. 要设置各节不同的页眉/页脚，必须在第二节开始的每一节处单击＿＿＿＿按钮使每一节
独立。
　　A. 上一项　　　　　　　　　　　　B. 链接到前一条页眉
　　C. 下一项　　　　　　　　　　　　D. 页面设置

10. 当 Word 检查到文档中的拼写错误时，会用＿＿＿＿将其标出。
　　A. 红色波浪线　　　　B. 绿色波浪线　　　C. 黄色波浪线　　　D. 蓝色波浪线

11. 下列关于"保存"与"另存为"命令，叙述正确的是＿＿＿＿。
　　A. Word保存的任何文档都不能用"写字板"打开
　　B. 保存新文档时，"保存"与"另存为"的作用是相同的
　　C. 保存旧文档时，"保存"与"另存为"的作用是相同的
　　D. "保存"命令只能保存新文档，"另存为"命令只能保存旧文档

12. 如果在一篇文档中，所有"大纲"字样都被录入员误输入为"大刚"，最快捷的改正方法是_____。

    A. 用"定位"命令   B. 用"撤消"和"恢复"命令

    C. 用"编辑"组中的"替换"命令   D. 用插入光标逐字查找并分别改正

13. 在 Word 工作过程中，当光标位于文档中某处时，输入字符通常有_____两种状态。

    A. 插入与改写   B. 插入与移动   C. 改写与复制   D. 复制与移动

14. 在 Word 表格计算时，对运算结果进行刷新(更新域)，可使用_____功能键。

    A. F8   B. F9   C. F5   D. F7

15. 在 Word 中，在文档中选取不连续的多处文本时，应按下_____键。

    A. Alt   B. Shift   C. Ctrl   D. Ctrl+Shift

16. 在 Word 中，删除行、列或表格的快捷键是_____。

    A. Backspace   B. Delete   C. 空格键   D. Enter键

17. 在 Word 中，想打印 1、3、8、9、10 页，应在打印的"页数"处输入_____。

    A. 1,3,8-10   B. 1. 3. 8-10   C. 1-3-8-10   D. 1. 3. 8. 9. 10

18. 在 Word 中，_____可实现换行而不产生新的段落。

    A. Ctrl+Enter   B. Shift+Enter   C. Alt+Enter   D. Enter

19. 在 Word 中，通过鼠标拖动操作复制文本时，应在拖动所选定的文本的同时按住___键。

    A. Shift   B. Alt   C. Tab   D. Ctrl

20. 在 Word 中，对于拆分表格，正确说法是_____。

    A. 可将表格拆分为左右两部分   B. 只能将表格拆分为上下两部分

    C. 可将表格拆分为上下左右四部分   D. 只能将表格拆分为列

第4章

电子表格软件 Excel 2010

Excel 2010 是微软公司推出的新一代电子表格软件,是 Microsoft Office 2010 办公自动化软件包的成员之一,它不仅具有强大的数据计算与分析处理功能,还可将数据用表格、图表形式表现出来,使得制作出来的报表信息表达清晰、方便直观。Excel 2010 保留了以前版本的各种优点,还对一些功能进行改进和增强,全新的分析和可视化工具可帮助跟踪和突出显示重要的数据趋势,可在移动办公时从几乎所有 Web 浏览器和智能手机访问重要数据,甚至可将文件上传到网站与其他人同时在线协作。

4.1 Excel 2010 概述和基本操作

4.1.1 Excel 2010 概述

1. Excel 2010 的主要功能

(1) 表格处理功能

Excel 2010 可很方便地进行表格的编辑操作,也可利用选项卡的命令和按钮等快速对数据进行操作,例如数据的移动、复制、填充、计算和格式设置等。

(2) 丰富的图表、图形功能

利用 Excel 2010 系统提供的图表功能,可方便地制作出精美的图表,使数据处理更方便、直观。

(3) 强大的数据库管理功能

可利用 Excel 2010 系统提供的公式和函数,自动处理工作表数据;还可将工作表中的行、列作为数据库的记录和字段,执行各种数据库管理操作,例如排序、筛选和分类汇总等。

(4) 列表功能

用户可在 Excel 2010 的工作表、空白区域或现有数据中创建列表,用户可方便地管理和分析列表数据而不必理会列表之外的其他数据。

2. Excel 2010 的窗口结构

Excel 2010 启动后，会显示工作窗口。工作窗口的主要结构包括标题栏、选项卡、功能区、编辑栏和工作表编辑区等，如图 4-1 所示。

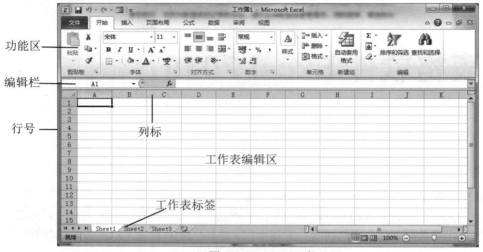

图4-1　Excel 2010窗口

1）标题栏

标题栏是位于 Excel 窗口最上方的部分，标题栏左侧有控制菜单按钮、快速访问工具栏，中间显示 Excel 程序名和当前打开的工作簿名称，右侧有 Excel 程序的"最小化"、"最大化/向下还原"和"关闭"三个按钮。

2）功能区

Excel 2010 功能区列出多个选项卡，包含 Excel 的大部分功能。还有一个"Microsoft Office Excel 帮助"按钮，单击该按钮可打开 Excel 2010 的帮助窗口。

3）编辑栏

编辑栏位于功能区的下方，是 Excel 特有的部分，主要是用于显示或编辑当前单元格的数据、公式和函数等，由三部分组成，如图 4-2 所示。

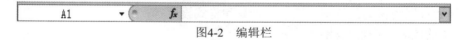

图4-2　编辑栏

(1) 名称框。

名称框在编辑栏的最左端，主要用来显示当前单元格的地址，也可在输入公式时从其下拉列表框中选择函数。

(2) 工具按钮。

当编辑数据时，名称框右侧的工具按钮区会出现"取消"按钮、"输入"按钮，单击"取消"按钮或按 Esc 键可取消本次输入的内容；单击"输入"按钮可确认本次输入的内容，相当于按 Enter 键。

"插入函数"按钮可用来输入和编辑公式，也可直接在单元格中输入=来输入公式。

(3) 编辑区。

编辑区位于"插入函数"按钮 f_x 的右侧。主要用于显示当前单元格的内容，也可直接在此位置对当前单元格进行输入和编辑操作。

编辑区和单元格显示同一个单元格的内容是有区别的，区别为：单元格中最多显示 1024 个字符，对于超过此范围的字符无法显示，而编辑区则可显示 32 767 个字符。

(4) 工作表编辑区。

工作表编辑区位于编辑栏之下，是由行、列交叉组成的单元格区域。

工作表编辑区的左侧是行号，上方是列标，右侧和下方为垂直滚动条和水平滚动条，工作表编辑区的左下方是工作表标签栏和标签控制按钮。

(5) 状态栏。

状态栏在 Excel 窗口的底部，用于显示当前工作表的各种状态和提示信息。

状态栏的右侧有"视图切换"按钮和"显示比例"调节工具，其中"视图切换"按钮用于选择工作簿的普通、页面布局、分页预览三种视图，"显示比例"调节工具用于调整工作表编辑区的显示比例。

3. Excel 的启动和退出

1) 启动Excel

Excel 启动的几种操作方法如下：

(1) 单击桌面左下角的"开始"按钮，在弹出的"开始"｜"所有程序"｜Microsoft Office 菜单中，单击要启动的应用程序 Microsoft Excel 2010。

(2) 双击桌面上已建立的 Excel 2010 的快捷方式图标。

(3) 双击已建立好的 Excel 2010 工作簿。

2) 退出Excel

退出 Excel 的几种操作方法如下：

(1) 单击标题栏右侧的"关闭"按钮 ⊠。

(2) 使用组合键 Alt+F4。

(3) 双击"控制菜单"按钮 ⊠。

(4) 单击"控制菜单"按钮 ⊠(或在标题栏上右击)，在弹出的控制菜单中选择"关闭"命令。

4.1.2　工作簿的基本操作

1. Excel的基本概念

(1) 工作簿

工作簿是存储数据信息的文件，包含若干个工作表，把用户在 Excel 中处理的各种数据存放在一起，新工作簿的默认名称为工作簿 1.xlsx，.xlsx 是 Excel 2010 工作簿的扩展名。

工作簿中的工作表不能单独存盘，只有工作簿才能以文件形式存盘。

(2) 工作表

工作表是一个二维表格，由若干行和列组成，是单元格的集合，是处理数据的主要区域，通常称为电子表格。Excel 工作表由 16 384 列和 1 048 576 行构成，纵向为列，每列用字母标识，从

A、B、…、Z、AA、AB、…、BA、BB…，一直到 XFD，称作列标；横向为行，每行用数字标识，从 1 到 1 048 576，称为行号。每个行列交叉的部分称为单元格。

在 Excel 中，系统默认打开的工作簿中工作表的数量是 3 个，系统给每个工作表提供了一个默认名：Sheet1、Sheet2、Sheet3，三张工作表互相重叠。单击工作表标签，工作表名称呈高亮显示，该工作表就成为当前工作表(又称活动工作表)，可执行数据的录入、编辑等操作。

在一个工作簿中，工作表的数量是可变的，操作方法如下。

单击"文件"选项卡中的"选项"命令，打开"Excel 选项"对话框，如图 4-3 所示。在左侧类别列表中单击"常规"，在右侧"新建工作簿时"区域的"包含的工作表数"中，更改数值(介于 1～255 之间)，这样就可设置新建工作簿的工作表数目。

图4-3　"Excel选项"对话框

(3) 单元格

单元格是工作表中的行、列交叉部分，是数据处理的最小单位。数据的录入、编辑等操作主要在单元格中进行。

可通过单元格的地址来区分单元格，单元格的地址由其所在的列标和行号来标识，列标在前，行号在后，例如，第 4 行、第 4 列的单元格地址是 D4。

在工作表中，当前单元格(也称为活动单元格)只有一个，用鼠标单击某个单元格，该单元格四周出现黑色边框，成为当前单元格。

(4) 单元格区域

单元格区域指由多个相邻单元格组成的矩形区域。其表示方法是用区域左上角和右下角的单元格地址，中间用冒号连接起来。例如，单元格区域地址 A2:D8 表示从单元格 A2 到 D8 之间连续的矩形区域。

单元格区域中的当前单元格指选择状态为反白的那个单元格(即选择区域时第一个被选的那个单元格)。

2. 工作簿的基本操作

1) 新建工作簿

新建工作簿的几种操作方法如下：

(1) 启动 Excel 后，系统将自动建立一个名为"工作簿 1"的新工作簿。

(2) 单击"文件"选项卡中的"新建"命令，然后选择相应的模板来建立新工作簿。

2) 打开工作簿

打开工作簿的几种操作方法如下：

(1) 单击"文件"选项卡中的"打开"命令。

(2) 使用组合键 Ctrl+O 或 Ctrl+F12。

(3) 若"快速访问工具栏"中添加了"打开"按钮，则单击"打开"按钮。

(4) 单击"文件"选项卡中的"最近所用文件"，在 Backstage 视图中，单击要打开的文件。

Excel 允许同时打开多个工作簿，但无论打开多少个工作簿，活动工作簿只有一个，即当前正在操作的工作簿只有一个，用户可在打开的不同工作簿之间切换，也可同时对多个工作簿进行操作。

3) 保存工作簿

对工作簿进行编辑后，可将其保存起来。

(1) 保存新建或已命名工作簿的方法如下。

① 单击快速访问工具栏中的"保存"按钮。

② 使用组合键 Ctrl+S 或 Shift+F12。

③ 单击"文件"选项卡中的"保存"命令。

保存未命名的新工作簿将弹出"另存为"对话框。你可设置工作簿的保存位置、文件名及保存类型。

(2) 更改已命名工作簿的位置、名称或保存类型

单击"文件"选项卡中的"另存为"命令，在弹出的"另存为"对话框中设置要更改的保存位置、名称或保存类型，设置完成后单击"保存"按钮。

4) 拆分窗口

使用工作簿的普通视图，可方便地观看工作表的页面效果和分页情况，但若想同时观看和处理同一工作表的不同部分，可拆分窗口，操作方法如下。

(1) 单击要拆分位置处的单元格。

(2) 单击"视图"选项卡"窗口"组中的"拆分"按钮，可看到整个窗口分成四个窗格。用鼠标拖动窗格间的分隔线，可改变每个窗格的大小。

撤消拆分窗口的方法是再次单击"视图"选项卡"窗口"组中的"拆分"按钮。

5) 冻结窗口

对工作簿窗口冻结后，被冻结的数据区域不会随着其他部分一起滚动，始终保持可见状态。

例如：要冻结工作表的前两行数据，操作方法如下。

(1) 鼠标单击选择第 3 行的行号。

(2) 单击"视图"选项卡"窗口"组中的"冻结窗格"按钮。

此时可看到，在冻结位置处有细的黑线，用鼠标拖动垂直滚动条，从第 3 行数据开始隐藏，而前两行数据则始终保持可见。

撤消冻结窗口的操作方法是单击"视图"选项卡"窗口"组中的"取消冻结窗格"按钮。

4.1.3 选择操作

1. 选择单元格、区域、行、列

(1) 选择单元格：用鼠标单击该单元格，选中后该单元格边框呈黑色。

(2) 选择行、列：鼠标单击相应的行号或列标。若要选择多行、多列，可直接在行号、列标上拖动鼠标，也可按住 Shift(Ctrl)键来选择相邻(不相邻)的行或列。

(3) 选择所有单元格：用鼠标单击"全选"按钮(在行号 1 的上方、列标 A 的左侧)。

(4) 选择一个连续区域的几种操作方法如下。

① 单击待选区域四个角的任一单元格，按住鼠标左键不放，拖动到待选区域四个角中其对角线上的单元格。

注意：

可从不同方向选择同一区域，但选择区域中当前单元格是不同的。

② 在编辑栏的名称框中输入区域地址，然后按 Enter 键。

③ 当所选区域较大时，可先单击一个起始单元格，然后按住 Shift 键，再单击最后一个单元格。

(5) 选择不连续的单元格区域：可先选择其中一个单元格或单元格区域，然后按住 Ctrl 键，再依次选择其他单元格区域。

2. 选定单元格中的文本

用鼠标双击文本所在的单元格，然后按住鼠标拖动选择文本；也可先单击该文本所在的单元格，然后在编辑栏中选择所需文本。

3. 取消选择

如果要取消某个选择操作，可用鼠标单击工作表中其他任意一个单元格。

4.2　数据的编辑操作

4.2.1 数据的输入

Excel 能接受文本、数字、日期、时间、公式与函数等数据类型。在数据输入过程中，系统自行判断所输入的数据是哪种类型，并进行适当处理。

输入数据时，先选择目标单元格，使之成为当前单元格，然后输入数据，数据在单元格和编辑栏同步显示。

1. 文本型数据的输入

在 Excel 中，文本可以是字母、数字、汉字和空格等字符，也可以是它们的组合。默认情况下，所有文本型数据在单元格中左对齐。文本型数据的输入可分为以下两种情况。

(1) 字母、汉字等非数值型数据可直接输入，Excel 会自动识别。

(2) 如果输入的文本是数字组成的，例如，邮政编码、电话号码这种类型的数据，为与数值区别，首先输入单引号"'"(半角)，然后输入相应数据。例如，要输入邮编 010200，应输入'010200，然后按 Enter 键结束。

2. 数值型数据的输入

在 Excel 中，数字只能由下列字符组成：0 到 9 的数字、+(正号)、-(负号)、,(千分位号)、.(小数点)、/、$、%、E 和 e 等特殊字符。

Excel 将忽略数字前面的正号+。当单元格中输入的数据长度超过 11 位时，会自动转换成科学记数形式。默认状态下，所有数字在单元格中右对齐。输入时注意以下两种情况：

(1) 输入分数时，应在分数前输入 0 及一个空格。例如，输入分数 1/2，则应输入 0 1/2，这样在单元格中得到分数 1/2，编辑栏则显示为 0.5。如果不输入 0 或空格，则系统把它视作日期，显示 1 月 2 日；假分数或带分数的输入方式类似，例如，输入一又二分之一可输入 1 1/2，也可以输入 0 3/2，这样在单元格中得到分数 1 1/2，编辑栏中显示为 1.5。

(2) 输入负数时，可先输入一个负号，然后输入数字；也可将数字括在圆括号中，例如，输入-3 和(3)都可得到-3。

无论显示的数字的位数如何，Excel 2010 都只保留 15 位数字精度。如果数字长度超出 15 位，Excel 2010 会将 15 位以后的数字自动转换为 0。

3. 日期和时间的输入

在 Excel 中，日期和时间的输入按数字类型来处理，在单元格中默认右对齐。

(1) 日期的输入。

日期的分隔符是-或/，显示结果一般按照"年-月-日"形式，可通过设置日期格式来完成。例如，输入 2016-1-24、2016/1/24 显示的结果为 2016/1/24。

如果只输入月和日，而省略年，则使用当前系统的年份，例如，在当前单元格输入 1-24 或 1/24，按 Enter 键后单元格显示"1 月 24 日"，编辑栏显示为 2019-1-24。如果输入英文日期，可采用以下形式：24-Jan、Jan-24、Jan/24、24/Jan，结果均显示为 24-Jan。

要快速输入当前系统的日期，可按组合键 Ctrl+;(分号)。

(2) 时间的输入。

时间的分隔符为":"，输入时按小时、分钟、秒的顺序输入，在后面加上字母 AM 或 PM 来表示上午或下午。例如，输入 3:00 PM，方法是先输入 3:00，然后空一格，再输入字母 PM，则结果显示为 15:00。如果不加字母 PM，则结果显示为 3:00。

要快速输入当前系统的时间，可按组合键 Ctrl+Shift+:(冒号)。

(3) 如果输入的内容为日期和时间的混合，则按顺序输入日期、时间，中间用空格分隔。

(4) 如果输入系统不能识别的日期和时间，输入内容将被作为文本，并在单元格中靠左对齐。

4. 在多个单元格中输入相同内容

Excel 提供对一个工作表或多个工作表的多个单元格输入相同内容的方法，操作方法如下。

(1) 先选择工作表，然后单击这些单元格中的一个。

(2) 按住 Ctrl 键，再逐个选中其余单元格。

(3) 输入内容，同时按下组合键 Ctrl+Enter，就可在所有选中的单元格中填入相同内容。

5. 自动填充

在输入数据的过程中，常需要在单元格中需要输入相同数据或输入有规律的数据。为提高输入速度，用户可利用系统提供的"自动填充"功能。

自动填充主要将单元格中的原有数据，利用填充柄(单元格右下角的黑色实心方块)进行填充，自动填充过程中，可向上、下、左、右四个方向填充，也可将一些数据定义成自定义序列，便于以后填充。下面介绍自动填充的几种情况，完成后的效果如图 4-4 所示。

1) 填充相同数据

(1) 如果初值是纯文本型、数值型数据，用鼠标单击该单元格，拖动填充柄至目标位置释放鼠标即可。

(2) 如果初值是日期、时间或文本与数字的混合型数据，按住 Ctrl 键，拖动填充柄，完成相同数据的填充。

(3) 对于系统已定义的序列，则在填充过程中，需要按住 Ctrl 键，完成相同数据的填充。例如，系统自定义序列"甲、乙、丙、丁……"，如果要输入相同数据"甲"，要将鼠标指向该单元格的填充柄，再按住 Ctrl 键，拖动鼠标进行填充，就可出现相同的数据"甲"。

图4-4　自动填充示例

2) 填充等差、等比序列

(1) 填充等差序列。

如果初值是数值型数据，按住 Ctrl 键，拖动填充柄，自动增(减)1；如果初值是日期、时间或文本与数字的混合型数据，直接拖动填充柄，这类数据在填充过程中也会自动增(减)1。

例如，在单元格区域 F2 到 F8 中输入等差序列 1、3、5…、13，操作方法如下。

首先在单元格 F2、F3 各输入序列中的前两个值"1、3"作为初值，并选择这两个单元格，然后拖动填充柄来完成填充(也可在"开始"选项卡的"编辑"组中，单击"填充"下拉列表的"系列"命令来实现)。

(2) 填充等比序列。

按住鼠标右键拖动填充柄的方法完成(也可通过使用"序列"命令完成)。

例如，在单元格 G2 到 G8 中填充等比序列"1、3、9、…、729"，操作方法如下。

在单元格 G2 中输入起始值 1，单击"开始"选项卡"编辑"组中"填充"下拉列表的"系列"命令，打开"序列"对话框，如图 4-5 所示。选择"序列产生在"选项为"列"，选择"类型"为"等比数列"，在"步长值"中输入 3，"终止值"选项中输入 729，单击"确定"按钮完成操作。

3) 自定义序列

Excel 2010 系统自定义了一些常用序列，例如"日、一、二、三、四、五、六""甲、乙、丙、丁……"等。输入其中一个数据，即可填充其他数据。也可通过工作表中现有的数据项或输入序列的方式，创建自定义序列，并保存起来，方便以后使用，操作方法有以下几种。

(1) 从工作表中导入。

选定工作表中的数据区域，单击"文件"选项卡中的"选项"命令，选择左侧类别列表中的"高级"选项，单击右侧"常规"列表组中的"编辑自定义列表"按钮，弹出"自定义序列"对话框，如图 4-6 所示。单击"导入"按钮，再单击"确定"按钮，就可将这些数据定义成自定义序列。

(2) 在"自定义序列"选项卡中直接建立。

在"自定义序列"对话框中，选择新序列选项，然后在"输入序列"列表框中，输入新的序列数据，每输入一个数据后按 Enter 键，整个序列输入完毕后，单击"添加"按钮，将新输入的序列添加到自定义序列中，单击"确定"完成操作。

图4-5　"序列"对话框

图4-6　"自定义序列"对话框

4.2.2　数据的编辑操作

1. 修改数据

对单元格中的数据编辑分为以下两种情形。

(1) **对单元格中的全部内容进行编辑**：鼠标单击选择此单元格，然后直接输入新内容，则新输入的内容会覆盖原有内容。

(2) **对单元格中的部分内容进行编辑**：鼠标双击该单元格，然后进行编辑，编辑完成后确认(也可先选定该单元格，然后在编辑栏进行修改)。

2. 清除和删除

在 Excel 中，单元格中的信息可分为内容、格式、超链接和批注四部分。

对单元格进行清除和删除操作是不一样的，清除是对单元格中的内容、格式、超链接和批注进行处理，对单元格没什么影响；而删除是对单元格进行操作，是将单元格连同其中的内容一起删除。

(1) 清除操作

选择单元格区域，单击"开始"选项卡的"编辑"组中"清除"下拉列表中的相应命令即可。如果清除单元格内容，直接按 Delete 键即可。

(2) 删除操作

单击"开始"选项卡"单元格"组中"删除"下拉列表中的"删除单元格"命令。也可在要删除的单元格位置单击右键，从弹出的快捷菜单中选择"删除"命令。

3. 复制和移动数据

复制、移动数据有以下两种操作方法。

(1) 利用剪贴板操作

首先选择要复制或移动的区域，单击"开始"选项卡"剪贴板"组中的"复制"或"剪切"按钮，然后在目标位置进行粘贴即可。复制操作结束后，按 Esc 键取消闪烁的虚线。

注意，只要闪烁的虚线不消失，粘贴可进行多次，一旦虚线消失，粘贴将无法再进行；如果只需要粘贴一次，在目标区域直接按 Enter 键即可。

(2) 利用鼠标拖动操作

首先选择要复制或移动的区域，将鼠标指向已选区域的任一边界，当指标变成左向箭头时，将鼠标拖动到目标位置释放即可(如果是复制操作，在拖动时按 Ctrl 键)。

4. 选择性粘贴

在 Excel 中可进行选择性粘贴。与粘贴不同的是，这种方式可在进行粘贴时选择粘贴的对象，如公式、数值、格式和批注等，操作方法如下。

(1) 选定要进行选择性粘贴的单元格区域，对该选择区域执行复制操作。

(2) 单击"开始"选项卡"剪贴板"组中"粘贴"下拉列表中的"选择性粘贴"命令，弹出"选择性粘贴"对话框，如图 4-7 所示，选择相应选项即可完成。

图4-7 "选择性粘贴"对话框

"选择性粘贴"对话框中各个选项的含义如下。

- **全部**：复制粘贴所有内容和格式。选择该选项后，其效果与"粘贴"命令效果相同。
- **公式**：只粘贴编辑框中所输入的公式。
- **数值**：只粘贴单元格中显示的数值。
- **格式**：只粘贴单元格的格式。
- **批注**：只粘贴单元格中附加的批注。
- **有效性验证**：将复制区的有效数据粘贴到目标区中。
- **边框除外**：粘贴单元格中除边框以外的所有内容及格式。
- **列宽**：将某一列的宽度粘贴到另一列中。
- **跳过空单元**：避免复制区中的空格替换粘贴区中的数值。
- **"运算"选项**：将复制区的内容与粘贴区中的内容经"运算"选项指定的方式运算后，放置在粘贴区。
- **转置**：转置是将被复制的内容在粘贴时转置放置，即把一行数据转换成工作表中的一列数据，把原来的一列数据转换成一行数据。如图4-8所示。

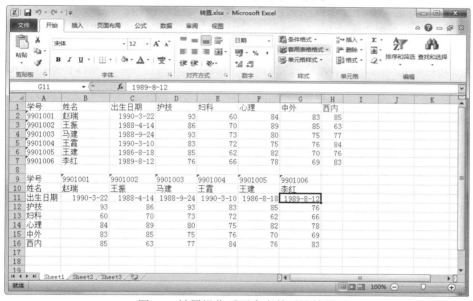

图4-8　转置操作后两个表的对比效果

5. 查找和替换

在一张工作表中，有时需要查找或替换一些指定的数据，Excel 提供的查找、替换命令可快速、准确地实现该操作，操作方法如下。

(1) 选定要查找数据的区域(默认范围是整个工作表)。

(2) 单击"开始"选项卡"编辑"组中"查找和选择"下拉列表中的"查找"或"替换"命令，打开"查找和替换"对话框，如图 4-9 所示，输入相关信息即可。具体操作与 Word 中的操作类似，这里不再赘述。

图4-9 "查找和替换"对话框

6. 插入批注

批注指在 Excel 中根据实际需要对单元格的数据添加的注释。

1) 插入批注
操作方法如下。

(1) 单击要添加批注的单元格。

(2) 单击"审阅"选项卡"批注"组中的"新建批注"按钮。

(3) 单元格的右上角出现红色三角符号，同时显示一个浅黄色的批注框，在批注框中输入批注内容。

当单击其他单元格时，此单元格只显示右上角的红色三角符号，当鼠标移到该单元格时才会显示批注内容。

2) 编辑、删除、显示(隐藏)批注
操作方法如下。

(1) 选定带有批注的单元格。

(2) 单击鼠标右键，在弹出的快捷菜单中选择相应命令。

4.2.3 行、列和单元格的基本操作

1. 插入行(列)

操作方法如下。

(1) 选定要插入行(列)的位置。

(2) 单击"开始"选项卡"单元格"组中"插入"下拉列表中的"插入工作表行(列)"命令(或利用右键快捷菜单)。

2. 插入单元格

操作方法如下。

(1) 选定要插入单元格的位置。

(2) 单击"开始"选项卡"单元格"组中"插入"下拉列表中的"插入单元格"命令，打开"插入"对话框，如图 4-10 所示，选择相应选项即可。

(3) 单击"确定"按钮。

图4-10　"插入"对话框

3. 删除行(列)

操作方法如下。

(1) 选定要删除的行(列)。

(2) 单击"开始"选项卡"单元格"组中"删除"下拉列表中的"删除工作表行(列)"命令(或利用右键快捷菜单)。

4. 删除单元格

操作方法如下。

(1) 选定要删除的单元格。

(2) 单击"开始"选项卡"单元格"组中"删除"下拉列表中的"删除单元格"命令，打开"删除"对话框，如图 4-11 所示。选择相应选项。

(3) 单击"确定"按钮。

图4-11　"删除"对话框

5. 行、列的隐藏和取消隐藏

在 Excel 中，行、列隐藏指将行高或列宽调整为零，而取消隐藏是指将行高或列宽的度量值恢复。

1) 隐藏行、列

操作方法如下。

方法 1。右键单击要隐藏行(列)的行号(列标)，在弹出的快捷菜单中单击"隐藏"命令。

方法 2。选定需要隐藏的行或列，单击"开始"选项卡"单元格"组中"格式"下拉列表中的"隐藏和取消隐藏"命令，在级联菜单中选择相应选项。

方法 3。将指针指向要隐藏的行号的下边界或列标的右边界，按住鼠标左键向上或向左拖动，直到行高或列宽变为 0。

2) 行(列)的取消隐藏

同时选择已被隐藏的行(列)所在位置的上、下两行(左、右两列)，右击鼠标，在弹出的快捷菜单中选择"取消隐藏"命令，这时原来被隐藏的行(列)将重新出现。

4.3　工作表的管理和修饰

4.3.1　工作表的管理

一个工作簿中包含多个工作表，可根据需要插入新的工作表，也可对工作表进行选择、重命名、删除、移动、复制、隐藏和取消隐藏等操作。

1. 选定工作表

（1）选定单个工作表
单击需要选定的工作表标签，这时被选定的工作表标签呈反白显示，表示已被选定。
（2）选定多个工作表
如果要选定多个连续的工作表，则先单击第一个要选定的工作表标签，再按住 Shift 键，单击要选定的最后一个工作表标签。

如果要选定多个不相邻的工作表，则先单击第一个要选定的工作表标签，再按住 Ctrl 键，依次单击要选定的工作表标签。

如果要选择全部工作表，则可在工作表标签处单击右键，在弹出的快捷菜单中选择"选定全部工作表"命令。

2. 重命名工作表

Excel 默认的工作表标签是 Sheet1、Sheet2、Sheet3……，重命名工作表的方法有以下三种。
方法 1。双击相应的工作表标签，输入新名称覆盖原有名称即可。
方法 2。右键单击要改名的工作表标签，在弹出的快捷菜单中选择"重命名"命令，输入新的工作表名称。
方法 3。选择要改名的工作表，单击"开始"选项卡"单元格"组中"格式"下拉列表中的"重命名工作表"命令。

3. 插入工作表

一个工作簿中默认有 3 张工作表，用户可插入新的工作表，操作方法有以下三种。
方法 1。单击要插入工作表位置右侧的工作表标签。例如，在工作表 Sheet1 和 Sheet2 之间插入新工作表，应选择 Sheet2 工作表标签，单击"开始"选项卡"单元格"组中"插入"下拉列表中的"插入工作表"命令，新插入的工作表将出现在当前工作表之前。
方法 2。右键单击要插入工作表位置右侧的工作表标签，在弹出的快捷菜单中选择"插入"，打开"插入"对话框，选定工作表，单击"确定"按钮完成新工作表的插入。
方法 3。单击工作表标签栏最右侧的"插入工作表"按钮，再把新插入的工作表移动到目标位置即可。

要添加多张工作表，则同时选定与待添加工作表数目相同的工作表标签，然后使用以上方法或按组合键 Shift+F11 皆可。

4. 删除工作表

工作表的删除操作是不可恢复的。操作方法有以下两种。

方法 1。 选定工作表，单击右键，在弹出的快捷菜单中选择"删除"命令，打开"删除"对话框，做相应的设置，单击"确认"按钮完成删除。

方法 2。 先选定工作表，单击"开始"选项卡"单元格"组中"删除"下拉列表中的"删除工作表"命令。

5. 移动、复制工作表

操作方法有以下两种。

方法 1。 鼠标拖动法

进行移动操作时，直接用鼠标指向被移动的工作表标签，然后按下鼠标左键，沿着标签区域拖动到目标位置即可。拖动时注意有一个指示移动位置的黑色倒三角标志，三角标志在哪个位置，工作表将被移到哪个位置。

如果进行复制操作，在拖动过程中需要同时按住 Ctrl 键。

方法 2。 利用"移动或复制工作表"对话框

例如，将工作簿中的 Sheet2 工作表移到 Sheet3 后面。

(1) 选定 Sheet2 工作表标签。

(2) 单击"开始"选项卡"单元格"组中"格式"下拉列表中的"移动或复制工作表"命令，打开"移动或复制工作表"对话框，如果图 4-12 所示。

(3) 在对话框的"下列选定工作表之前"列表框中，单击"移至最后"选项(如果要复制而非移动工作表，还需要选中"建立副本"复选框)。

(4) 单击"确定"按钮。

图4-12　"移动或复制工作表"对话框

6. 工作表的隐藏和取消隐藏操作

(1) 隐藏工作表

方法 1。 选定需要隐藏的一个或多个工作表，单击"开始"选项卡"单元格"组中"格式"下拉列表中的"隐藏和取消隐藏"命令，在级联菜单中选择"隐藏工作表"命令。

方法 2。 选定需要隐藏的一个或多个工作表，在工作表标签上单击鼠标右键，在弹出的快捷菜单中选择"隐藏"命令。

注意：

可同时隐藏多个工作表，但不能将所有工作表同时隐藏，至少要有一个工作表处于显示状态。

(2) 取消隐藏

方法 1。单击"开始"选项卡"单元格"组中"格式"下拉列表中的"隐藏和取消隐藏"命令,在级联菜单中选择"取消隐藏工作表"命令,打开"取消隐藏"对话框,如图 4-13 所示。选中需要取消隐藏的工作表名称,按"确定"按钮即可重新显示该工作表。

图4-13 "取消隐藏"对话框

方法 2。在工作表标签上单击右键,在弹出的快捷菜单中选择"取消隐藏"命令,打开"取消隐藏"对话框,如图 4-13 所示。选中需要取消隐藏的工作表名称,按"确定"按钮即可重新显示该工作表。

如果要取消多个工作表的隐藏操作,则需要多次重复上述两个步骤。

4.3.2 工作表的修饰

格式化操作对工作表来讲非常重要,在 Excel 中可自动套用系统提供的工作表格式,也可通过设置来调整工作表的格式。

1. 单元格格式设置

对数据进行格式设置有以下四种常用方法。

方法 1。右击,在弹出的快捷菜单中选择"设置单元格格式"。

方法 2。单击"开始"选项卡"单元格"组中"格式"下拉列表中的"设置单元格格式"。

方法 3。单击"开始"选项卡"剪贴板"组中的"格式刷"按钮。

方法 4。单击"开始"选项卡"字体""对齐方式"等组中的相应按钮。

在此主要介绍第一种方法,利用"设置单元格格式"对话框设置格式,如图 4-14 所示。

图4-14 "设置单元格格式"对话框

1）设置数字格式

在 Excel 中常遇到一些数据用特殊格式来显示。

例如，将工作表中所有出生日期转成"XXXX 年 X 月 XX 日"形式，步骤如下。

（1）选定要改变日期格式的单元格。

（2）在选定区域单击右键，在弹出的快捷菜单中选择"设置单元格格式"，打开"设置单元格格式"对话框。

（3）在"设置单元格格式"对话框中，单击"数字"选项卡，选择"日期"分类，在"示例"中选择第 6 种日期类型。如图 4-14 所示。

（4）单击"确定"按钮。

在"数字"选项卡中还有其他 11 个分类，利用这些分类还可设置货币样式、百分比和文本格式等。

2）设置对齐方式

在"对齐"选项卡中，可设置数据在单元格中水平和垂直方向的对齐方式，还可调整数据的倾斜方向、角度。如图 4-15 所示。

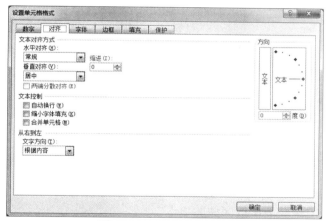

图4-15　"对齐"选项卡

"文本控制"区域列出如下 3 个功能选项。

"自动换行"功能：可完成多个字符在一个单元格中的自动换行。

"缩小字体填充"功能：可使单元格数据显示的大小与列宽保持一致。

"合并单元格"功能：可将几个单元格合并成一个单元格。通常使用这个功能来完成标题单元格的合并操作。"格式"工具栏中有"合并及居中▩"按钮，此按钮功能除了可将单元格合并外，还可将合并后的单元格文字水平居中。

例如，将工作表的标题在 A1:H1 区域相对于整个表格居中，操作方法如下。

（1）选定标题行表格的宽度单元格区域 A1:H1。

（2）单击"开始"选项卡"对齐方式"组中的"合并及居中"按钮。

3）设置字体格式

字体、字号、字形等格式的设置方法与 Word 中的操作类似，在此不再叙述。但要注意 Excel 中的默认字号是 11 磅，并且字号形式只有数字一种形式。

4) 设置边框线

单元格之间存在的分隔线称为网格线，网格线不是实际表格线，主要是为了区分单元格。添加边框线，是为工作表添加实际表格线，在打印时可被打印出来。

例如，为工作表中的单元格区域 A2:H8 设置边框线，内线为细实线，外线为粗实线，操作方法如下。

(1) 选定要设置边框线的单元格区域 A2:H8。

(2) 在选定区域单击右键，在弹出的快捷菜单中选择"设置单元格格式"命令，打开"设置单元格格式"对话框。

(3) 在"设置单元格格式"对话框中，单击"边框"选项卡，如图 4-16 所示。从中选择要设置的边框线类型。

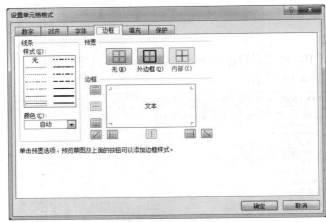

图4-16 "边框"选项卡

(4) 单击"确定"按钮。

"边框"选项卡中有 8 个边框按钮，13 种线条样式。其中预置栏中的 3 个边框按钮功能如下。

"无"按钮：用来取消所选区域的边框。

"外边框"按钮：为所选区域加外围边框线。

"内部"按钮：为所选区域加内部边框线。

(5) 设置图案格式。

可为所选择的单元格设置背景颜色，还可设置单元格图案颜色和样式。

例如，为工作表的标题单元格设置背景填充颜色为"黄色"的操作步骤如下。

(1) 选定表格的标题所在单元格。

(2) 在选定区域单击右键，在弹出的快捷菜单中选择"设置单元格格式"命令，打开"设置单元格格式"对话框。

(3) 在"设置单元格格式"对话框中，单击"填充"选项卡，如图 4-17 所示，从中选择背景色为"黄色"。

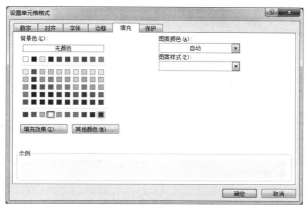

图4-17　"填充"选项卡

(4) 单击"确定"按钮。

2. 设置行高和列宽

在 Excel 中，工作表中单元格的行高和列宽是系统默认的，可根据实际需要调整行高和列宽。

(1) 要调整列宽，操作方法有以下四种：

① 鼠标拖动列标的右边界线来设置所需的列宽。

② 鼠标双击列标的右边界线，使列宽适合单元格中的内容(即与单元格中内容的宽度一致)。

③ 单击"开始"选项卡"单元格"组中"格式"下拉列表中的"列宽"命令。

④ 复制列宽。如果要将某一列的列宽复制到另一列，则需要选定该列，单击"开始"选项卡的"剪贴板"组中的"复制"按钮，然后选定目标列，单击鼠标右键，在弹出的快捷菜单中选择"粘贴"下拉列表中的"选择性粘贴"命令，在打开的"选择性粘贴"对话框中选择"列宽"选项，确定即可。

(2) 调整行高。

调整行高的方法与调整列宽的方法相似，在此不再介绍。

注意：

不能用复制列宽的方法来调整行高。

3. 自动套用格式

自动套用格式是 Excel 提前设置好的表格样式，用户可从中选择所需样式应用到单元格区域中，可自动实现字体大小、填充图案和对齐方式等格式集合的应用，以帮助用户快速格式化表格。

1) 指定单元格样式

单元格样式的作用范围仅限于被选中的单元格区域，未被选中的单元格不会应用单元格样式。

(1) 添加单元格样式。

操作方法如下。

① 选中准备应用单元格样式的单元格。

② 单击"开始"选项卡"样式"组中的"单元格样式"按钮，打开预置样式列表，如图 4-18 所示。

177

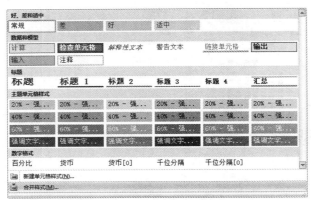

图4-18 预置样式列表

③ 在单元格样式列表中选择合适的样式即可。

如果需要自定义样式，可单击列表下方的"新建单元格样式"命令，建立新的样式。

(2) 清除单元格样式。

单击"开始"选项卡"编辑"组中"清除"下拉列表中的"清除格式"命令。

2) 套用表格格式

套用表格格式将格式集合应用于整个数据区域，Excel 2010预设了浅色、中等深浅、深色三种类型的60种表格样式，用户可从中选择所需样式应用于单元格区域。

(1) 设置套用表格格式

例如，给单元格区域A2:H8添加套用表格格式中的"表样式中等深浅3"样式的步骤如下。

① 单击"开始"选项卡"样式"组中"套用表格格式"下拉列表中的"表样式中等深浅3"样式，如图4-19所示。

② 弹出"套用表格式"对话框，如图4-20所示。选择表数据的来源A2:H8，选中"表包含标题"复选框。

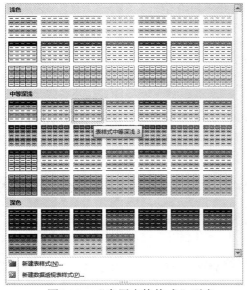

图4-19 "套用表格格式"列表

图4-20 "套用表格式"对话框

③ 单击"确定"按钮。

(2) 删除套用表格格式。

首先将光标定位在已套用表格格式的单元格区域中，单击"设计"选项卡"表格样式"组中的"其他"箭头，打开样式列表，单击最下方的"清除"命令即可。

4．条件格式

条件格式是将满足一定条件的单元格数据突出显示，为满足条件的单元格数据设置格式。

如果单元格数据不符合条件，则暂停显示格式；若单元格数据发生变化，则会根据变化后的情况重新显示。用户可实施和管理多个条件格式规则，条件格式主要包括五种默认规则：

- **突出显示单元格规则**。根据一定条件来设置单元格格式。
- **项目选取规则**。根据数值大小指定选择的单元格。
- **数据条**。根据数据条的长短代表单元格数据大小。
- **色阶**。用双色或三色以及颜色的深浅来表示数值大小。
- **图标集**。用不同图标来表示数值的大小。

1) 添加条件格式

例如，将工作表 D3:H8 区域中大于 90 分的分数用红色字体表示，其余的分数正常显示：

(1) 选择单元格区域 D3:H8。

(2) 单击"开始"选项卡"样式"组中"条件格式"下拉列表中的"突出显示单元格规则"选项，如图 4-21 所示。

图4-21　　"条件格式"下拉列表

(3) 在下拉列表中选择"大于"，在弹出的对话框中，输入数值 90，然后单击"格式"按钮，从"格式"对话框中选择颜色为"红色文本"，这样选定区域中大于 90 分的分数显示为红色。

2) 清除条件格式

(1) 选择要删除条件格式的区域。

(2) 单击"开始"选项卡"样式"组中"条件格式"下拉列表中的"清除规则"命令，从级联菜单中选择"清除所选单元格的规则"或"清除整个工作表的规则"。

4.4　公式和函数的使用

公式和函数是 Excel 的主要功能，充分体现了电子表格在计算方面的优势。Excel 提供各种计算的功能，用户可根据实际需要构造公式。函数部分包含一些常见函数，用于数学、文本和逻辑等方面的计算。

例如，对"班级成绩表.xlsx"进行相关数据的计算分析，完成后的效果如图 4-22 所示。

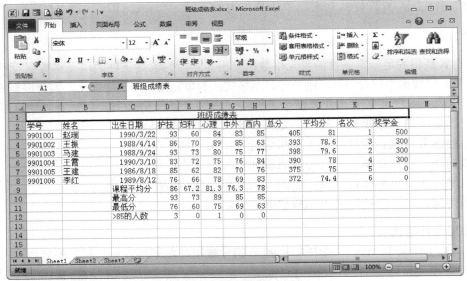

图4-22 公式和函数案例

本例对总分、平均分、名次以及课程的平均分、最高分、最低分和高于 85 分的人数进行统计，工作表的数据计算主要有两种方法：公式和函数，下面分别从这两个角度进行讲解。

4.4.1 公式的使用

1. 公式的组成

公式由三部分组成，包括=、运算符和表达式，在 Excel 中，必须使用英文状态下的符号。

(1) =是公式必不可少的部分，如果没有等号，公式就不能进行计算，而成为单元格的内容填充到单元格中。

(2) 运算符：运算符用来连接数据，可分为四种类型，如表 4-1 所示。

表4-1 运算符分类

运算符分类和符号		功　　能	举　　例
算术运算符	—	负号	-3，-B2
	%	百分数	5%
	∧	乘方	5^3(5的3次方)
	*，/	乘、除	5*3，5/3
	+，-	加、减	5+3，5-3
文本运算符	&	用来连接文本数据以产生组合文本	"中国" & "长城" 结果为 "中国长城"

(续表)

运算符分类和符号		功　能	举　例
比较运算符	=, <>	对两个数据进行比较，结果显示为 TRUE 或 FALSE	5=3 的值为 FALSE，5<>3 的值为 TRUE
	>, >=		5>3 的值为 TRUE，5>=3 的值为 TRUE
	<, <=		5<3 的值为 FALSE，5<=3 的值为 FALSE
引用运算符	:	表示一个连续区域	A1:C8，表示从 A1 到 C8 的连续区域
	,	表示多个单元格区域的合并	A1:C3, A2:C8，结果显示为这两块区域的合并区域 A1:C8
	空格	表示多个区域共有的部分	A1:C3 A2:C8，结果为这两块区域的共有部分 A2:C3

运算符级别由高到低的顺序为：引用运算符、算术运算符、文本运算符、比较运算符。如果遇到括号，需要先计算括号里面的，如果遇到同一级别的，按顺序从左向右计算。

其中算术运算符的顺序为：%、∧、(*、/)、(+、-)，括号里的表示同一级。

(3) 表达式是由常量、单元格地址、函数及括号等连接起来的，不能包括空格。

2. 公式的输入

输入公式时，首先用鼠标选择要输入公式的单元格，接着输入等号，再输入公式内容，全部内容输入结束后按 Enter 键。例如，计算第一个同学的总分，在 I3 单元格中，输入公式 =D3+E3+F3+G3+H3，如图 4-23 所示。

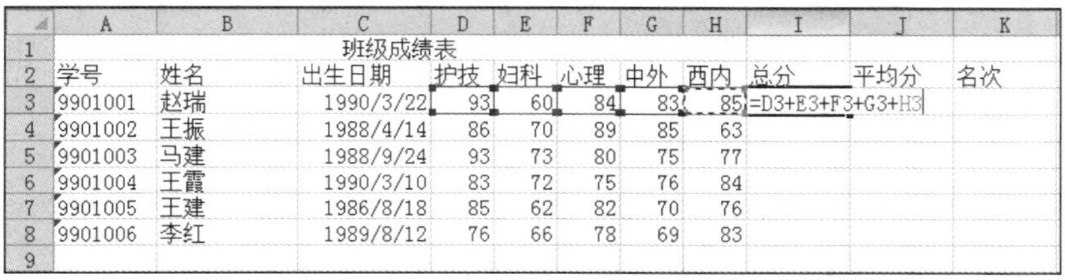

图4-23　输入计算公式

公式输入过程要在英文半角状态下输入，另外单元格中的数据最好用单元格地址表示，以便引用公式。要继续计算班级其他同学的总分，可将刚才填写的公式，利用自动填充功能复制到其余单元格中，这样就可将其余人员的分数计算出来，如图 4-24 所示。

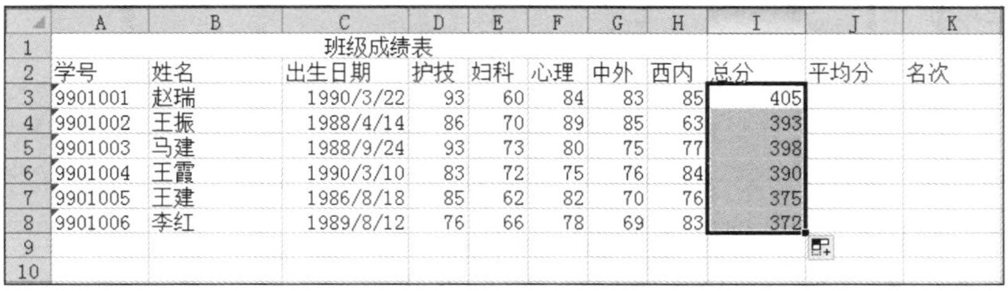

图4-24　公式自动填充

181

3. 公式的修改

如果需要修改公式，可直接双击该单元格，进入单元格中进行修改，修改结束后确认；也可以先单击公式所在的单元格，然后在编辑栏中进行增、删和改等编辑操作。

4.4.2 地址的引用

公式的灵活使用是通过单元格引用来实现的。单元格的引用指公式所使用的单元格地址与公式关联在一起，公式可自动调用单元格的值进行运算。

1. 相对引用

相对引用指公式中的地址随着公式所在位置的变化而发生变化。

如图 4-23 中，在单元格 I3 中输入公式=D3+E3+F3+G3+H3，当将这个公式复制到单元格 I8 中时，I8 的公式会自动变成"=D8+E8+F8+G8+H8"。这是因为公式在复制过程其位置由第三行变成第八行，行数相对变化了 5 行，而公式列的位置并未变化，因此公式中的地址只有行号由 3 变为 8，而列标保持不变。

2. 绝对引用

绝对引用指公式中的地址不随着公式所在位置而变化。在使用绝对引用时，必须在该公式中的每一个行号和列标前面加"$"，这样该公式被复制到任何位置，该公式中的地址均不会发生变化。

例如，将 I3 中的公式变为=$D$3+$E$3+$F$3+$G$3+$H$3，当把这个公式复制到 I8 单元格，虽然位置由第 3 行变成第 8 行，行数相对变化了 5 行，但由于地址被绝对引用，因此 I8 中的公式仍然是=$D$3+$E$3+$F$3+$G$3+$H$3，如图 4-25 所示。

	A	B	C	D	E	F	G	H	I	J	K
1			班级成绩表								
2	学号	姓名	出生日期	护技	妇科	心理	中外	西内	总分	平均分	名次
3	9901001	赵瑞	1990/3/22	93	60	84	83	85	405		
4	9901002	王振	1988/4/14	86	70	89	85	63	405		
5	9901003	马建	1988/9/24	93	73	80	75	77	405		
6	9901004	王霞	1990/3/10	83	72	75	76	84	405		
7	9901005	王建	1986/8/18	85	62	82	70	76	405		
8	9901006	李红	1989/8/12	76	66	78	69	83	=$D$3+$E$3+$F$3+$G$3+$H$3		
9											

图4-25　绝对地址引用

3. 混合地址引用

指公式中的地址有一部分是相对引用，而另一部分地址是绝对引用。

例如，将 I3 中的公式变为=$D$3+$E$3+$F$3+G3+H3，当把这个公式复制到 I8 单元格的时候，公式将变为"=$D$3+$E$3+$F$3+G8+H8"，这是因为在 D3、E3、F3 的行号列标前面都加了绝对引用符号$，这样表示行号列标地址在复制的过程中不发生变化，而 G3、H3 的行号列标地址前面没有加$，所以行号列标地址会根据行列位置的变化而变化，如图 4-26 所示。

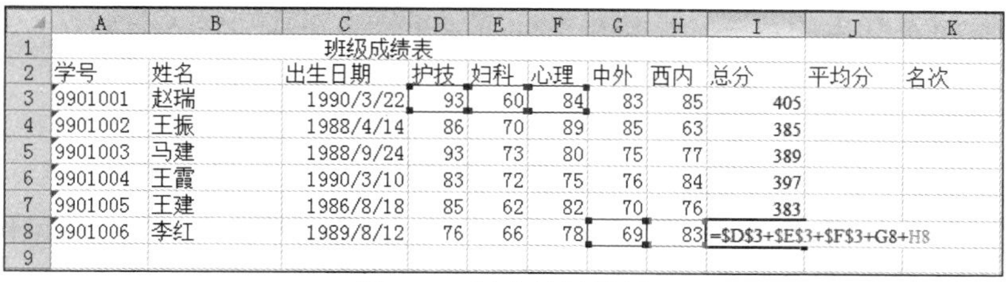

图4-26　混合地址引用

4. 三维地址引用

在 Excel 中，有时引用的数据不在同一工作表中，甚至在不同工作簿中，这时地址引用的格式为：[工作簿名]工作表名!单元格引用。

例如，在工作簿 Book1 中引用工作簿 Book2 的 Sheet1 工作表中第 5 行第 6 列的单元格，可表示为：[Book2]Sheet1!F5。

4.4.3　函数的使用

函数是预设好的公式，Excel 函数包括财务、日期与时间、数学与三角、统计、查找与引用、数据库、文本、逻辑和信息等函数。

1. 函数的结构

函数名([参数 1],[参数 2],…)。

函数以函数名开头，函数名不区分大小写；其后的括号是必需的，不能省略；括号中的参数有 0 个到多个，参数之间通过逗号(英文半角)来分隔。

2. 函数的使用

要输入函数，可通过键盘直接输入、"函数库"组插入函数、编辑栏的"插入函数"按钮和编辑栏的"名称框"选择函数等方式完成。下面介绍前两种方法的使用。

1) 键盘直接输入函数

键盘直接输入函数的方法与公式输入相似，例如，计算第一个同学的总分，可直接输入函数 =SUM(D3:H3)，如图 4-27 所示，输入结束后按 Enter 键。

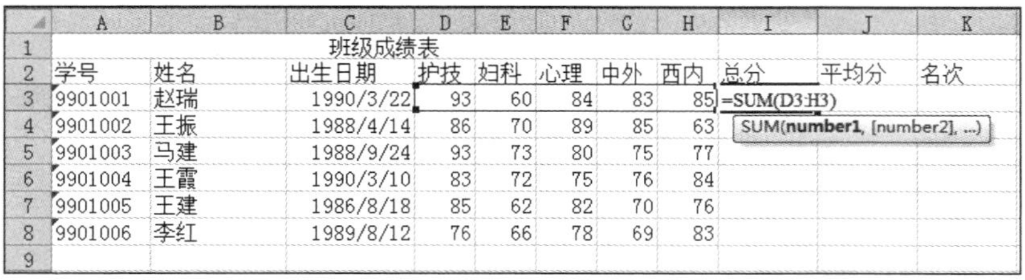

图4-27　直接输入函数

2) 通过"公式"选项卡的"函数库"组插入函数

单击"公式"选项卡的"函数库"组中所需函数类别的按钮，在下拉列表中选择相应函数，然后在弹出的"函数参数"对话框中设置函数参数。

例如，计算每个学生的总分的操作步骤如下。

(1) 单击选定单元格 I3。

(2) 单击"公式"选项卡"函数库"组中的"插入函数"按钮(也可单击"自动求和Σ"按钮或单击"数学和三角函数"按钮)，打开"插入函数"对话框，如图 4-28 所示。

(3) 从"选择函数"列表中选择 SUM 函数，打开"函数参数"对话框，然后在"函数参数"对话框中输入或选择计算的单元格区域 D3:H3，如图 4-29 所示。

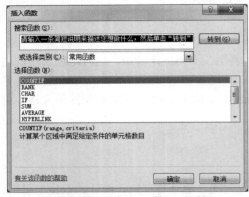
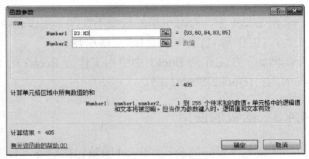

图4-28 "插入函数"对话框　　　　　图4-29 "函数参数"对话框

(4) 单击"确定"按钮。

3. 函数应用实例

1) "自动求和"按钮的使用

"函数库"组中的"自动求和Σ"按钮等价于 SUM 函数。打开"自动求和"按钮旁的下拉列表，可选择 Excel 的常用函数，如求和、平均值、最大值、最小值等。

例如，计算"班级成绩表.xlsx"中每个学生的平均分，具体操作步骤如下。

(1) 单击选定单元格 J3。

(2) 单击"公式"选项卡"函数库"组中"自动求和Σ"下拉列表的"平均值"命令，这时可在单元格中自动添加 AVERAGE 函数，并自动选择计算区域 D3:I3，用鼠标重新选择计算区域 D3:H3，如图 4-30 所示，按 Enter 键可得到平均值 81。

	A	B	C	D	E	F	G	H	I	J	K	L	M
1			班级成绩表										
2	学号	姓名	出生日期	护技	妇科	心理	中外	西内	总分	平均分	名次		
3	9901001	赵瑞	1990/3/22	93	60	84	83	85	405	=AVERAGE(D3:H3)			
4	9901002	王振	1988/4/14	86	70	89	85	63	393	AVERAGE(number1, [number2], ...)			
5	9901003	马建	1988/9/24	93	73	80	75	77	398				
6	9901004	王霞	1990/3/10	83	72	75	76	84	390				
7	9901005	王建	1986/8/18	85	62	82	70	76	375				
8	9901006	李红	1989/8/12	76	66	78	69	83	372				
9													

图 4-30 平均值函数

(3) 单击单元格 J3，鼠标指向其填充柄，当鼠标变成实心+时，按住鼠标左键向下拖至 J8 单元格，就可计算出其他人的平均分。

2) RANK函数的使用

功能：返回一个数值在一组数值中的排位。

语法：RANK(Number, Ref, Order)

Number：为需要找到排位的数字。

Ref：为数字列表数组或对数字列表的引用。Ref 中的非数值型参数将被忽略。

Order：Order 是数字，指明排位方式，如果 Order 为 0 或省略，Microsoft Excel 对数字的排位基于 Ref 降序排列的列表，否则为升序。

例如，按总分计算"班级成绩表.xlsx"中每个学生名次的操作步骤如下。

(1) 单击选定单元格 K3。

(2) 单击"公式"选项卡"函数库"组中的"插入函数"按钮，在"插入函数"对话框中选择类别为"全部"，从列表中选择 RANK，单击"确定"按钮，打开"函数参数"对话框。

(3) 在"函数参数"对话框中，单击 Number 参数框，输入 I3，在 Ref 参数框中选择区域 I3:I8，然后将其修改为\$I\$3:\$I\$8，如图 4-31 所示。

图4-31　RANK函数参数的设置

(4) 单击"确定"按钮，计算出第一个人的名次后，继续向下拖动填充柄向下复制填充，就可得到其他学生的名次。

3) IF函数的使用

功能：根据 Logical_test 的值为真或假来显示不同计算结果。IF 函数可嵌套使用，最多可嵌套 7 层。

语法：IF(Logical_test,Value_if_true,Value_if_false)

Logical_test：表示计算结果为 TRUE 或 FALSE 的任意值或表达式。

Value_if_true：Logical_test 为 TRUE 时返回的值。

Value_if_false：Logical_test 为 FALSE 时返回的值。

例如，在 L 列，按总分计算"班级成绩表.xlsx"中每个学生的奖学金。

奖学金评定标准为：

● 总分高于400分的同学，奖学金为500元。

● 总分在390~400之间的同学，奖学金为300元，其余为0元。

本例中，IF 函数需要嵌套使用，需要将"总分在 390~400 之间的同学，奖学金为 300 元，其余为 0 元。"这个条件嵌套在第一个条件的 Value_if_false 参数框中。

操作方法如下。

(1) 单击选定单元格 L3。

(2) 单击"公式"选项卡"函数库"组中"逻辑"类别下拉列表中的"IF"。

(3) 在"函数参数"对话框的 Logical_test 参数框中输入 I3>400；在 Value_if_true 参数框中输入 500，在 Value_if_false 参数框中输入 IF(I3>=390,300,0)，最后单击"确定"按钮。如图 4-32 所示。

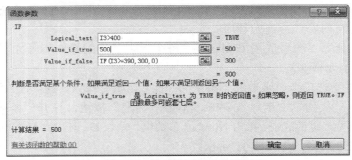

图4-32 "函数参数"对话框

(4) 单击选择 L3 单元格，鼠标指向其填充柄，当鼠标变成实心+时，按住鼠标左键向下拖动至 L8 单元格，就可计算出其他同学的奖学金。

4. 常用函数

Excel 中有很多常用函数，下面介绍其中一些常用函数的格式和功能。

1) AVERAGE函数

功能：计算参数的算术平均值。

语法：AVERAGE(Number1,Number2,…)

Number1,Number2,…：需要计算平均值的 1 到 255 个参数。参数可以是数字，或是包含数字的名称、数组或引用。

如果数组或引用参数包含文本、逻辑值或空白单元格，则这些值将被忽略。

2) COUNT函数

功能：统计各个参数中含有数值型数据的个数，如果填入的是文字、逻辑值或空白，将不会计算在内。

语法：COUNT(Value1,Value2,…)

Value1,Value2,…：为包含或引用各种类型数据的参数(1~255 个)，但只有数字类型的数据才会被统计。

函数 COUNT 在计数时，将把数字、日期或文本型的数字计算在内，但错误值或其他无法转换成数字的文字将被忽略。

如果参数是一个数组或引用，那么只统计数组或引用中的数字，数组或引用中的空白单元格、逻辑值、文字或错误值都将被忽略。

3) MAX函数、MIN函数

功能：计算参数中的最大值、最小值。

语法：MAX(Number1,Number2,…)；MIN(Number1,Number2,…)

Number1,Number2,…：是要从中找出最大值的 1~255 个数字参数。

可将参数指定为数字、空白单元格、逻辑值或数字的文本表达式。如果参数为错误值或不能转换成数字的文本，将产生错误；如果参数为数组或引用，则只有数组或引用中的数字被计算，数组或引用中的空白单元格、逻辑值或文本将被忽略；如果参数不包含数字，函数 MAX 返回 0。

4) SUMIF函数

功能：根据指定条件对若干单元格求和。

语法：SUMIF(Range,Criteria,Sum_range)

Range：用于条件判断的单元格区域。

Criteria：确定求和条件，其形式可为数字、表达式或文本。

Sum_range：是需要求和的实际单元格。

5) COUNTIF函数

功能：统计满足给定条件的单元格个数。

语法：COUNTIF(Range,Criteria)

Range：单元格区域。

Criteria：确定哪些单元格将被计算在内的条件，其形式可为数字、表达式、单元格引用或文本。

6) MOD函数

功能：求被除数 Number 除以除数 Divisor 的余数值，函数值符号与除数相同。

语法：MOD(Number,Divisor)

Number：要计算余数的被除数。

Divisor：要计算余数的除数。

例如：

(1) MOD(15,-4)的值为-1。

(2) MOD(-15,4)的值为 1。

7) INT函数

功能：将数字向下舍入到最接近的整数。

语法：INT(Number)

Number：需要进行向下舍入取整的实数。

例如：

(1) INT(8.9)将 8.9 向下舍入到最接近的整数，结果为 8。

(2) INT(8.9)将-8.9 向下舍入到最接近的整数，结果为-9。

8) ROUND函数

功能：ROUND 函数将数字四舍五入到指定的位数。

语法：ROUND(Number,Num_digits)

Number：要四舍五入的数字。

Num_digits：要进行四舍五入运算的位数。

例如：

(1) ROUND(2.149,1)将 2.149 四舍五入到一个小数位，结果为 2.1。

(2) ROUND(-1.475,2)将-1.475 四舍五入到两个小数位，结果为-1.48。

9) LEFT函数、RIGHT函数

功能：LEFT 函数是从文本字符串的第一个字符开始返回指定个数的字符。

RIGHT 函数式根据所指定的字符数返回文本字符串中最后一个或多个字符。

语法：LEFT(Text,[Num_chars])；RIGHT(Text,[Num_chars])

Text：文本字符串。

Num_chars：可选，提取的字符数量。如果省略 Num_chars，则假定其值为 1。

例如：

(1) LEFT("abcd"，2)，结果为"ab"。

(2) RIGHT("abcd")，结果为"d"。

10) MID函数

功能：返回文本字符串中从指定位置开始的特定数目的字符，该数目由用户指定。

语法：MID(Text,Start_num,Num_chars)

Text：文本字符串。

Start_num：提取的第一个字符的位置。

Num_chars：提取的字符个数。

例如：

MID("abcdef",3,2)，结果为"cd"。

11) HLOOKUP函数

功能：在单元格区域的首行查找指定数值，并返回同列中指定行的单元格值。

语法：HLOOKUP(Lookup_value, Table_array,Row_index_num,[Range_lookup])

Lookup_value：需要在表的第一行中查找的数值。

Table_array：需要在其中查找数据的信息表。

Row_index_num：待返回的匹配值的行号。

Range_lookup：可选，如果为 TRUE 或省略，则返回近似匹配值，如果为 FALSE，将查找精确匹配值。

例如：

在图 4-22 的表中，使用以下函数：

HLOOKUP("心理",A2:H8,3,FALSE)，结果为 89。

12) VLOOKUP函数

功能：在单元格区域的首列查找指定数值，然后返回同行中指定列的单元格值。

语法：VLOOKUP(Lookup_value,Table_array,Col_index_num,[Range_lookup])

Lookup_value：需要在表的第一列中进行查找的数值。

Table_array：需要在其中查找数据的信息表。

Col_index_num：待返回的匹配值的列序号。

Range_lookup：可选，如果为 TRUE 或省略，则返回近似匹配值，如果为 FALSE，将查找精确匹配值。

例如：

在图 4-22 中，使用以下函数：

=VLOOKUP("王振",B2:I9,4,FALSE)，结果为 70。

5. 错误信息

在单元格中输入或编辑公式、函数后，有时会出现一些错误信息。表 4-2 列出几种常见的错误信息及解决方法。

表4-2　错误信息及解决方法

错误信息	原因	解决方法
#####	公式产生的结果太长，单元格容纳不下；或者是单元格的日期、时间格式产生了一个负值	增加单元格宽度至容纳全部数据
#DIV/0!	公式出现被0除	修改公式中的除数
#N/A	函数或公式中没有可用数值	在工作表中添入有效数据
#NAME?	在公式中使用了不能识别的文本	检查拼写和语法错误
#NULL!	为两个不相交的区域指定交叉点	更改区域引用符号为逗号
#NUM!	公式或函数中的数值超出了最大值或最小值范围	更改数值的大小，使其在规定范围内
#REF!	单元格引用无效	更改地址引用
#VALUE!	使用错误的参数或运算对象类型，或自动更正公式功能不能更正公式	修改数据

4.5　工作表的数据分析

Excel 中的数据分析与数据库的数据处理类似，它提供了数据的排序、筛选和分类汇总等功能。在工作表中输入基础数据后，可对大量无序的原始数据资料进行深入处理和分析，从中获取更丰富实用的信息。

4.5.1　数据清单

数据清单是具有二维表性质的电子表格，可像数据库一样使用，数据清单中的列对应数据库中的字段，行对应数据库中的记录。

创建数据清单的准则如下：

(1) 一个数据清单最好占用一个工作表。

(2) 数据清单是一片连续的数据区域，不允许出现空行和空列。

(3) 每一列包含相同类型的数据。

(4) 要在数据清单第一行中创建列标题。列标题最好使用与数据清单中数据不同的格式。

(5) 使清单独立，工作表的数据清单与其他数据间至少应留出一个空列和一个空行。在执行排序、筛选或自动汇总等操作时，这将有利于 Excel 检测和选定数据清单。

(6) 不要在单元格的数据前面或后面输入空格，单元格开头和末尾的多余空格会影响排序与搜索操作。

4.5.2　数据的排序

例如，对"学院工资表.xlsx"中的数据清单按照部门的降序、基本工资的升序排序，效果如图 4-33 所示。

图4-33　数据排序案例

案例分析：在 Excel 中，对工作表的数据进行排序时，首先要确定排序的关键字顺序，其次要确定排序方式。数据的排序，可按行进行，也可按列进行，下面以按列排序为例介绍排序的步骤和注意事项。按列排序是指按照表格中某一列或某几列值的大小进行排序，排序的列称为关键字，如果按照多个关键字排序，一定要分清主要关键字、次要关键字……，否则排序结果会出现错误。

1. 单关键字排序

单关键字排序是指按一个字段的大小排序，操作方法有以下三种。

方法1。单击"数据"选项卡"排序和筛选"组中的"升序 ▲↓"或"降序 ▲↓"按钮。

方法2。选择关键字段所在列的任意一个单元格，右击，在弹出的快捷菜单中选择"排序"，再选择级联菜单中的"升序"或"降序"命令。

方法3。单击"开始"选项卡的"编辑"组中"排序和筛选"下拉列表中的"升序"或"降序"。

例如，对"学院工资表.xlsx"中的数据清单按照"实发工资"进行降序排序：

(1) 选择数据清单中"实发工资"列的任意一个单元格。

(2) 单击"数据"选项卡"排序和筛选"组中的"降序 ▲↓"按钮，这样就可按实发工资降序排序，排序后的结果如图 4-34 所示。

图4-34　单关键字排序结果

2. 多关键字排序

按照多关键字排序，就依据多列的数据规则对数据表进行排序，Excel 2010 最多可设置 64 个关键字。排序时，首先排列主要关键字列中的数据，如果该列中有相同的数据，则再按次要关键字排序，如果第二关键字也相同，则按第三关键字排序，依此类推。

例如，对"学院工资表.xlsx"中的数据清单按照部门和基本工资两个关键字排序：

(1) 选择数据清单中的任意一个单元格。

(2) 单击"数据"选项卡"排序和筛选"组中的"排序"按钮，打开"排序"对话框，如图 4-35 所示。

图4-35　"排序"对话框

(3) 设置主要关键字为"部门"，次序为"降序"；单击"添加条件"按钮，增加"次要关键字"，设置次要关键字为"基本工资"，次序为"升序"。

(4) 单击"确定"按钮完成。

3. 排序选项

单击"排序"对话框中的"选项"按钮，打开"排序选项"对话框，如图 4-36 所示。默认情况下，排序的条件都按列进行，但如果表格的数值是按行进行分布的，在进行数据的排序时，可将排序方向改为"按行排序"，在该对话框中可选择排序时是否区分大小写、排序方向、汉字排序方法。

图4-36　"排序选项"对话框

4. 排序依据

在 Excel 中，不仅可按数值排序，而且可按单元格的颜色、字体颜色、图标进行排序，在图 4-35 所示的"排序"对话框中，单击"排序依据"下拉按钮，在弹出的下拉菜单中进行相应的选择，然后执行排序操作即可。

4.5.3　数据的筛选

通过筛选功能，可快速从数据列表查找符合条件的数据或排除不符合条件的数据。筛选条件可以是数值或文本，可以是单元格颜色，还可以根据需要构建复杂条件，实现高级筛选。数据列表中的数据经过筛选后，将仅显示那些满足指定条件的行，并隐藏那些不满足条件的行。

例如，对"学院工资表.xlsx"的数据清单进行筛选，筛选"薪级工资"大于 300 且小于 350 的人员，效果如图 4-37 所示。

▲	A	B	C	D	E	F	G	H	I	J
1				工资明细表						
2	序号	姓名	性	部门	基本工资	薪级工资	补贴	房贴	实发工资	
5	9901003	马建	男	总务	960	320	380	179	1839	
7	9901005	王建	女	基础部	645	310	270	93	1318	
9										
10										

图4-37　自动筛选结果

案例分析：在 Excel 中，对工作表进行数据筛选时，首先要确定有几个字段要进行筛选，其次要确定筛选条件之间的关系，下面讲解筛选的步骤和注意事项。

数据经过筛选后并不打乱原来各自的顺序，还保留原来各自的行号，Excel 中提供了两种筛选方法：自动筛选和高级筛选。

1. 自动筛选

自动筛选时要求列与列之间的条件关系必须为"与"关系(同一列的条件关系可为"与"关系或者"或"关系)，否则必须用高级筛选。本案例中的操作方法如下。

(1) 选定数据清单的任意一个单元格。

(2) 单击"数据"选项卡"排序和筛选"组中的"筛选"按钮，这时每个字段名右侧会出现一个下拉箭头。

(3) 单击"薪级工资"列的下拉箭头，选择"数字筛选"菜单的"自定义筛选"选项，打开"自定义自动筛选方式"对话框，如图 4-38 所示，选择条件"大于"，输入数值 300，再选择条件"小于"，输入数值 350，条件关系选择"与"。

图4-38　自定义自动筛选方式

(4) 单击"确定"按钮，筛选后的结果如图 4-37 所示。

2. 取消自动筛选

如果要取消所有列的筛选结果，则单击"数据"选项卡中"排序和筛选"组中的"清除"按钮。

如果只取消某一列的自动筛选结果，则可单击该列的下拉箭头，然后选择其中的"从 XX 中清除筛选"命令。

如果要取消自动筛选功能，则单击"数据"选项卡的"排序和筛选"组中的"筛选"按钮。

3. 高级筛选

自动筛选时，操作对象每次只能是一列，如果同时对两列以上的数据进行筛选，用自动筛选需要分成几次完成，而用高级筛选可以一次完成。

例如，筛选"学院工资表.xlsx"中"基本工资"小于 1000 并且"补贴"高于 300 的人员的步骤如下。

(1) 构造筛选条件，由于两个条件之间是"与"关系，所以两个条件要放在同一行上，如图 4-39 所示。

序号	姓名	性别	部门	基本工资	薪级工资	补贴	房贴	实发工资
9901001	赵三	男	总务	1420	350	474	273	2517
9901002	王振	男	机关	645	240	261	85	1231
9901003	马建	男	总务	960	320	380	179	1839
9901004	王霞	女	机关	645	300	267	83	1295
9901005	王建	女	基础部	645	310	270	93	1318
9901007	晓敏	女	基础部	645	295	292	65	1297
				基本工资		补贴		
				<1000		>300		

图4-39　两个条件放在同一行上

(2) 单击"数据"选项卡"排序和筛选"组中的"高级"按钮，打开"高级筛选"对话框，如图 4-40 所示。

图4-40　"高级筛选"对话框

(3) 在"高级筛选"对话框中，系统自动给出操作的数据区域 Sheet1!\$A\$2:\$I\$8，选择条件区域 Sheet1!\$E\$10:\$G\$11。

(4) 单击"确定"按钮，即可出现筛选结果，如图 4-41 所示。

序号	姓名	性别	部门	基本工资	薪级工资	补贴	房贴	实发工资
9901003	马建	男	总务	960	320	380	179	1839
				基本工资		补贴		
				<1000		>300		

图4-41　高级筛选的"与"条件筛选结果

如果条件改为筛选"基本工资"大于 1000 或"补贴"高于 300 的人员，则筛选条件要重新设置。

(1) 构造筛选条件，由于两个条件之间是"或"关系，所以两个条件要放在不同的行上，如图 4-42 所示。

	A	B	C	D	E	F	G	H	I	J
1					工资明细表					
2	序号	姓名	性别	部门	基本工资	薪级工资	补贴	房贴	实发工资	
3	9901001	赵三	男	总务	1420	350	474	273	2517	
4	9901002	王振	男	机关	645	240	261	85	1231	
5	9901003	马建	男	总务	960	320	380	179	1839	
6	9901004	王霞	女	机关	645	300	267	83	1295	
7	9901005	王建	女	基础部	645	310	270	93	1318	
8	9901007	晓敏	女	基础部	645	295	292	65	1297	
9										
10					基本工资		补贴			
11					>1000					
12							>300			
13										

图4-42　"或者"条件窗口

(2) 单击"数据"选项卡的"排序和筛选"组中"高级"按钮，打开"高级筛选"对话框，如图 4-40 所示。

(3) 在对话框中，重新选择条件区域$E$10:$G$12。

(4) 单击"确定"按钮，即可出现筛选结果，如图 4-43 所示。

	A	B	C	D	E	F	G	H	I	J
1					工资明细表					
2	序号	姓名	性别	部门	基本工资	薪级工资	补贴	房贴	实发工资	
3	9901001	赵三	男	总务	1420	350	474	273	2517	
5	9901003	马建	男	总务	960	320	380	179	1839	
9										
10					基本工资		补贴			
11					>1000					
12							>300			
13										

图4-43　高级筛选的"或"条件筛选结果

对比以上两个示例，可以看出，在构造条件时，区分条件是"与"还是"或"是很重要的。如果是"与"关系，字段名放在同一行上，条件放在同一行上；如果是"或"关系，字段名放在同一行上，而条件则放在不同行上。

4.5.4　分类汇总

例如，对"学院工资表.xlsx"中的数据清单按照"部门"对所属人员的"基本工资"进行分类汇总，计算各个部门"基本工资"的平均值，效果如图 4-44 所示。

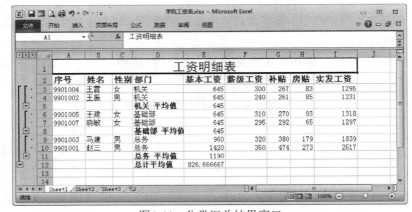

图4-44　分类汇总结果窗口

　　案例分析：在 Excel 中，对工作表进行数据分类汇总时，首先要确定分类的字段，然后确认汇总的字段名和方式，下面讲解分类汇总的步骤和注意事项。

1. 分类汇总

　　分类汇总是数据分析的常用方法，是将数据表中的同类数据进行统计处理，Excel 可对这些数据进行求和、平均值、最大值和最小值等多种计算，并将结果以"分类汇总"和"总计"形式显示出来。分类汇总前首先需要按分类的字段进行排序。

　　例如，对"学院工资表.xlsx"中的人员按照"部门"进行"基本工资"平均值的分类汇总：

　　(1) 首先按照分类字段"部门"进行升序排序。

　　(2) 单击"数据"选项卡"分级显示"组中的"分类汇总"按钮，打开"分类汇总"对话框，如图 4-45 所示。

图4-45　"分类汇总"对话框

　　(3) 在对话框中，选择"分类字段"为"部门"，选择"汇总方式"为"平均值"，"选定汇总项"为"基本工资"。

　　(4) 单击"确定"按钮。这样会出现各部门基本工资的平均值，如图 4-44 所示。

　　分类汇总结果的左侧有"摘要"按钮▬，每个"摘要"按钮所对应的就是一类数据所在的行，如果单击▬变成＋按钮，则隐藏摘要按钮所对应的详细数据，只显示汇总后的结果，反过来如果单击＋变成▬，则可以显示所对应的明细资料。

　　在汇总表的左上方有层次按钮 1 2 3，可用来控制显示或隐藏某一级别的明细数据，意义分别如下：

　　按钮 1：单击后只显示总的汇总结果，将所有明细数据隐藏。

　　按钮 2：单击后显示总的汇总结果和各个分类汇总结果，不显示明细数据。

　　按钮 3：单击后显示全部数据和各个分类汇总结果。

　　如果对数据清单同时进行多个分类汇总操作，则操作必须分成几次完成，如果保留每次分类汇总的结果，则在图 4-45 中取消选中"替换当前分类汇总"复选框。

2. 删除分类汇总

　　要删除分类汇总后的结果，操作方法如下。

　　(1) 选择已做分类汇总的数据清单，单击"数据"选项卡"分级显示"组中的"分类汇总"按钮。

　　(2) 在"分类汇总"对话框中，选择"全部删除"按钮。

(3) 单击"确定"按钮。

如果想清除分类汇总，回到数据清单的初始状态，可单击"数据"选项卡"分级显示"组中的"取消组合"按钮或"清除分级显示"按钮。

4.5.5 数据透视表和数据透视图

1. 数据透视表

数据透视表是用于快速汇总大量数据的交互式表格。用户可旋转其行或列以查看对原始资料的不同汇总，可通过显示不同的页来筛选数据，还可显示其明细数据。下面以"学院工资表.xlsx"的数据清单为例，说明数据透视表的建立过程，操作方法如下。

(1) 选定数据清单的任意一个单元格，单击"插入"选项卡"表格"组中的"数据透视表"按钮，打开"创建数据透视表"对话框。如图 4-46 所示。

(2) 在对话框中，重新设置"表/区域"区域为 Sheet1!$D$2:$E$8，在"选择放置数据透视表的位置"区域选中"新工作表"，单击"确定"按钮。

(3) 此时系统自动新建一个工作表，新工作表中显示了创建的数据透视表模型，显示了"数据透视表字段"任务窗格，如图 4-47 所示；还显示"数据透视表字段列表"工具栏。

图4-46 "创建数据透视表"对话框

图4-47 "数据透视表字段"任务窗格

(4) 在"数据透视表字段"任务窗格中，选中"部门"和"基本工资"复选框。将"Σ数值"修改为求平均值。

(5) 此时"数据透视表"的工作表中显示出创建的数据透视表效果，如图 4-48 所示。

图4-48 数据透视表结果

2. 编辑数据透视表

主要利用"数据透视表工具"来编辑数据透视表，操作方法如下。

(1) 先选择已建立的数据透视表。

(2) 此时会在选项卡右侧出现"数据透视表工具",同时增加了两个选项卡"分析"和"设计"。

(3) 利用这两个选项卡中的按钮,可套用数据透视表系统预定义的格式、显示或隐藏明细数据、更新数据和修改汇总方式及隐藏字段等。

3. 数据透视表的删除

用鼠标拖动选定整个透视表,单击"分析"选项卡"计算"组中"操作"下拉列表中的"清除"命令,选择级联菜单中的"全部清除"命令,即可删除数据透视表。

4.6　图表的建立和编辑

图表是将工作表中的数据用图形形式展示,这样比工作表表达起来更直观,图表以工作表数据为依据,工作表中的数据发生变化会反映到图表中。

例如,在"学院工资表.xlsx"中建立嵌入式图表,效果如图 4-49 所示。

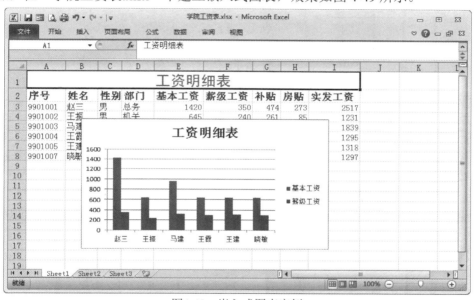

图4-49　嵌入式图表案例

案例分析:建立 Excel 图表,首先要确定建立图表的字段名和记录数,其次要确定图表的类型和图表选项,本案例中依据姓名、基本工资和薪级工资建立嵌入式图表,并设置图表标题、分类(X)轴标题等内容和格式。下面详细讲解建立本案例图表的步骤和注意事项。

1. 图表分类

Excel 中的图表分两种,一种是嵌入式图表,它和创建图表的数据源放置在同一张工作表中,打印数据源时也同时打印图表;另一种是独立图表,是一张独立的图表工作表,放置在另一张工作表中,打印时将与工作表分开打印。

2. 图表的组成

图表元素主要包括数据系列、图表标题、坐标轴、网格线、图例、数据标志、绘图区等图表元素，如图 4-50 所示。

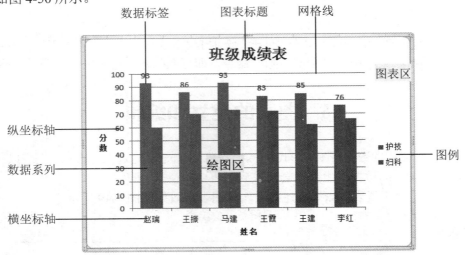

图4-50 图表元素

(1) 图表区：是图表的主要组成部分，图表的所有元素都放在图表区内。

(2) 绘图区：绘图区是图表的核心，主要包括数据系列、坐标轴、网格线、坐标轴标题和数据标签等。

(3) 图例：主要标识图表中各数据系列的代表意义，由图例项和图例项标示组成。

(4) 数据系列：数据系列对应工作表中的一行或者一列数据。一个图表中可包含一个或多个数据系列，每个数据系列都有唯一的颜色或图表形状，并与图例相对应。

(5) 坐标轴：坐标轴分为纵坐标轴和横坐标轴。横坐标轴一般表示时间或分类，纵坐标轴一般表示数据的大小。

(6) 图表标题、横坐标轴标题、纵坐标轴标题：这三种标题分别用于说明图表、坐标轴代表的意义。

(7) 数据标签：在数据系列上显示实际值。

(8) 网格线：为方便对比各数据点值而设置的水平参考线。

4.6.1 创建图表

Excel 2010 为用户提供了 11 类共 70 多种图表类型，创建图表的操作方法有以下三种：

方法 1。选项组法。

单击"插入"选项卡的"图表"组中要插入的图表类型按钮。

方法 2。对话框法。

单击"插入"选项卡"图表"组中右下角的启动器按钮，打开"插入图表"对话框，在其中选择需要的图表类型和样式，然后单击"确定"按钮。

方法 3。组合键法。

图表类型默认为簇状柱形图。选中创建图表的数据区域后，按下组合键 Alt+F1，即可快速创建基于默认图表类型的图表。

例如，在"学院工资表.xlsx"中，按照姓名、基本工资和薪级工资建立图表的步骤如下。

(1) 选择建立图表的姓名、基本工资和薪级工资单元格区域。

(2) 单击"插入"选项卡"图表"组右下角的启动器按钮，打开"插入图表"对话框，如图 4-51 所示，选择"柱形图"中的"簇状柱形图"图表。

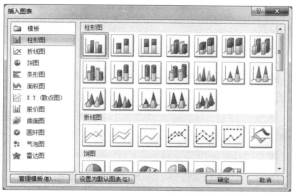

图4-51　"插入图表"对话框

(3) 单击"确定"按钮。效果如图 4-49 所示。

4.6.2　编辑图表

建立图表后，用户可根据需要对图表及其元素进行编辑操作。

1. 激活图表

如果要激活嵌入式图表，只需要单击它即可；如果需要激活图表工作表，则需单击工作簿底部标签栏上的图表标签。

2. 移动图表

操作方法如下。

(1) 选定图表。

(2) 将鼠标放在图表区域内。

(3) 按住鼠标左键拖动图表到合适位置，释放鼠标。

3. 改变图表大小

要改变图表的大小，操作方法有以下两种。

方法 1。先选定图表，将鼠标指针指向图表边框上 8 个控制点之一，当鼠标指针变成双箭头时，按住左键进行拖动，即可改变图表的大小。

方法 2。先选定图表，重新设置"图表工具|格式"选项卡"大小"组中的图表高度和宽度的值。

4. 更改图表类型

操作方法如下。

(1) 选定图表。

(2) 在选定区域单击右键，在弹出的快捷菜单中选择"图表类型"命令，打开"图表类型"对话框。

(3) 在"图表类型"对话框中，选择新的图表类型。

(4) 单击"确定"按钮。

5. 增加和删除数据系列

(1) 要增加数据系列，操作方法有以下两种。

方法 1。选定图表，此时工作表中的源数据区域将以蓝色边框显示，用鼠标指向蓝色边框右下角，拖动鼠标可增加数据区域。

方法 2。选定图表，单击"设计"选项卡"数据"组中的"选择数据"按钮，在弹出的对话框中，重新选择数据区域即可。

(2) 删除数据系列，操作方法有以下两种。

方法 1。选定图表，此时工作表中的源数据区域将以蓝色边框显示，用鼠标指向蓝色边框右下角，向左侧拖动鼠标，即可删除数据系列。

方法 2。选定图表，在图表中单击要删除的数据系列，按 Delete 键。

6. 更改图表位置

创建的图表默认的插入方式是嵌入式，与源工作表存放在一起。若要更改图表存放的位置，变成独立图表，可执行以下操作。

(1) 在图表区上单击右键，在弹出的快捷菜单中选择"移动图表"命令(或单击"设计"选项卡"位置"组中的"移动图表"按钮)，弹出"移动图表"对话框。如图 4-52 所示。

图4-52 "移动图表"对话框

(2) 在"移动图表"对话框中，选择对象的存放位置，单击"确定"按钮。

将独立图表改为嵌入式图表的操作方法与此类似，在此不做详述。

4.6.3 格式化图表

建立好图表后，还可对图表进行格式化操作，可根据需要对图表外观进行形状样式、填充效果、应用艺术字标题等格式化操作，以美化图表。例如，设置字体、字形、图案、对齐方式和字号等，操作方法有以下两种。

方法 1。选定图表，在"格式"选项卡中，先选择修改格式的内容，再选择"形状样式"组、

"艺术字样式"组、"排列"组和"大小"组中的不同选项即可完成。如图 4-53 所示。

图4-53　"图表工具|格式"选项卡

方法 2。鼠标双击(或右击)图表中的标题、图表区、图例和数据系列等部分,打开相应的对话框,就可以进行格式设置。例如图 4-54 所示的"设置图表区格式"对话框,可用于设置图表的填充颜色、边框线颜色、样式等。

图 4-54　"设置图表区格式"对话框

4.7　工作表的打印

工作表编辑好后,在打印前可进行打印预览和页面设置,直到效果满意时再打印,这样可避免浪费纸张。

4.7.1　页面设置

单击"页面布局"选项卡"页面设置"组中右下角的启动器按钮,出现"页面设置"对话框,如图 4-55 所示。此对话框中有 4 个选项卡:"页面""页边距""页眉/页脚"和"工作表",各个选项卡的功能如下。

1."页面"选项卡

在"页面"选项卡中,可设置纸张方向、缩放比例、纸张大小、打印质量和起始页码等选项,如图 4-55 所示。

2."页边距"选项卡

在"页边距"选项卡中,可设置页面的四个边距、页眉和页脚的边距,还可设置数据表在页面中的对齐方式,如图 4-56 所示。

图4-55 "页面"选项卡

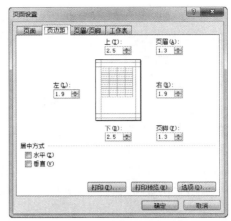

图4-56 "页边距"选项卡

3. "页眉/页脚"选项卡

在"页眉/页脚"选项卡中,单击"自定义页眉"和"自定义页脚"按钮可设置数据表的页眉和页脚,如图4-57所示。

4. "工作表"选项卡

在"工作表"选项卡中,可设置打印区域、打印标题和打印顺序等选项,如图4-58所示。

图4-57 "页眉/页脚"选项卡

图4-58 "工作表"选项卡

1) "打印区域"选项

若不设置,则当前整个工作表为打印区域;若需要设置,则在工作表中拖动选定打印区域后,返回"页面设置"对话框,单击"确定"按钮。

2) "打印标题"选项

要使每一页上都重复打印列标题,可单击"顶端标题行"编辑框,选择相应的列标题区域;要使每一页上都重复打印行标题,可单击"左端标题列"编辑框,选择相应的行标题区域。

3) "打印"选项

● "网格线"复选框:选择后可打印单元格网格线。

- **"单色打印"复选框**：如果数据有彩色格式，而打印机为黑白打印机，则选择"单色打印"复选框。如果是彩色打印机，选择该选项可缩短打印时间。
- **"草稿品质"复选框**：表示打印时不打印网格线和大多数图形，可缩短打印时间。
- **"批注"选项**：要在工作簿的最后另起一页来打印批注，则在下拉列表框中选择"工作表末尾"选项；要在工作簿中批注所显示的地方打印批注，则在下拉列表框中选择"如同工作表中的显示"选项。
- **"行号列标"复选框**：表示每页都打印行号和列标。

4.7.2　分页符的操作

在打印时，有时需要在某个行或列的位置强行分页，这需要用到 Excel 的分页功能。

Excel 中的分页符有两种：自动分页符和人工分页符。人工分页符可删除，自动分页符不可删除。

1. 自动分页符

如果工作表超过一页，Excel 会自动插入分页符，将工作表分成多页，Excel 自动插入的分页符称为自动分页符。

2. 人工分页符

用户可在工作表内需要分页的地方插入分页符，将工作表分页，人为插入的分页符称为人工分页符。

1）插入水平(垂直)分页符

首先选定要插入分页符的位置的下一行(下一列)，单击"页面布局"选项卡"页面设置"组中"分隔符"下拉列表中的"插入分页符"按钮，即可插入一个分页符。

2）同时插入水平和垂直分页符

选定某单元格，单击"页面布局"选项卡"页面设置"组中"分隔符"下拉列表中的"插入分页符"按钮，此时会在该单元格的左侧和上边位置同时插入水平、垂直分页符。

3. 分页预览

单击"视图"选项卡"工作簿视图"组中的"分页预览"按钮，即可进入分页预览视图，如图 4-59 所示。

在分页预览视图中，人工分页符显示为实线，自动分页符显示为虚线。将鼠标指向相应的分页符，拖动即可移动分页符的位置。

图4-59　分页预览视图

203

4. 删除人工分页符

要删除人工分页符，可采用以下三种操作方法。

方法 1。选定要删除的水平分页符下方或垂直分页符右方的一个单元格，单击"页面布局"选项卡的"页面设置"组中"分隔符"下拉列表中的"删除分页符"按钮，即可删除水平或垂直分页符。

方法 2。进入"分页预览"视图，单击右键，在弹出的快捷菜单中选择"重置所有分页符"命令。

方法 3。进入"分页预览"视图，将要删除的人工分页符移出打印区域。

5. 移动分页符

只有在分页预览时才能移动分页符，先进入"分页预览"视图，然后根据需要将分页符拖动到合适位置即可。

4.7.3 打印预览

当工作簿的各种设置结束后，可通过"打印预览"来查看整个工作簿的情况，"打印预览"功能可反应实际打印出的效果，也可在此窗口中重新调整页面的设置。

打开需要打印的工作表，单击"文件"选项卡中的"打印"命令，即可在打开的页面中预览工作表的打印效果，如图 4-60 所示。

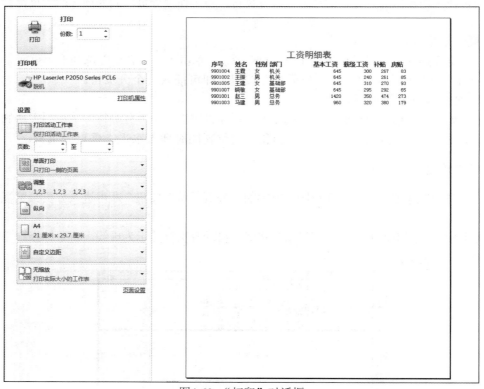

图4-60 "打印"对话框

4.7.4　打印设置

打印预览完成后，可根据需要修改页面设置或返回工作表中修改数据，当工作表符合要求后就可以开始打印了。

打开需要打印的工作表，单击"文件"选项卡中的"打印"命令，单击"设置"区不同选项的下拉列表，可重新设置打印范围、打印方式、页边距、缩放等，最后单击"打印"按钮，如图 4-61~图 4-64 所示。

图4-61　打印范围

图4-62　打印方式

图4-63　页边距设置

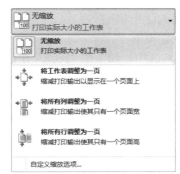

图4-64　缩放设置

习　题

1. 在 Excel 中，下列关于对工作簿的说法，错误的是＿＿＿＿＿。
   A. 默认情况下，一个新工作簿包含3个工作表
   B. 可根据自己的需要更改新工作簿的工作表数目
   C. 可根据需要删除工作表，但至少要保留一个工作表
   D. 工作簿的个数由系统决定

2. 下列关于 Excel 扩展名的叙述，错误的是_____。

    A. Excel 工作簿的默认扩展名为.xlsx

    B. 系统允许用户重新命名扩展名

    C. 虽然系统允许用户重新命名扩展名，但最好使用默认扩展名

    D. Excel 工作簿的默认扩展名是.xltx

3. Excel 中的行标题用数字表示，列标题用字母表示，那么第三行第二列的单元格地址表示为_____。

    A. B3   B. B2   C. C3   D. C2

4. 在 Excel 的工作窗口中，_____将显示在名称框中。

    A. 工作表名称   B. 行号   C. 列标   D. 活动单元格地址

5. 在 Excel 中，如果给某单元格设置的小数位数为 2，则输入 100 时显示_____。

    A. 100   B. 100.00   C. 1   D. 100.0

6. 在 Excel 中，在单元格中输入_____，可使该单元格显示 0.3。

    A. 6/20   B. =6/20   C. "6/20"   D. ="6/20"

7. 在 Excel 中，要在单元格中输入当前系统时间，可按组合键_____。

    A. Ctrl+;   B. Shift+;   C. Ctrl+Shift+;   D. Ctrl+Shift+"

8. 在 Excel 中，若某一个单元格右上角有一个红色三角形，表示_____。

    A. 表示单元格为文本数值   B. 表示单元格出错

    C. 表示强调   D. 附有批注

9. 在 Excel 中，如果单元格中显示为"#####"提示，则表示_____。

    A. 输入时出错   B. 计算机系统问题

    C. 列宽不够   D. Excel 软件有问题

10. 在 Excel 中，如果在"筛选"中选定了性别中的"男"，于是表中显示的全是男性的数据，则以下说法正确的是_____。

    A. 本表中性别为"女"的数据全部丢失

    B. 所有性别为"女"的数据暂时隐藏，还可恢复

    C. 在此基础上不能做进一步的筛选

    D. 筛选只对字符型数据起作用

11. 在 Excel 中，关于分类汇总的说法，正确的是_____。

    A. 分类汇总字段必须排序，否则无意义

    B. 分类汇总不必排序

    C. 汇总方式只有求和

    D. 只能对某一字段汇总

12. 在 Excel 中，为使以后在查看工作表时能了解某些重要单元格的含义,可给其添加_____。

    A. 批注   B. 公式   C. 特殊符号   D. 颜色标记

13. 在 Excel 中，如果要改变行与行、列与列之间的顺序，应按住_____键不放，结合鼠标进行拖动。

    A. Ctrl   B. Shift   C. Alt   D. 空格

14. 在 Excel 中，要录入身份证号，数字分类应选择_____格式。

    A. 常规   B. 数值   C. 科学记数   D. 文本

15. 在 Excel 中，单元格初值为_____时，按下 Ctrl 键的同时拖动其填充柄进行填充，不能产生复制效果。

　　A. 文字形式的数字　B. 日期型数据　　C. 时间型数据　　D. 数值

16. 在 Excel 中，关于"筛选"的描述，正确的是_____。

　　A. 不同字段之间进行"或"运算，必须使用高级筛选。

　　B. 自动筛选和高级筛选都可将结果筛选到另外的区域

　　C. 自动筛选的条件只能是一个，而高级筛选的条件可以是多个

　　D. 如果所选的条件出现在多列，并且条件间是"与"的关系，则必须使用高级筛选

17. 在 Excel 的高级筛选中，条件区域中不同行的条件是_____。

　　A. "或"关系　　　　B. "与"关系　　C. "非"关系　　D. "异或"关系

18. 在 Excel 中，对于上下相邻的两个包含数值的单元格，用拖动法向下自动填充，默认的填充规则是_____。

　　A. 等比序列　　　　B. 等差序列　　　　C. 自定义序列　　D. 日期序列

19. 在 Excel 中，排序、筛选、分类汇总等操作的对象都必须是_____。

　　A. 任意工作表　　　　　　　　　B. 数据清单

　　C. 工作表的任意区域　　　　　　D. 含合并单元格的区域

20. 在 Excel 中的 A1、A2、A3、B1、B2、B3 单元格分别有数值 1、2、3、4、5、6，现在 C5 单元格中输入公式=Average(B3:A1)，则 C5 中显示_____。

　　A. 21　　　　　　　　B. #NAME？　　　C. 3　　　　　　　D. 3.5

第 5 章

PowerPoint 2010

    PowerPoint 2010 是微软公司 Office 2010 办公套装软件中的一个重要组件,用于制作图文并茂的演示文稿,演示文稿由用户根据软件提供的功能自行设计、制作和放映,具有动态性、交互性和可视性,广泛应用于演讲、报告、产品演示和课件制作等。借助演示文稿,可有效地进行展示、表达与交流。

    演示文稿由一系列幻灯片组成,本章主要介绍如何利用 PowerPoint 2010(以下简称 PowerPoint)设计、制作和放映演示文稿。

5.1   PowerPoint 概述

5.1.1   PowerPoint 基本功能

    PowerPoint 作为演示文稿制作软件,提供了方便、快速地建立演示文稿的功能,包括幻灯片的新建、删除、复制、移动等基本功能,幻灯片版式的选用,幻灯片中信息的编辑及最基本的放映方式等。为更好地展示演示文稿的内容,可利用 PowerPoint 对幻灯片的页面、主题、背景及母版进行外观设计。对于已建立的演示文稿,为方便用户从不同角度阅读幻灯片,PowerPoint 提供了多种幻灯片的浏览模式,包括普通视图、幻灯片浏览视图、备注页视图、阅读视图、幻灯片放映视图和母版视图等。PowerPoint 还提供了具有动态性和交互性的放映方式,通过设置幻灯片中对象的动画效果、幻灯片切换方式和放映控制方式,可更充分展现演示文稿的内容,达到预期目的。演示文稿还可进行打包输出和格式转换,以便在未安装 PowerPoint 的计算机上放映演示文稿。

5.1.2   演示文稿的基本概念

    演示文稿是以".pptx"为扩展名的文件,文件由若干张幻灯片组成,启动"Microsoft PowerPoint 2010",即可开始使用 PowerPoint。

1. 启动PowerPoint

操作方法：

方法 1。单击"开始"｜"所有程序"｜Microsoft Office｜Microsoft PowerPoint 2010 命令。

方法 2。双击桌面上的 PowerPoint 应用程序图标或快捷方式图标。

方法 3。双击文件夹中已存在的 PowerPoint 演示文稿文件，启动 PowerPoint 并打开该演示文稿。

使用方法 1 和方法 2，系统将启动 PowerPoint 程序，并自动生成一个名为"演示文稿 1"的空白演示文稿，如图 5-1 所示。

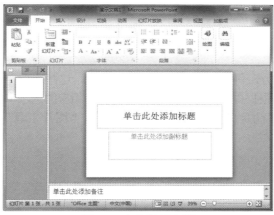

图5-1　空白演示文稿

2. PowerPoint窗口

PowerPoint 的功能通过其窗口实现，工作窗口由快速访问工具栏、标题栏、选项卡、功能区、"幻灯片/大纲"窗格、幻灯片窗格、备注窗格、状态栏、视图按钮、显示比例按钮等部分组成，如图 5-2 所示。

图 5-2　PowerPoint 窗口

1) 快速访问工具栏

快速访问工具栏位于窗口的左上角，通常由以图标形式提供的"保存""撤消键入""重复键入""打开"和"新建"等按钮组成，便于快速访问。利用工具栏右侧的"自定义快速访问工具栏"按钮，用户可增加或更改按钮。

2) 标题栏

标题栏位于窗口顶部，显示当前演示文稿的文件名，右侧有"最小化"按钮、"最大化/向下还原"按钮和"关闭"按钮。标题栏的右下角是"功能区最小化"按钮，单击该按钮，可隐藏功能区，仅显示选项卡名称。在非最大化状态，拖动标题栏可改变窗口的位置。双击标题栏可在最大化和还原之间切换。

3) 选项卡

选项卡在标题栏的下方，每个选项卡含有多个命令组，这些选项卡及其下的命令组可实现绝大多数 PowerPoint 功能。根据操作对象的不同，还会增加相应的选项卡，称为上下文选项卡，例如，在幻灯片中插入某一图片并选择该图片时，会显示"图片工具"|"格式"选项卡。

4) 功能区

功能区位于选项卡下方。当选中某选项卡时，对应的多个组出现在其下方，每个组内含有若干个按钮。例如，"开始"选项卡的功能区包含"剪贴板""幻灯片""字体""段落""绘图""编辑"等组。

5) 演示文稿编辑区

演示文稿编辑区位于功能区下方，包括左侧的"幻灯片/大纲"窗格、右侧的幻灯片窗格和右侧下方的备注窗格，拖动窗格之间的分界线或显示比例按钮可调整各窗格的大小。

(1) "幻灯片/大纲"窗格含有"幻灯片"和"大纲"两个选项卡。单击"幻灯片"选项卡，可显示各幻灯片的缩略图；单击某幻灯片缩略图，将立即在右侧的幻灯片窗格中显示该幻灯片，在该选项卡可新建、删除、复制、移动幻灯片。在"大纲"选项卡中，可显示、编辑各幻灯片的文字内容。

(2) 幻灯片窗格显示幻灯片的内容，包括文本、图片、表格等各种对象，在该窗格可编辑幻灯片内容。

(3) 备注窗格用于标注对幻灯片的说明等备注信息，供用户参考。

在"普通"视图下，三个窗格同时显示在演示文稿编辑区，用户可从不同角度编辑演示文稿。

6) 视图按钮

视图按钮提供了当前演示文稿的不同显示方式，有"普通视图""幻灯片浏览""阅读视图"和"幻灯片放映"四个按钮，单击某个按钮就可方便地切换到相应视图。例如在"普通视图"下可同时显示"幻灯片/大纲"窗格、右侧的幻灯片窗格和右侧下方的备注窗格，而在"幻灯片放映"视图可放映当前幻灯片或整个演示文稿。用户也可选择"视图"选项卡下的"演示文稿视图"组中的按钮切换视图。

7) 显示比例按钮

显示比例按钮位于视图按钮右侧，单击该按钮可在弹出的"显示比例"对话框中选择幻灯片的显示比例，或拖动其右方的滑块，也可调节显示比例。

8) 状态栏

状态栏位于窗口底部左侧，在不同视图下显示的内容也不同，主要显示当前幻灯片的序号、当前演示文稿幻灯片的总张数、幻灯片主题和输入法等信息。

3. 退出PowerPoint

方法 1。双击标题栏左端的控制菜单按钮 $\boxed{\text{P}}$。

方法 2。单击"文件"选项卡中的"退出"命令。

方法 3。按组合键 Alt+F4。

退出时，系统会弹出对话框，要求用户确认是否保存对演示文稿的编辑工作，单击"是"按钮，则存盘退出，单击"否"按钮，则退出但不存盘。

5.1.3　演示文稿的视图

PowerPoint 提供了浏览、编辑和观看幻灯片的多种视图，以便满足用户不同的需求，主要包括"普通视图""幻灯片浏览视图""备注页视图""阅读视图""幻灯片放映视图""母版视图"六种方式，其中前四种为主要视图。

利用"视图"选项卡的"演示文稿视图""母版视图"组中的相应按钮，即可切换到相应视图，如图 5-3 所示；也可通过单击窗口右下角的视图按钮，进行视图的切换。

图5-3　"视图"选项卡

1. 普通视图

普通视图是 PowerPoint 的默认视图，在该视图下用户可方便地编辑和查看幻灯片的内容，添加备注内容等。

在普通视图下，窗口由三个窗格组成：左侧的"幻灯片/大纲"窗格、右侧的"幻灯片"窗格和"备注"窗格，对幻灯片的大部分操作都在普通视图下进行。

2. 幻灯片浏览视图

幻灯片浏览视图以全局方式浏览演示文稿中的幻灯片，可在窗口中同时显示多张幻灯片缩略图，便于编排幻灯片的顺序，便于执行新建、删除、复制、移动幻灯片等操作；还可设置幻灯片的切换效果并预览，如图 5-4 所示。

3. 备注页视图

备注页视图在显示幻灯片的同时在其下方显示备注页，用户可输入或编辑备注的内容，在该视图下，备注页上方显示的是当前幻灯片的缩略图，用户无法编辑幻灯片的内容，下方的备注页为占位符，用户可向占位符中输入内容，为幻灯片添加备注信息，如图 5-5 所示。

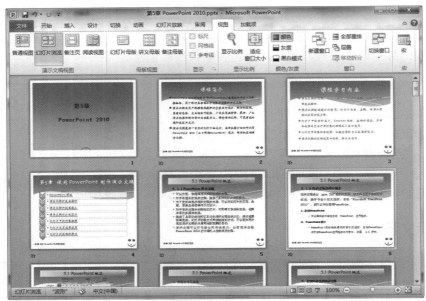

图5-4 幻灯片浏览视图

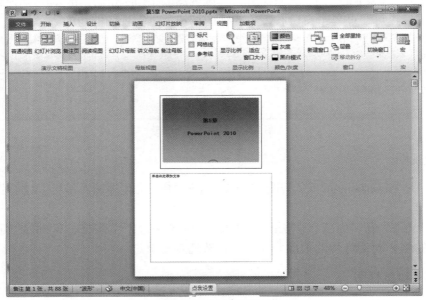

图5-5 备注页视图

4. 阅读视图

阅读视图可将演示文稿作为适应窗口大小的幻灯片放映查看，视图只保留幻灯片窗格、标题栏和状态栏，其他编辑功能被屏蔽，用于幻灯片制作完成后的简单放映浏览，便于你查看幻灯片的内容、设置的动画、放映效果等，如图 5-6 所示。通常从当前幻灯片开始阅读，单击可切换到下一张幻灯片，直到最后一张幻灯片放映完成后，退出阅读视图。阅读过程中可随时按 Esc 键退出，也可单击状态栏右侧的其他视图按钮，退出阅读视图并切换到其他视图。

图5-6　阅读视图

5.2　基本操作

5.2.1　新建演示文稿

新建演示文稿主要采用以下几种方式：新建空白演示文稿、根据主题创建、根据模板创建、根据现有演示文稿创建和通过 Word 文档转化为演示文稿等。

新建空白演示文稿。可创建一个没有任何设计方案和示例文本的空白演示文稿，根据自己的需要选择幻灯片版式开始制作演示文稿。

根据主题创建。主题是事先设计好的一组演示文稿的样式框架，规定了演示文稿的外观样式，包括母版、配色、文字格式等设置，用户可直接在系统提供的各种主题中选择一个最适合自己的主题，创建该主题的演示文稿，使整个演示文稿外观一致。

根据模板创建。模板是预先设计好的演示文稿样本，一般有明确用途，PowerPoint 系统提供了丰富多彩的模板。

根据现有演示文稿创建方式。可根据现有演示文稿的风格样式，建立新演示文稿，此方法可快速创建与现有演示文稿类似的演示文稿，适当修改完善即可。

通过 Word 文档转化为演示文稿。可快速将 Word 文档转化为演示文稿，首先在 Word 中调整大纲级别并保存，通过"新建幻灯片"命令中的"幻灯片(从大纲)"即可将 Word 文档快速转化为演示文稿，极大地节省了制作时间。

本节只介绍新建空白演示文稿，其他方式在后面介绍。

1. 建立新演示文稿

操作方法如下。

方法 1。启动 PowerPoint 即可自动建立新演示文稿，默认文件名为"演示文稿 1"，用户可在保存演示文稿时重新命名。

  方法 2。单击"文件"选项卡中的"新建"命令,在"可用的模板和主题"下,双击"空白演示文稿"。

2. 保存演示文稿

  方法 1。单击"文件"选项卡的"保存"或"另存为"命令,可重新命名演示文稿及选择存放的位置。

  方法 2。单击功能区的"保存"按钮。

5.2.2　幻灯片版式应用

  PowerPoint 提供了多个幻灯片版式供用户根据内容需要选择,幻灯片版式确定了幻灯片内容的布局,单击"开始"选项卡"幻灯片"组中的"版式"按钮,可为当前幻灯片设置版式,如图 5-7 所示。幻灯片的版式主要有"标题幻灯片""标题和内容""节标题""两栏内容""比较""仅标题""空白""内容与标题""图片与标题""标题和竖排文字""垂直排列标题与文本"等,对于新建的空白演示文稿,默认版式是"标题幻灯片"。

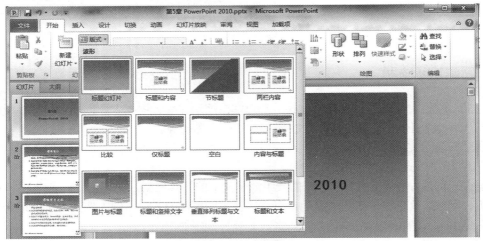

图5-7　幻灯片版式

  确定幻灯片的版式后,即可在相应的占位符中添加或插入文本、图片、表格、图形、图表、媒体剪辑等内容。

5.2.3　插入和删除幻灯片

  演示文稿建立后,可通过插入或删除幻灯片,来修改幻灯片的内容。

1. 选定幻灯片

  在左侧的"幻灯片/大纲"窗格中,单击幻灯片缩略图即可选中幻灯片;按住 Ctrl 键单击幻灯片缩略图,可选中多张不连续的幻灯片;若要选择多张连续的幻灯片,可先选中这些幻灯片缩略图中的第一张,然后按住 Shift 键单击这些幻灯片缩略图中的最后一张即可。

2. 插入幻灯片

插入幻灯片时，既可插入新幻灯片，也可插入当前幻灯片的副本。前者将插入一张新的幻灯片，需要确定版式等内容；后者直接复制某幻灯片作为新幻灯片插入，可保留原有格式，也可重新设定和编辑内容，操作方法如下。

方法 1。在"幻灯片/大纲"窗格选定某张幻灯片缩略图，单击"开始"选项卡"幻灯片"组中的"新建幻灯片"按钮，在其下拉列表中，选择一种版式，则在当前选中幻灯片的后面出现了新插入的指定版式的幻灯片。

方法 2。在"幻灯片/大纲"窗格右键单击某张幻灯片的缩略图，在弹出的快捷菜单中选择"新建幻灯片"命令，则在当前选中幻灯片的后面插入一张新的幻灯片。

方法 3。在"幻灯片浏览"视图下，将光标移动到需要插入幻灯片的位置，当出现黑色竖线时，单击右键，在弹出的快捷菜单中选择"新建幻灯片"命令，可在当前位置插入一张新幻灯片。

3. 删除幻灯片

选中一张或多张幻灯片缩略图，按 Delete 键删除；也可右键单击已选定的幻灯片缩略图，在弹出的快捷菜单中选择"删除幻灯片"命令。

5.2.4　编辑幻灯片信息

PowerPoint 为演示文稿的幻灯片中提供了丰富的可编辑信息，用户可在系统提供的版式、模板等样式下编辑信息，包括文本、图片、表格、图形、图表、媒体剪辑以及各种形状等，也可自行设计幻灯片布局，达到满意效果，这里主要介绍文本的编辑，其他内容在后面介绍。

1. 使用占位符

在普通视图下，占位符指幻灯片中被虚线框起来的部分，当使用幻灯片版式或设计模板时，每张幻灯片均提供占位符。用户可在占位符框内输入文字或插入图片等，一般占位符的文字字体具有固定格式，用户也可根据需要选定文本内容进行更改。

2. 使用"大纲"窗格

文稿中的文字通常具有不同的层次结构，有时还可通过项目符号来体现，可使用"大纲"窗格进行文字编辑，操作方法如下。

(1) 在"大纲"窗格内选择一张幻灯片，可直接输入标题，输入结束后，按 Enter 键可再插入一张新幻灯片，同样可输入该幻灯片的标题。

(2) 在"大纲"窗格内单击一张幻灯片，按 Tab 键可由标题转换为文本内容(降一级)，继续编辑文本即可。编辑完成后，按 Enter 键可输入多个同级文本内容。

另外，在"大纲"窗格中，按组合键 Ctrl+Enter 可插入一张新幻灯片，按组合键 Shift+Enter 可实现换行输入。使用"大纲"窗格输入的文本还可进行字体编辑等操作。

3. 使用文本框

幻灯片中的占位符是一个特殊文本框，包含预设的格式，出现在固定位置，用户可更改其格式，移动位置。除使用占位符外，用户还可在幻灯片的任意位置绘制文本框，并设置文本格式，展示用户需要的幻灯片布局。

(1) 插入文本框

操作方法如下。

方法 1。单击"插入"选项卡"文本"组中的"文本框"按钮。可在幻灯片中插入文本框，并输入文本，按 Enter 键可输入多行。

方法 2。单击"插入"选项卡"插图"组中的"形状"按钮，在弹出的下拉列表中选择"基本形状"中的图形可插入文本框，也可插入线条、矩形、箭头等多种图形并在其上输入文本。

(2) 设置文本格式

单击"开始"选项卡"字体"组和"段落"组中的相应按钮，可对文本的字体、字号、文字颜色、段落对齐方式、缩进格式、行距等进行设置，也可给文本添加项目符号。

(3) 设置文本框样式和格式

选中某一文本框时，功能区上方会出现"绘图工具"|"格式"选项卡，如图 5-8 所示，可设置文本框的形状样式和格式，插入艺术字，重新排列文本框等，还可插入新的文本框。

图5-8 "格式"选项卡

单击"格式"选项卡"形状样式"组中左侧的形状样式，可更改形状或线条的外观样式；选择右侧的按钮，可设置"形状填充""形状轮廓""形状效果"。单击"格式"选项卡"形状样式"组中右下角的启动器按钮，或单击"大小"组中右下角的启动器按钮，皆可弹出"设置形状格式"对话框，如图 5-9 所示，可设置形状填充、线条颜色、阴影、效果、三维格式、位置等，使幻灯片更美观，更有感染力。单击"格式"选项卡"艺术字样式"组中的相应按钮，可给已插入的艺术字设置颜色、字体、位置等样式。

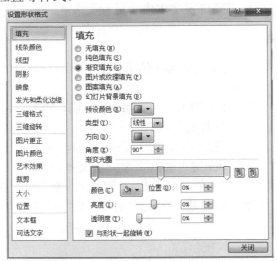

图5-9 "设置形状格式"对话框

5.2.5　复制和移动幻灯片

1. 复制幻灯片

操作方法如下。

方法 1。选中某幻灯片缩略图，右击，在弹出的快捷菜单中选择"复制幻灯片"命令，或单击"开始"选项卡"幻灯片"组中"新建幻灯片"按钮的下拉按钮，在弹出的下拉列表中选择"复制所选幻灯片"命令，则在当前幻灯片之后插入与当前幻灯片相同的幻灯片。

方法 2。选中某幻灯片缩略图，右击，在弹出的快捷菜单中选择"复制"命令，或单击"开始"选项卡"剪贴板"组中的"复制"按钮，在目标位置单击"粘贴"命令即可复制该幻灯片。

2. 移动幻灯片

选中要移动的幻灯片，按住鼠标左键拖动到目标位置，在看到一条实线(在幻灯片窗格是一条横线，在幻灯片浏览视图下是一条竖线)时释放鼠标，幻灯片将被移到该位置。

5.2.6　放映幻灯片

幻灯片制作完成后，按 F5 键可放映幻灯片。也可单击状态栏右侧视图按钮中的"幻灯片放映"图标按钮，或单击"幻灯片放映"选项卡"开始放映幻灯片"组中的相应命令放映幻灯片。

5.3　外观设计

PowerPoint 提供了多种演示文稿外观设计功能，用户可采用多种方式修饰和美化，制作出精美的幻灯片，更好地展示要表达的内容。外观设计可采用的主要方式有：使用主题、使用模板、设置背景等。此外，还可设计更符合用户需求的幻灯片母版，使所有幻灯片具有统一的外观。

5.3.1　使用内置主题

主题是 PowerPoint 提供的方便演示文稿设计的一种手段，包含颜色、字体和效果的组合，通过设置主题可使演示文稿具有统一风格。PowerPoint 提供了大量内置主题供用户制作演示文稿，用户可直接在主题库中选用，也可通过自定义方式修改主题的颜色、字体等，形成自定义主题。

1. 应用主题

(1) 使用内置主题

打开演示文稿，"设计"选项卡"主题"组的主题列表中列出一部分内置主题，单击主题列表右下角的"其他"图标按钮，显示全部内置主题，如图 5-10 所示，鼠标移到某主题，会显示该主题的名称；单击该主题，会将该主题的颜色、字体和图形外观等效果应用到演示文稿。

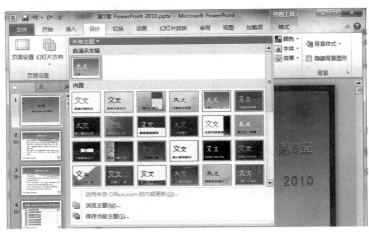

图5-10　内置主题

(2) 使用外部主题

如果内置主题不能满足用户的需要，可选择外部主题；单击"设计"选项卡"主题"组中主题下拉列表中的"浏览主题"命令，可使用外部主题。

若只对部分幻灯片设置主题，可先选定要设置主题的幻灯片，再单击需要的主题；或右击该主题，在出现的快捷菜单中选择"应用于选定幻灯片"命令。该主题将应用于所选幻灯片，其他幻灯片的主题不变。若选择"应用于所有幻灯片"命令，则所选主题应用于整个演示文稿。

2. 自定义主题设计

(1) 自定义主题颜色

操作方法如下。

方法 1。对已应用主题的幻灯片，单击"设计"选项卡"主题"组中的"颜色"按钮，在弹出的颜色列表框中选择一款内置颜色，如图 5-11 所示。

图5-11　自定义主题颜色

方法 2。单击"设计"选项卡"主题"组中的"颜色"按钮，在弹出的下拉列表中选择"新建主题颜色"命令，打开"新建主体颜色"对话框，如图 5-12 所示。在对话框的"主体颜色"列表中单击某一种颜色的下拉列表按钮，打开颜色下拉表，选择某个颜色；选择"其他颜色"命令，可打开"颜色"对话框进行自定义颜色的设置。

图5-12　"新建主题颜色"对话框

在"新建主题颜色"对话框中设置好颜色后，在"名称"文本框中输入当前自定义主题颜色的名称，单击"保存"按钮，则幻灯片将应用自定义的主体颜色，同时该自定义的主题颜色将以所命名的名称存在于"主题"组的"颜色"下拉列表中，可再次被使用。

(2) 自定义主题字体

操作方法如下。

方法 1。自定义主题字体主要是定义幻灯片中的标题字体和正文字体。对已应用主题的幻灯片，单击"设计"选项卡"主题"组中的"字体"按钮，弹出下拉列表，如图 5-13 所示，单击某字体即可将该字体应用于演示文稿。

图5-13　自定义主题字体

方法 2。单击"设计"选项卡"主题"组中的"字体"按钮，在弹出的下拉列表中选择"新建主题字体"命令，打开"新建主题字体"对话框，如图 5-14 所示。在"标题字体"和"正文字体"中分别选择要设置的字体，在"名称"文本框内输入字体方案的名称，单击"保存"。演示文稿中标题和正文字体应用新方案的效果，同时"字体"下拉列表的"自定义"列表中出现新建主题字体名称，可再次被使用。

图5-14 "新建主题字体"对话框

(3) 自定义主题背景

幻灯片的主题背景通常是预设的背景格式，与内置主题一起提供用户使用，用户也可重新设置主题的背景样式，创建符合演示文稿内容要求的背景填充样式，下一节将详细介绍。

5.3.2 背景设置

背景样式既可用于设置主题背景，也可用于无主题设置的幻灯片背景，PowerPoint 为每个主题提供 12 种背景样式，用户可从中选择一种样式快速改变演示文稿中幻灯片的背景，也可自行设计一种幻灯片背景，满足自己的演示文稿个性化要求。本节主要介绍如何自行设计背景。

自行设置背景需要利用"设置背景格式"对话框，主要调整幻灯片背景的颜色、图案和纹理等，包括改变背景颜色，以及改变图案填充、纹理填充和图片填充方式等。

1. 背景颜色设置

背景颜色设置有"纯色填充"和"渐变填充"两种方式，"纯色填充"选择单一颜色填充背景，而"渐变填充"将两种或更多种填充颜色混合在一起，以某种渐变方式从一种颜色逐渐过渡到另一种颜色。

操作方法如下。

(1) 在演示文稿中，选中某张幻灯片，右击，在弹出的快捷菜单中选择"设置背景格式"命令；或单击"设计"选项卡"背景"组右下角的启动器按钮，打开"设置背景格式"对话框，如图 5-15 所示。单击对话框左侧的"填充"选项，选中对话框右侧的"纯色填充"或"渐变填充"选项。

"设置背景格式"对话框的各项功能如下。

若选中"纯色填充"单选按钮，可单击"颜色"右侧的下拉按钮，在下拉列表颜色中选择背景填充颜色；拖动"透明度"滑块，可改变颜色的透明度，直到满意为止。

若选择"渐变填充"单选按钮，可选择预设颜色填充，也可自己定义渐变颜色填充。

① 预设颜色填充背景：单击"预设颜色"栏右侧的下拉按钮，在出现的预设渐变颜色列表中选择一种，例如"极目远眺"等。

② 自定义渐变颜色填充背景：在"类型"列表中，选择渐变类型，如"矩形"；在"方向"列表中，选择渐变方向，如"从左下角"；在"渐变光圈"下，出现与所需颜色个数相等的渐变光圈个数，也可单击"添加渐变光圈"或"删除渐变光圈"图标按钮增加或减少渐变光圈；每种颜色都有一个渐变光圈，单击某个渐变光圈，在"颜色"栏的下拉颜色列表中，可改变颜色，拖动渐变光圈位置也可调节渐变颜色，还可调节颜色的"亮度"或"透明度"。

(2) 单击"关闭"按钮，则所选背景颜色应用于当前幻灯片；若单击"全部应用"按钮，则应用于所有幻灯片的背景；若选择"重置背景"按钮，则撤消本次设置，恢复设置前状态。

2. 图案填充

操作方法如下。

在演示文稿中，选中某张幻灯片，右击，在弹出的快捷菜单中选择"设置背景格式"命令；或单击"设计"选项卡"背景"组右下角的启动器按钮，打开"设置背景格式"对话框。单击左侧的"填充"项，选择右侧的"图案填充"单选按钮，如图 5-16 所示。在出现的图案列表中选择所需图案。通过"前景色"和"背景色"栏可自定义图案的前景色和背景色，单击"关闭"或"全部应用"按钮，则所选图案成为幻灯片的背景。

图5-15　"设置背景格式"对话框

图5-16　设置图案填充

3. 纹理填充

操作方法如下。

采用与上面同样的方式打开"设置背景格式"对话框。单击左侧的"填充"项，选中右侧的"图片或纹理填充"单选按钮，单击"纹理"右侧的下拉按钮，在出现的各种纹理列表中选择所需纹理，如图 5-17 所示。单击"关闭"或"全部应用"按钮，则所选纹理成为幻灯片背景。

图 5-17　设置图片或纹理填充

4. 图片填充

采用与上面同样的方式打开"设置背景格式"对话框。单击左侧的"填充"项,选中右侧的"图片或纹理填充"单选按钮,在"插入自"栏单击"文件"按钮,在弹出的"插入图片"对话框中选择所需图片文件,如"沙漠",并单击"插入"按钮,回到"设置背景格式"对话框。单击"关闭"或"全部应用"按钮,则所选图片成为幻灯片背景。

也可选择剪贴画或剪贴板中的图片填充背景,若已设置主题,主题的背景图形可能覆盖所设置的填充背景,此时可在"设置背景格式"对话框中选中"隐藏背景图形"复选框。

5.3.3　幻灯片母版制作

演示文稿通常应具有统一的外观和风格,通过设计、制作和应用幻灯片母版可快速满足这一要求,母版中包含幻灯片中同时出现的内容及构成要素,如标题、文本、日期、背景等,用户可直接使用这些之前由用户设计好的格式创建演示文稿,制作幻灯片母板的操作方法如下。

(1) 打开演示文稿,单击"视图"选项卡"母版视图"组中的"幻灯片母版"按钮,进入幻灯片母版视图,如图 5-18 所示。

(2) 在幻灯片母版视图中,左侧的窗格显示不同类型的幻灯片母版缩略图,例如,单击幻灯片母版缩略图(控制所有幻灯片),将立即在右侧的编辑区中显示该母版并可进行编辑。

(3) 对母版中的占位符可执行插入、编辑、删除等操作,单击"幻灯片母版"选项卡"母版版式"组中的"插入占位符"按钮插入可选的占位符,如"文本",如图 5-19 所示。选择已有的占位符可修改其中的字体格式,如修改为"华文中宋";选择某个占位符,按 Delete 键可将该占位符删除。也可在幻灯片母版中插入图片,则所有幻灯片上的相同位置都会插入该图片。

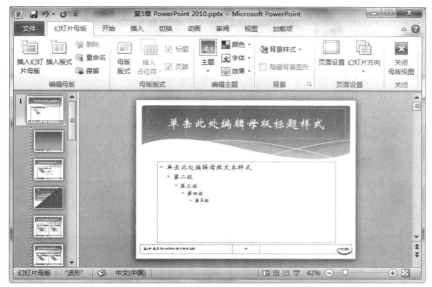

图5-18　幻灯片母版视图

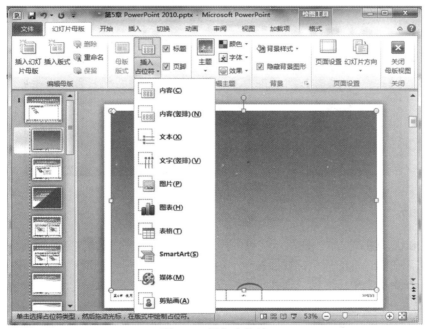

图5-19　插入占位符

(4) 单击"关闭母版视图"按钮，关闭该视图，切换到普通视图下可看到母版中的设置应用到所有幻灯片上。

(5) 将该演示文稿另存为"PowerPoint 模板"文件，再次打开该文件，在普通视图下可使用该模板。

利用"幻灯片母版"选项卡"编辑母版"组中的按钮，可为幻灯片添加版式、重命名母版、删除版式等。

5.4 对象的编辑

演示文稿中不仅包含文本,还可插入形状、图片、表格、图表、声音、视频、艺术字等媒体对象,充分、适当地使用这些对象,可使演示文稿达到超出预期的效果。

5.4.1 插入形状

使用各种形状或通过组合多种形状,可绘制出更能表达思想和观点的图形,基本形状包括线条、基本形状、箭头总汇、公式形状、流程图、星与旗帜、标注和动作按钮等。

插入形状有两个途径,即单击"插入"选项卡"插图"组中的"形状"按钮或单击"开始"选项卡的"绘图"组中的"形状"按钮。此时会出现各类形状的列表,如图5-20所示。

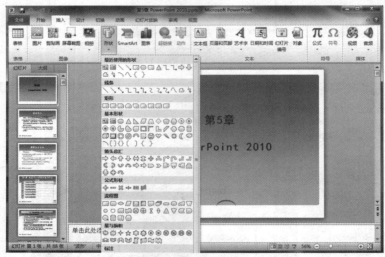

图5-20 插入形状

1. 绘制图形

(1) **插入形状、输入文本**。在演示文稿中插入一张版式为空白的幻灯片,利用上述的插入形状的操作方法,在幻灯片的任意位置插入一个矩形,选中该矩形,拖动矩形边框上的控点,可调整矩形大小;在矩形上单击右键,在弹出的快捷菜单中选择"编辑文字"命令,即可输入文字;拖动绿色控点,可旋转该矩形。

(2) **改变矩形形状**。选定矩形,单击右键,在弹出的快捷菜单中选择"编辑顶点"命令,矩形四周会出现边框控点,拖动这些边框控点,可改变矩形的形状。

(3) **改变形状样式**。选定该矩形,单击"格式"选项卡"形状样式"组的相应按钮,可设置"形状填充""形状轮廓"和"形状效果"等,如图 5-21 所示。

图5-21 "格式"选项卡

形状样式包括：线条的线型(实、虚线、粗细)、颜色等设置；封闭形状内部填充颜色、纹理、图片等设置；形状的阴影、映像、发光、柔化边缘、棱台、三维旋转等设置，操作方法如下。

① 套用形状样式。

选定要套用形状样式的图形，单击"格式"选项卡"形状样式"组中列表右下角的"其他"按钮，弹出的下拉列表中提供了 42 种样式，选择其中一个样式，则改变该图形的形状样式。

② 定义形状线条的线型和颜色。

选中图形，单击"格式"选项卡"形状样式"组中"形状轮廓"按钮的下拉列表按钮，在弹出的下拉列表中，修改线条的颜色、粗细、实线或虚线等，也可取消形状的轮廓线。

③ 设置封闭形状的填充颜色和填充效果。

选定要填充的封闭形状，单击"格式"选项卡"形状样式"组中"形状填充"按钮的下拉列表按钮。在弹出的下拉列表中，设置形状内部填充的颜色，也可用渐变、纹理、图片来填充形状。

④ 设置形状的效果。

选定要设置效果的形状，单击"绘图工具 | 格式"选项卡"形状样式"组中的"形状效果"按钮，在弹出的下拉列表中，指向"预设"选项，其下的级联菜单中列出 12 种预设效果，还可设置形状的阴影、映像、发光柔化边缘、棱台、三维旋转等。

2. 组合形状

当幻灯片中有多个形状时，有时需要将相关的形状作为整体进行移动、复制或改变大小，把多个形状组合成一个形状，称为形状的组合，将组合形状恢复为组合前状态，称为取消组合。

(1) 组合形状

按住 Shift 键并依次单击要组合的每个形状，使每个形状周围出现控点，在选定区域单击右键，在弹出的快捷菜单中选择"组合"级联菜单中的"组合"命令；或单击"格式"选项卡"排列"组中的"组合"按钮，在弹出的下拉列表中选择"组合"命令，此时，所选的形状被组合成一个整体。独立的形状有各自的边框，而组合形状是一个整体，只有一个边框，在执行移动、复制和改变大小等操作时，被组合后的形状作为一个整体来操作。

(2) 取消组合

选中组合后的形状，单击右键，在弹出的快捷菜单中选择"组合"菜单中的"取消组合"命令；或单击"格式"选项卡"排列"组中的"组合"按钮，在弹出的下拉列表中选择"取消组合"命令，此时，组合后的形状恢复为组合前的几个独立形状。

5.4.2　插入图片

在幻灯片中使用图片可使演示效果变得更加生动直观。插入的图片主要有两类，一类是剪贴画，在 Office 套装软件中自带各类剪贴画；另一类是文件形式的图片，用户也可在平时收集的图片文件中选用，以美化幻灯片。

1. 插入图片或剪贴画

操作方法如下。

方法 1。插入新幻灯片并选择"标题和内容"版式(或其他具有内容区占位符的版式)，如图 5-22 所示。单击内容区中的"图片"图标，打开"插入图片"对话框选择图片并插入；单击"剪贴画"图标,则右侧出现"剪贴画"窗格,输入剪贴画类型,搜索相应的剪贴画,单击插入幻灯片,插入完成后,可在幻灯片上调节图片的大小、位置等。

图5-22　插入图片

方法 2。单击"插入"选项卡"图像"组中的"剪贴画"或"图片"按钮,在右侧的"剪贴画"窗格中单击"搜索"按钮,如图 5-23 所示。从出现的各种剪贴画中选择合适的剪贴画单击,即可将该剪贴画插入幻灯片中;也可在"搜索文字"栏中输入关键字,单击"搜索"按钮,即可列出与关键字匹配的剪贴画,单击"插入"。

图5-23　插入剪贴画

2. 改变图片表现形式

1) 调整图片大小和位置

插入的图片或剪贴画的大小和位置可能不合适,需要调整。此时,可选中该图片,通过拖动控点来大致调节图片的大小;或直接拖动图片来改变图片位置。

还可精确定义图片的大小和位置，操作方法是选中图片，单击"格式"选项卡"大小"组中右下角的启动器按钮，打开"设置图片格式"对话框，如图 5-24 所示。在对话框左侧单击"大小"项，在右侧"高度"和"宽度"栏输入图片的高度和宽度值；单击左侧"位置"项，在右侧输入图片左上角相对于幻灯片边缘的水平和垂直位置坐标，即可确定图片的精确位置。

注意：
当图片的高度和宽度有具体数值时，要取消选中"锁定纵横比"复选框。

图5-24　　"设置图片格式"对话框

2) 旋转图片

旋转图片能使图片按要求向不同方向倾斜，可手动粗略旋转，也可精确旋转指定角度。

(1) 手动旋转图片。

选中要旋转的图片，图片四周出现控点，拖动上方绿色控点即可大致旋转图片。

(2) 精确旋转图片。

要旋转精确的度数(例如，将图片顺时针旋转 29 度)，可利用设置图片格式功能实现，操作方法是选定图片，单击"格式"选项卡"排列"组中的"旋转"按钮，在弹出的下拉列表中选择"向右旋转 90 度""向左旋转 90 度""垂直翻转""水平翻转"等命令。还可选择下拉列表中的"其他旋转选项"，打开"设置图片格式"对话框，在"旋转"栏输入要旋转的角度，正度数为顺时针旋转，负度数表示逆时针旋转。例如，要顺时针旋转 29 度，输入 29；输入-29 则表示逆时针旋转29 度。

3) 设置图片样式

图片样式是各种图片外观格式的集合，使用图片样式可快速美化图片，系统内置 28 种图片样式。选定幻灯片上要改变样式的图片，单击"格式"选项卡"图片样式"组中"图片样式"列表中的某个样式，如"金属椭圆"，即可应用该样式。

4) 设置图片特定效果

通过设置图片的阴影、映像、发光等特定视觉效果可使图片更美观，更富有感染力。系统提供了 12 种预设效果，还可自定义图片效果。

① 使用预设效果。

选择要设置效果的图片，单击"格式"选项卡"图片样式"组中的"图片效果"按钮，在弹出的下拉列表中指向"预设"项，其下的级联菜单显示12种预设效果，从中选择一种，即可看到图片按选定效果发生了变化。

② 自定义图片效果。

用户可对图片的阴影、映像、发光、柔化边缘、棱台、三维旋转等进行适当设置，以达到满意的效果。选定图片，单击"格式"选项卡"图片样式"组中"图片效果"按钮的下拉列表按钮，在弹出的下拉列表中选择"阴影""映像""发光""柔化边缘""棱台""三维旋转"等。

5.4.3　插入表格

在幻灯片中除了使用文本、形状、图片外，还可插入表格等对象，利用表格更直观地表现数据。

1. 插入表格

操作方法如下。

方法 1。插入新幻灯片并选择"标题和内容"版式(或其他在内容区占位符中具有"插入表格"图标的版式)，单击内容区的"插入表格"图标，打开"插入表格"对话框，输入表格的行数和列数，即可在幻灯片上创建表格。

方法 2。选择要插入表格的幻灯片，单击"插入"选项卡"表格"组中的"表格"按钮，在弹出的下拉列表中单击"插入表格"命令，打开"插入表格"对话框。输入要插入表格的行数和列数，单击"确定"按钮，出现一个表格，拖动表格的控点，可改变表格的大小，拖动表格边框，也可定位表格。

创建表格后，就可输入表格内容了。

2. 编辑表格

插入表格后，可编辑修改表格，包括录入表格的内容，设置文本对齐方式，调整表格大小和行高、列宽，插入和删除行(列)，合并与拆分单元格等。选择要编辑表格的行、列或表格区域，利用"表格工具"｜"设计"和"表格工具"｜"布局"选项卡下各组的按钮可完成相应操作，操作方法与 Word 中表格的录入和编辑相同，在此不做详述。

5.4.4　插入图表

还可在幻灯片中使用 Excel 提供的图表功能，在幻灯片中嵌入 Excel 图表，操作方法如下。

方法 1。插入新幻灯片并选择"标题和内容"版式(或其他在内容区占位符中具有"插入图表"图标的版式)，单击内容区中的"插入图表"图标，打开"插入图表"对话框，即可按照 Excel 的操作方式插入图表。

方法 2。选择要插入表格的幻灯片，单击"插入"选项卡"插图"组中的"图表"按钮，打开"插入表格"对话框，按照 Excel 操作方式插入图表。

设置好插入的图表后，会进入 Excel 应用程序，编辑 Excel 表格数据，相应的图表即显示在幻灯片上，操作方法与 Excel 中相同，这里不做详述。

5.4.5　插入 SmartArt 图形

SmartArt 图形是 PowerPoint 2010 提供的新功能，是一种智能化矢量图形，是已经组合好的文本框、形状、线条等，利用 SmartArt 图形可快速在幻灯片中插入有用的图形，表达用户的思想。PowerPoint 2010 提供的 SmartArt 图形类型有列表、流程、循环、层次结构、关系、矩阵、棱锥图、图片等。

1. 插入SmartArt图形

操作方法如下。

方法 1。插入新幻灯片并选择"标题和内容"版式(或其他在内容区占位符中具有"插入 SmartArt 图形"图标的版式)，单击内容区中的"插入 SmartArt 图形"图标，打开"选择 SmartArt 图形"对话框，如图 5-25 所示。单击所需的类型，再单击"确定"按钮即可。

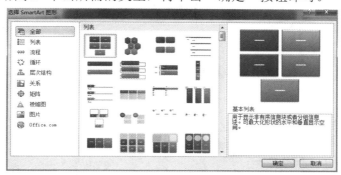

图5-25　"选择SmartArt图形"对话框

方法 2。选择要插入表格的幻灯片，单击"插入"选项卡"插图"组中的"SmartArt 图形"按钮，打开"选择 SmartArt 图形"对话框。

2. 编辑SmartArt图形

(1) 添加形状

选中 SmartArt 图形的某一形状，在功能区出现"SmartArt 工具"选项卡，单击"设计"选项卡"创建图形"组中的"添加形状"按钮。

(2) 编辑文本和图片

选中幻灯片中的 SmartArt 图形，单击图形的左侧小三角，出现文本窗格，可为形状添加文本，或选中某一形状也可进行文本编辑。

(3) 使用 SmartArt 图形样式

单击"设计"选项卡"布局"组中的"其他布局"按钮，可重新选择图形；单击"SmartArt 样式"组中的"更改颜色"按钮和"SmartArt 样式"列表中的相应样式，可为图形选定颜色和样式。

(4) 重新设计 SmartArt 图形样式

单击"格式"选项卡"形状样式"组中的相应按钮，可设置图形的颜色、轮廓、效果等。

5.4.6 插入音频和视频

在幻灯片中还可插入一些简单的声音和视频。

选中要插入声音的幻灯片，单击"插入"选项卡"媒体"组中的"音频"按钮，可插入"文件中的音频""剪贴画音频"，还可录制音频。幻灯片中插入声音后，幻灯片中会出现声音图标，还会出现浮动声音控制栏，单击其上的"播放"图标按钮，可播放声音，如图 5-26 所示。声音文件类型可以是 MP3 文件、WAV 文件、WMA 文件、MID 文件等。

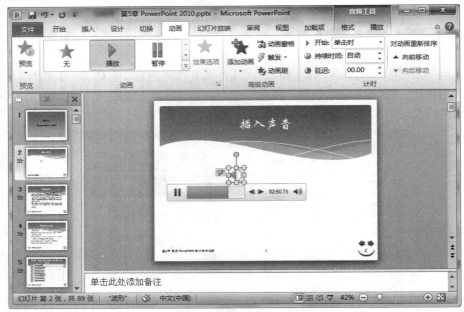

图5-26 插入声音文件

选中要插入视频的幻灯片，单击"插入"选项卡"媒体"组中的"视频"按钮，在列表中选择"文件中的视频""来自网站的视频""剪贴画视频"等命令。

5.4.7 插入艺术字

在幻灯片中也可使用艺术字，使文本具有特殊的艺术效果，例如，可拉伸标题、对文本进行变形、使文本适应预设形状或应用渐变填充等。在幻灯片中既可创建艺术字，也可将现有文本转换成艺术字。

1. 插入艺术字

操作方法如下。

(1) 选中要插入艺术字的幻灯片，单击"插入"选项卡"文本"组中的"艺术字"按钮，出现艺术字样式列表，如图 5-27 所示。

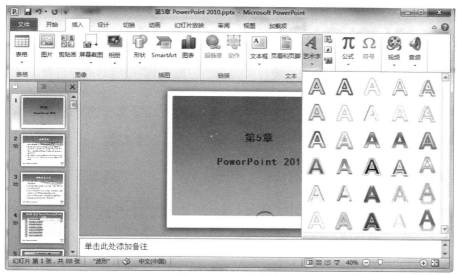

图5-27　插入艺术字

(2) 在艺术字样式列表中选择一种样式，出现指定样式的艺术字编辑框，其内容为"请在此放置您的文字"，在艺术字编辑框中删除原有文本并输入新文本即可。与普通文本一样，艺术字也可改变字体和字号。

2. 修饰艺术字

插入艺术字后，可对艺术字内的填充效果(颜色、渐变、图片、纹理等)、轮廓线(颜色、粗细、线型等)和文本外观效果(阴影、发光、映像、棱台、三维旋转和转换等)进行修饰处理，使艺术字的效果得到创造性发挥。

选中要修饰的艺术字，使其周围出现 8 个白色控点和一个绿色控点，拖动绿色控点可任意旋转艺术字；拖动白色控点可改变艺术字的大小。

选中艺术字时，会出现"绘图工具|格式"选项卡，如图 5-28 所示。其中"艺术字样式"组的"文本填充""文本轮廓"和"文本效果"命令用于修饰艺术字和设置艺术字的外观效果。

图5-28　"绘图工具|格式"选项卡

(1) 改变艺术字填充颜色

选定艺术字，单击"格式"选项卡"艺术字样式"组中的"文本填充"按钮。在弹出的下拉列表中选择一种颜色，则在艺术字的内部使用该颜色填充，也可选择用渐变、图片或纹理填充艺术字。

(2) 改变艺术字轮廓

选定艺术字，单击"格式"选项卡"艺术字样式"组中的"文本轮廓"按钮，在弹出的下拉列表中选择一种颜色作为艺术字的轮廓线颜色。

(3) 改变艺术字效果

选定艺术字，单击"格式"选项卡"艺术字样式"组中的"文本效果"按钮，在弹出的下拉列表中，选择文本效果(阴影、发光、映像、棱台、三维旋转和转换)进行设置。

(4) 艺术字位置的改变

拖动艺术字可将它大致定位在某个位置。要精确定位艺术字，需要选定艺术字，单击"格式"选项卡"大小"组右下角的启动器按钮，打开"设置形状格式"对话框，单击左侧"位置"项，在右侧"水平"栏输入数据，可精确定位艺术字的位置。

3. 将普通文本转换为艺术字

选中要转换为艺术字的文本，单击"插入"选项卡"文本"组中的"艺术字"按钮，在弹出的艺术字样式列表中选择一种样式，并适当修饰即可。

5.5 交互效果设置

PowerPoint 提供了幻灯片与用户之间的交互功能，用户可为幻灯片的各种对象设置放映时的动画效果，甚至可规划动画路径，也可为每张幻灯片设置放映时的切换效果，使其在放映演示时更生动、更富有感染力。

5.5.1 对象动画设置

为幻灯片设置动画效果可使幻灯片中的对象按一定规则和顺序运动起来，赋予它们进入、退出、伸缩、变色甚至移动等视觉效果，既能突出重点，吸引观众注意力，又能增加趣味性。动画使用要适当，过多使用动画会分散观众的注意力，不利于传达信息，设置动画应遵从适当、简化和创新的原则。

1. 为对象添加动画

PowerPoint 提供了四类动画："进入""强调""退出"和"动作路径"。

"进入"动画。设置对象从外部进入或在幻灯片中出现的播放方式。如飞入、旋转、淡入、出现等。

"强调"动画。设置在播放画面中需要突出显示的对象，起强调作用，如放大/缩小、更改颜色、加粗闪烁等。

"退出"动画。设置播放画面中对象离开播放画面时的方式，如飞出、消失、淡出等。

"动作路径"动画。设置播放画面中对象路径移动的方式，如弧形、直线、循环等。

操作方法如下。

(1) 选中幻灯片中要设置动画的对象，单击"动画"选项卡"动画"组中的"动画"按钮；或单击"高级动画"组中的"添加动画"按钮，弹出四类动画选择列表，如图 5-29 所示。

图5-29　设置动画下拉列表

(2) 如果在预设的列表中没有满意的动画设置，可选择列表下的"更多进入效果""更多强调效果""更多退出效果""其他动作路径"，此时，可在幻灯片上预览设置后的效果，不满意可再次选择动画，直到满意为止，单击"确定"按钮。

2. 设置动画效果

为对象设置动画后，可为动画设置效果、设置动画开始播放时间、调整动画速度等。

(1) 选中设置了动画的对象，单击"动画"选项卡"动画"组中的"效果选项"按钮，在弹出的下拉列表中选择动画效果，如图 5-30 所示。

图5-30　设置对象动画效果

(2) 单击"动画"选项卡"计时"组中的"开始"按钮，在弹出的列表中选择开始动画的方式，如图 5-31 所示。

图5-31　设置对象动画开始方式

233

(3) 在"计时"组的"持续时间"增量框中输入时间值。可设置动画放映的持续时间，持续时间越长，放映速度越慢。

3. 使用动画窗格

对多个对象设置动画后，可按设置的先后顺序播放，也可调整动画的播放顺序，使用"动画窗格"或"动画"选项卡"计时"组中的对应按钮，可查看、改变动画顺序，或调整动画播放的时长等。

(1) 选中设置了多个对象动画的幻灯片，单击"动画"选项卡"高级动画"组中的"动画窗格"按钮，在幻灯片右侧出现"动画窗格"，如图 5-32 所示，窗格中列出设置了动画的所有对象的名称及顺序，单击"播放"按钮会预览幻灯片播放时的动画效果。

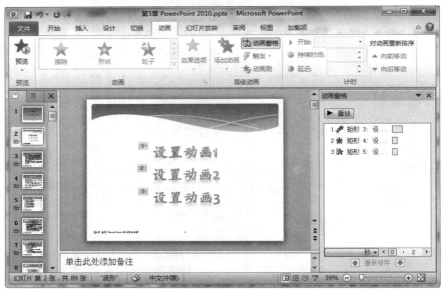

图5-32　动画窗格

(2) 选中"动画窗格"中某对象的名称，利用窗格下方"重新排序"两边的上移或下移图标按钮，或直接拖动对象名称，可改变对象的动画播放顺序。

(3) 在"动画窗格"中，用鼠标拖动时间条的边框可改变对象动画放映的时间长度，拖动时间条改变其位置可改变动画开始时的延迟时间。

(4) 选中"动画窗格"中的某对象名称，单击其右侧的下拉列表按钮，选择下拉列表框中出现的命令，可重新设置该对象的动画效果，如图 5-33 所示。

4. 自定义路径动画

预设的动画路径如果不能满足用户的设计要求，用户还可通过自定义路径动画来设计对象的路径。

(1) 选中幻灯片中的对象，单击"动画"选项卡"高级动画"组中的"添加动画"按钮，在下拉列表中选择"自定义路径"选项，如图 5-34 所示。

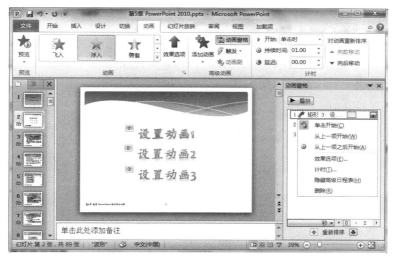

图5-33　设置对象动画效果

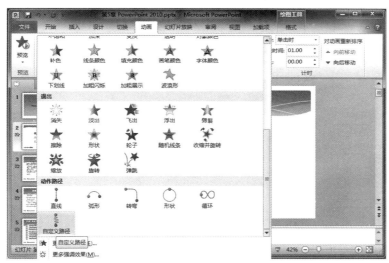

图5-34　选择"自定义路径"选项

(2) 鼠标移至幻灯片上，变成"+"字形时，可建立路径的起始点。鼠标变成画笔，移动鼠标，画出自定义的路径，双击鼠标可确定终点，之后动画会按路径预览一次。

(3) 选中已经定义的路径，单击右键，在弹出的快捷菜单中选择"编辑顶点"命令，拖动出现的黑色定点，可修改动画路径。

5. 复制动画设置

要使某对象的动画效果与另一个对象的动画效果(已设置好动画效果)相同，可使用"动画"选项卡"高级动画"组中的"动画刷"按钮。操作方法是选中要复制动画效果的对象，单击"动画刷"按钮，复制该对象的动画，再单击要应用该动画的对象，则动画效果复制到该对象上，双击"动画刷"命令，可将要复制的动画效果复制到多个对象上。

5.5.2　幻灯片切换效果

幻灯片的切换效果指演示文稿放映时幻灯片进入和离开播放画面时的整体视觉效果。幻灯片的切换效果可使幻灯片的过渡更自然。

1. 设置幻灯片切换样式

(1) 打开演示文稿，选择要设置切换效果的一张或多张幻灯片，单击"切换"选项卡"切换到此幻灯片"组中下拉列表右侧的"其他"按钮，其中列出"细微型""华丽型"和"动态内容"等切换类型，如图 5-35 所示。

图5-35　设置切换方案

(2) 在切换效果列表中选择一种切换样式，该切换效果应用于所选幻灯片，如果希望全部幻灯片均采用该切换效果，可单击"计时"组中的"全部应用"按钮。

2. 设置幻灯片切换属性

单击"切换"选项卡"切换到此幻灯片"组中的"效果选项"按钮，在弹出的下拉列表中选择一种切换效果；在"计时"组左侧设置切换声音，单击"声音"栏下拉列表按钮，在弹出的下拉列表中选择一种切换声音，如"鼓掌"；在"持续时间"栏设置切换持续时间；在"计时"组右侧设置换片方式，如"设置自动换片时间"，表示经过该时间段后自动切换到下一张幻灯片。

3. 预览切换效果

单击"切换"选项卡 "预览"组中的"预览"按钮，可预览幻灯片设置的切换效果。

5.5.3　幻灯片链接操作

幻灯片放映时，用户可通过使用超链接和动作设置来增加演示文稿的交互效果，超链接和动作设置可在本幻灯片上跳转到其他幻灯片、文件、外部程序或网页上。

1. 设置超链接

(1) 在幻灯片中选定要建立超链接的对象，单击"插入"选项卡"链接"组中的"超链接"按钮；或单击鼠标右键，在弹出的快捷菜单中选择"超链接"命令，打开"插入超链接"对话框，如图 5-36 所示。

图5-36　"插入超链接"对话框

(2) 左侧的"链接到："列表中提供了四种链接到的位置："现有文件或网页""本文档中的位置""新建文档"和"电子邮件地址"。例如，要在幻灯片放映时，单击某个对象转到第 3 张幻灯片，可对该幻灯片中的对象设置超链接，操作方法是打开"插入超链接"窗口，如图 5-37 所示。在"链接到："列表中选择"本文档中的位置"，在"请选择文档中的位置"列表中选择要链接到的第 3 张幻灯片的标题，单击"确定"即可。

图5-37　建立到本文档中的幻灯片的超链接

当幻灯片放映时，鼠标指向设置了超链接的对象，鼠标变成手形。单击，放映会转到所链接的位置。如果需要修改超链接，可在已设置超链接的对象位置单击右键，在弹出的快捷菜单中选择"编辑超链接"命令。

2. 设置动作

(1) 选择要建立动作的对象，单击"插入"选项卡"链接"组中的"动作"按钮，打开"动作设置"对话框，如图 5-38 所示。

图5-38　　"动作设置"对话框

(2) 在对话框中可选择"单击鼠标"或"鼠标移过"选项卡，选中"超链接到"单选按钮，在其下拉列表中选择链接到"幻灯片""URL""其他演示文稿""其他文件"等。例如，在幻灯片放映时单击某对象跳转到第 3 张幻灯片。此处选择链接到"幻灯片"，打开"超链接到幻灯片"对话框，如图 5-39 所示，选择第 3 张幻灯片，单击"确定"即可。

图5-39　　"超链接到幻灯片"对话框

5.6　放映和打印

要放映设计和制作完成的演示文稿，有以下几种操作方法。按 F5 键(从第 1 张幻灯片开始放映)；或按组合 Shift+F5(从当前幻灯片开始放映)；或单击任务栏右侧的"幻灯片放映"按钮；或单击"幻灯片放映"选项卡"开始放映幻灯片"组中的命令。PowerPoint 还提供多种放映方式以适应不同场合，另外，还可将幻灯片打包输出、转换输出及进行打印等操作。

5.6.1　放映设置

1. 设置放映方式

(1) 打开要放映的演示文稿，单击"幻灯片放映"选项卡"设置"组中的"设置幻灯片放映"按钮，打开"设置放映方式"对话框，如图 5-40 所示。

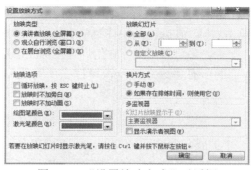

图5-40　"设置放映方式"对话框

(2) 在对话框的"放映类型"列表中，包含"演讲者放映(全屏幕)""观众自行浏览(窗口)"和"在展台浏览(全屏幕)"3 种放映类型，通常选择"演讲者放映"类型。

演讲者放映(全屏幕)。演讲者放映是全屏幕放映，这种放映方式适合会议或教学场合，放映过程完全由演讲者控制。

观众自行浏览(窗口)。允许观众利用窗口命令控制放映进程，观众可利用窗口右下方的左、右箭头，分别切换到前一张幻灯片和后一张幻灯片(或按 PageUp 和 PageDown 键)，利用两箭头之间的"菜单"命令，弹出放映控制菜单。利用菜单的"定位至幻灯片"命令，可便捷地切换到指定的幻灯片，按 Esc 键可终止放映。

在展台浏览(全屏幕)。这种放映方式采用全屏幕放映，适用于展览会上自动播放产品信息的展台，可采用事先排练好的演示时间自动循环播放，此时，观众只能观看不能控制。

(3) 在对话框的"放映幻灯片"区域中，可确定幻灯片的放映范围(全部或部分幻灯片)，放映部分幻灯片时，可指定放映幻灯片的序号。

(4) 在对话框的"换片方式"区域中，可选择控制放映速度的换片方式。"演讲者放映(全屏幕)"和"观众自行浏览(窗口)"放映方式通常采用"手动"换片方式；而"在展台浏览(全屏幕)"方式通常采用"如果存在排练时间，则使用它"换片方式自行播放。

2. 采用排练计时

(1) 打开要放映的演示文稿，单击"幻灯片放映"选项卡"设置"组中的"排练计时"按钮，此时，幻灯片播放，弹出"录制"工具栏，显示每张幻灯片的放映时间和整个演示文稿的总放映时间。

(2) 按用户的需求切换幻灯片，在新的一张幻灯片放映时，幻灯片放映时间会重新计时，总放映时间累加计时，期间可暂停播放。幻灯片放映排练结束时，弹出是否保存排练时间选项，如果选择"是"，在幻灯片浏览视图下，在每张幻灯片的左下角显示该张幻灯片放映时间，如果幻灯片的放映类型选择"在展台浏览(全屏幕)"，幻灯片将按排练计时的换片时间自行切换。

(3) 在幻灯片浏览视图下，选中某张幻灯片，修改"切换"选项卡"计时"组中的"持续时间"编辑框，可修改该张幻灯片的放映时间。

3. 放映演示文稿

选中某张幻灯片，可利用"隐藏幻灯片"命令设置在放映幻灯片时不出现该张幻灯片；利用"幻灯片放映"选项卡"开始放映幻灯片"组中的"自定义幻灯片放映"按钮，可为演示文稿的幻灯片建立多种放映方案，在不同方案中选择不同的幻灯片放映方式。

在幻灯片放映状态下，单击右键，在弹出的快捷菜单中选择"指针选项"，在级联菜单中选择"笔""荧光笔""墨迹颜色"等命令，可利用鼠标在幻灯片上标注出重点内容。单击"指针选项"级联菜单中的"擦除幻灯片上的所有墨迹"命令，可擦去所有用鼠标标注的痕迹。

5.6.2 演示文稿的输出

制作完成的演示文稿是一个扩展名为.pptx 的文件，可直接在安装了 PowerPoint 2010 及更高版本的应用程序环境下放映，但如果计算机上没有安装 PowerPoint，或者程序版本低于 PowerPoint 2010，演示文稿文件就不能直接演示。PowerPoint 提供演示文稿打包功能，将演示文稿打包到文件夹或 CD，也可将 PowerPoint 播放器和演示文稿一起打包；这样，即使在没有安装 PowerPoint 应用程序的计算机上，也能放映演示文稿。还可将演示文稿转换成放映格式，在没有安装 PowerPoint 的计算机上放映。

1. 打包演示文稿

演示文稿可打包到电脑硬盘文件夹或光盘(需要刻录机和空白光盘)上。

打包到光盘或指定文件夹上的操作方法如下。

(1) 打开要打包的演示文稿，单击"文件"选项卡的"保存并发送"命令。在 Backstage 视图的"文件类型"列表中，双击"将演示文稿打包成 CD"命令，打开"打包成 CD"对话框，如图 5-41 所示。若选择"复制到文件夹"，则演示文稿打包到指定的文件夹中；若选择"复制到 CD"，则演示文稿打包到 CD 上。

(2) 对话框中显示了当前要打包的演示文稿，若希望将其他演示文稿也一起打包，则单击"添加"按钮，出现"添加文件"对话框，从中选择要打包的文件。

(3) 默认情况下，打包应包含与演示文稿相关的"链接的文件"和"嵌入的 TrueType 字体"，要改变这些设置，单击"选项"按钮，打开"选项"对话框，如图 5-42 所示。选中"链接的文件"和"嵌入的 TrueType 字体"复选框。

图5-41 "打包成CD"对话框

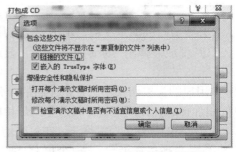

图5-42 "选项"对话框

(4) 在"打包成 CD"对话框中选择"复制到文件夹"命令，打开"复制到文件夹"对话框，输入文件夹的路径和名称，单击"确定"按钮，则系统开始打包并存放到指定的文件夹中。

(5) 若已经安装光盘刻录设备，在"打包成 CD"对话框中选择"复制到 CD"命令也可将演示文稿打包到 CD，此时要求在光驱中放入空白光盘，出现"正在将文件复制到 CD"对话框，提示复制的进度。

2. 运行打包的演示文稿

演示文稿打包后，就可在没有安装 PowerPoint 应用程序的环境下放映演示文稿。打开包含打包文件的文件夹，在联网情况下，双击该文件夹的网页文件，在打开的网页上单击 Download Viewer 按钮，下载 PowerPoint 播放器 PowerPoint Viewer.exe 并安装；启动 PowerPoint 播放器，打开 Microsoft PowerPoint Viewer 对话框，定位到打包文件夹，选择要播放的演示文稿，单击"打开"按钮，即可放映该演示文稿。打包到 CD 的演示文稿，可在插入光盘后自动播放。

3. 将演示文稿转换为直接放映格式

将演示文稿转换为直接放映格式后，可在没有安装 PowerPoint 应用程序的计算机上直接放映。

打开演示文稿，单击"文件"选项卡的"保存并发送"命令，在 Backstage 视图中的"文件类型"列表中，双击"更改文件类型"命令，打开"另存为"对话框，在保存类型下拉列表中选择"PowerPoint 放映(*. ppsx)"，再选择存放的路径和文件名。单击"保存"按钮，则演示文稿保存为放映格式，双击该演示文稿文件名，直接进入放映状态。

5.6.3　演示文稿打印

演示文稿制作完成后也可进行打印操作。

1. 页面设置

打开演示文稿，单击"设计"选项卡"页面设置"组中的"页面设置"按钮，打开"页面设置"对话框，如图 5-43 所示。可设置幻灯片的大小、宽度、高度、方向等，在幻灯片浏览视图下可看到页面设置后的效果。

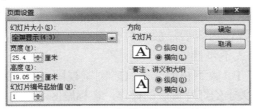

图5-43　"页面设置"对话框

2. 打印预览

单击"文件"选项卡的"打印"选项，在 Backstage 视图中，可预览幻灯片的打印效果；还可设置幻灯片的打印范围、打印版式、打印数量、打印方向等。

习　题

1. 在 PowerPoint 中，一旦演示文稿被标记为最终状态，则＿＿＿＿＿。
    A. 提供密码才能打开此演示文稿　　　B. 演示文稿属性将被标记为隐藏
    C. 使用数字签名才能打开此文件　　　D. 演示文稿属性将被标记为只读

2. PowerPoint 提供了动画刷功能，其作用是＿＿＿＿＿。
    A. 类似于格式刷，可将设置的动画效果方便地复制到其他对象上
    B. 将系统默认的动画效果运用于指定的对象
    C. 单击后，全部幻灯片将套用同一动画效果
    D. 单击后，全部幻灯片的动画效果将取消

3. PowerPoint 演示文稿的默认扩展名是＿＿＿＿＿。
    A. ppt　　　　　　B. pptx　　　　　　C. pot　　　　　　D. potx

4. PowerPoint 支持从当前幻灯片开始放映，其快捷键是＿＿＿＿＿。
    A. Shift+F5　　　　B. Ctrl+F5　　　　C. Alt+F5　　　　D. F5

5. PowerPoint 提供了屏幕截屏功能，其作用是＿＿＿＿＿。
    A. 将PowerPoint当前幻灯片截取到剪贴板
    B. 将当前PowerPoint演示文稿的图片截取到剪贴板
    C. 将当前桌面的图片截取到PowerPoint演示文稿
    D. 插入任何未最小化到任务栏的程序的图片，并进行剪辑编辑

6. 在 PowerPoint 中，新建幻灯片的快捷键是＿＿＿＿＿。
    A. Ctrl+M　　　　　B. Ctrl+N　　　　　C. Alt +M　　　　D. Alt +N

7. 在 PowerPoint 中，要在打开的当前幻灯片中反映实际的日期和时间，可在"插入"选项卡的"文本"组中勾选"日期和时间"项，在弹出的"页眉和页脚"对话框中选中＿＿＿＿＿。
    A. 编辑时间　　　B. 固定　　　　C. 自动更新　　　D. 页脚

8. 在 PowerPoint 中，下列说法错误的是＿＿＿＿＿。
    A. 在PowerPoint中支持复杂的数学公式输入
    B. PowerPoint演示文稿设计模板的文件扩展名是.potx
    C. 动作按钮和自选图形在PowerPoint中合并成了"形状"
    D. 在文档中插入多媒体内容后，放映时只能自动放映，不能手动放映

9. PowerPoint 的视图模式不包括＿＿＿＿＿。
    A. 普通视图　　　B. 大纲视图　　　C. 浏览视图　　　D. 阅读视图

10. 在 PowerPoint 中，关于幻灯片母版的操作，在标题区域或文本区添加所有幻灯片共有文本的方法是＿＿＿＿＿。
    A. 使用文本占位符　B. 使用文本框　　C. 直接录入　　　D. 使用模板

11. 在 PowerPoint 中，主要编辑视图是＿＿＿＿＿。
    A. 幻灯片浏览视图　　　　　　　B. 普通视图
    C. 幻灯片放映视图　　　　　　　D. 备注页视图

12. 在 PowerPoint 视图中，可同时浏览多张幻灯片，便于重新排序、添加、删除等操作的视图是_____。

　　A. 幻灯片浏览视图　B. 备注页视图　　C. 普通视图　　　D. 幻灯片放映视图

13. 在 PowerPoint 浏览视图下，按住 Ctrl 键并拖动某幻灯片，可完成的操作是_____。

　　A. 移动幻灯片　　　B. 复制幻灯片　　C. 删除幻灯片　　D. 选定幻灯片

14. 在 PowerPoint 幻灯片浏览视图中，选定多张不连续幻灯片，在单击选定幻灯片前应该按住_____。

　　A. Alt　　　　　　　B. Shift　　　　　C. Tab　　　　　　D. Ctrl

15. 在 PowerPoint 的普通视图左侧的大纲窗格中，可修改的是_____。

　　A. 占位符中的文字　B. 图表　　　　　C. 自选图形　　　D. 文本框中的文字

16. 在 PowerPoint 中，结束幻灯片播放的快捷键是_____。

　　A. End　　　　　　　B. Ctrl+E　　　　C. Esc　　　　　　D. Ctrl+C

17. 在 PowerPoint "文件" 选项卡中，"新建" 命令的功能是_____。

　　A. 新建一个演示文稿　　　　　　　B. 插入一张新幻灯片

　　C. 新建一个新超链接　　　　　　　D. 新建一个新备注

18. 在 PowerPoint 的普通视图中，隐藏了某张幻灯片后，则表示_____

　　A. 从文件中删除

　　B. 在幻灯片放映时不放映，但仍然保存在文件中

　　C. 在幻灯片放映时仍然可以放映，但是幻灯片上的部分内容被隐藏

　　D. 在普通视图的编辑状态中被隐藏

19. 在 PowerPoint 中，如果要从第 2 张幻灯片跳转到第 8 张幻灯片，应使用 "插入" 选项卡中的_____。

　　A. 自定义动画　　　B. 预设动画　　　C. 幻灯片切换　　D. 超链接或动作

20. 在 PowerPoint 中，要在每张幻灯片相同的位置插入学校的徽标，最好在幻灯片的_____中设置。

　　A. 普通视图　　　　B. 浏览视图　　　C. 母版视图　　　D. 备注视图

第6章

计算机网络

计算机网络是计算机技术与通信技术相结合的产物。自从计算机网络问世以来，基本结束了计算机各自"孤独"工作的历史，相互之间有了信息交流。如今，计算机网络尤其是 Internet 已成为人类社会生活中不可缺少的重要组成部分。Internet 中有着不计其数、丰富多彩的网站，而网站是由网页按照一定的链接顺序组成的。

6.1 计算机网络的基础知识

6.1.1 计算机网络概述

1. 计算机网络的定义

什么是计算机网络？多年来并没有一个严格的定义，且随着计算机技术和通信技术的发展而具有不同的内涵。侧重资源共享的计算机网络定义更准确地描述了计算机网络的特点：将若干台具有独立功能的计算机通过通信设备及传输媒体互联起来，在通信软件的支持下，实现计算机间资源共享、信息交换或协同工作的系统。计算机网络是计算机技术和通信技术相结合的产物，两者的迅速发展及相互渗透，形成了计算机网络技术。

2. 计算机网络的发展历程

计算机网络的发展经历了从简单到复杂，从低级到高级的过程，这个过程可划分为以下四个阶段。

1) 以数据通信为主的第一代计算机网络

1954 年，美国军方的半自动地面防空系统将远距离的雷达和测控仪器所探测到的信息，通过通信线路汇集到某个基地的一台 IBM 计算机上集中处理信息，再将处理好的数据通过通信线路送回各自的终端设备。这种以单个计算机为中心、面向终端设备的网络结构，严格来讲，是一种联机系统，是计算机网络的雏形，我们一般称之为第一代计算机网络。

2) 以资源共享为主的第二代计算机网络

美国国防部高级研究计划局(ARPA，Advanced Research Projects Agency)于 1968 年主持研制，次年将分散在不同地区的 4 台计算机连接起来，建成了 ARPA 网。建立该网最初是出于军事目的，保证在现代化战争情况下，仍能够利用具有充分抗故障能力的网络进行信息交换，确保军事指挥系统发出的命令能够畅通无阻地送达。到了 1972 年，有 50 多家大学和研究所与 ARPA 网连接，而到 1983 年，入网计算机达到 100 多台。ARPA 网的建成标志着计算机网络的发展进入第二代，它也是 Internet 的前身。

第二代计算机网络是以分组交换网为中心的计算机网络，它与第一代计算机网络主要有两个区别。一是网络中通信双方都是具有自主处理能力的计算机，而不是终端机；二是计算机网络功能以资源共享为主，而不是以数据通信为主。

3) 体系标准化的第三代计算机网络

由于 ARPA 网的成功，到了 20 世纪 70 年代，不少公司推出了自己的网络体系结构。最著名的有 IBM 公司的 SNA(System Network Architecture)和 DEC 公司的 DNA(Digital Network Architecture)。随着社会的发展，需要各种不同体系结构的网络进行互连，但由于不同体系的网络很难互连，因此，国际标准化组织(ISO)在 1977 年设立了一个分委员会，专门研究网络通信的体系结构。1983 年，该委员会提出的开放系统互连参考模型(OSI，Open System Interconnection)，给网络的发展提供了一个可共同遵守的规则，从此，计算机网络的发展走上了标准化道路。因此，我们把体系结构标准化的计算机网络称为第三代计算机网络。

4) 以Internet为核心的第四代计算机网络

进入 20 世纪 90 年代，Internet 的建立将分散在世界各地的计算机和各种网络连接起来，形成了覆盖世界的大网络。随着信息高速公路计划的提出和实施，Internet 迅猛发展起来，它将当今世界带入了以网络为核心的信息时代。目前这阶段计算机网络发展特点呈现为：高速互连、智能与更广泛的应用。

3. 计算机网络的发展趋势

计算机网络的发展方向是 IP 技术+光网络，光网络将演进为全光网络。从网络的服务层面上看，将是一个 IP 的世界，通信网络、计算机网络和有线电视网络将通过 IP 三网合一；从传送层面上看，将是一个光的世界；从接入层面上看，将是一个有线和无线的多元化世界。

1) 三网合一

随着技术的不断发展，新旧业务的不断融合，目前广泛使用的通信网络、计算机网络和有线电视网络三类网络正逐渐向单一的统一 IP 网络发展，即所谓的三网合一。IP 网络可将数据、语音、图像、视频均封装到 IP 数据包中，通过分组交换和路由技术，采用全球性寻址，使各种网络无缝连接。IP 协议将成为各种网络、各种业务的"共同语言"，实现三网合一并最终形成统一的 IP 网络，这样会极大地节约开支、简化管理、方便用户。可以说三网合一是网络发展的一个最重要的趋势。

2) 光通信技术

随着光器件、各种光复用技术和光网络协议的发展，光传输系统的容量已从 Mb/s 级发展到 Tb/s 级，提高了近 10 万倍。光通信技术的发展主要有两个大的方向：一是主干传输向高速率、大容量的光传送网发展，最终实现全光网络；二是接入向低成本、综合接入、宽带化光纤接入网发展，最终实现光纤到家庭和光纤到桌面。全光网络是指光信息流在网络中的传输及交换始终以光的形式实现，不再需要经过光/电、电/光转换，即信息从源节点到目的节点的传输过程中始终在光域内。

3) IPv6协议

TCP/IP 协议簇是互联网的基石之一。目前广泛使用的 IP 协议的版本为 IPv4，其地址位数为 32 位，即理论上约有 40 亿(2^{32})个地址。随着互联网应用的日益广泛和网络技术的不断发展，IPv4 的问题逐渐显露出来，主要是地址资源枯竭、路由表急剧膨胀、对网络安全和多媒体应用的支持不够等。

IPv6 作为下一代的 IP 协议，采用 128 位地址长度，即理论上约有 2^{128} 个地址，几乎可以不受限制地提供地址。IPv6 除一劳永逸地解决了地址短缺问题外，也解决了 IPv4 中端到端 IP 连接、服务质量、安全性等缺陷。我们国家也已经积极开展 IPv6 的部署工作。可以说，我们正在逐步走进 IPv6 的时代。

4) 宽带接入技术与移动通信技术

低成本光纤到户的宽带接入技术和更高速的 3G，乃至已经到来的 4G 甚至即将部署的 5G 宽带移动通信系统技术的应用，使得不同的网络间无缝连接，为用户提供满意的服务。同时，网络可自行组织，终端可重新配置和随身携带，它们带来的宽带多媒体业务也逐渐进入我们的生活。

6.1.2　计算机网络的组成

计算机网络的物理部分主要由计算机系统、网络节点和通信链路组成。计算机系统进行各种数据处理，通信链路和网络节点提供通信功能。

1. 计算机系统

计算机网络中的计算机系统主要担负数据处理工作，它可以是具有强大功能的大型计算机，也可以是一台微机，其任务是进行信息的采集、存储和加工处理。分为网络服务器和网络工作站两类。

1) 服务器

服务器(Server)是网络中的核心设备，它运行网络操作系统，负责网络资源管理和网络通信，并按网络工作站提出的请求，为网络客户提供服务。

2) 工作站

工作站(Station)也称为客户机(Client)，是网络用户进行信息处理的计算机。工作站既可以单机使用，为用户提供本地服务，也可联网使用，供用户请求网络系统服务，例如访问网上资源等。

2. 网络节点

网络节点主要负责网络中信息的发送、接收和转发。网络节点是计算机与网络的接口，计算机通过网络节点向其他计算机发送信息，鉴别和接收其他计算机发送来的信息。在大型网络中，网络节点一般由一台通信处理机或通信控制器来担当，此时的网络节点还具有存储转发和路径选择功能，在局域网中使用的网络适配器(网卡)也属于网络节点。

3. 通信链路

通信链路是连接两个节点的通信信道，通信信道包括通信线路和相关的通信设备。通信线路可以是双绞线、同轴电缆和光纤等有线介质，也可以是微波、红外线等无线介质。相关的通信设备包括中继器、调制解调器等，其中，中继器的作用是将数字信号放大，调制解调器则能进行数字信号和模拟信号的转换，以便通过只能传输模拟信号的线路来传输数字信号。

从逻辑功能上看，可将计算机网络分成通信子网和资源子网两个子网。通信子网提供计算机网络的通信功能，由网络节点和通信链路组成。通信子网是由节点处理机和通信链路组成的一个独立的数据通信系统。资源子网提供访问网络和处理数据的能力，由主机、终端控制器和终端组成。主机负责本地或全网的数据处理，运行各种应用程序或大型数据库系统，向网络用户提供各种软硬件资源和网络服务；终端控制器用于将一组终端连入通信子网，并负责控制终端信息的接收和发送。终端控制器可不经主机直接和网络节点相连，当然，还有一些设备也可不经主机直接和节点相连，如打印机和大型存储设备等。

6.1.3　计算机网络的分类

为学习和研究计算机网络，可对计算机网络从不同角度进行分类。

1. 按网络的覆盖范围划分

(1) 局域网(Local Area Network，LAN)：覆盖范围一般从几十米至数公里，通常安装在一个实验室、一栋大楼、一个学校或一个单位内。局域网组建方便，使用灵活，是目前计算机网络发展中最活跃的分支。

(2) 广域网(Wide Area Network，WAN)：覆盖范围从数百公里至数千公里，甚至上万公里，可以是一个地区或一个国家，甚至世界几大洲。广域网用于通信的传输装置和介质一般由电信部门提供，能实现广大范围内的资源共享。

(3) 城域网(Metropolitan Area Network，MAN)：介于 LAN 和 WAN 之间，其范围通常覆盖一个城市或地区，距离从数十公里至上百公里。城域网是对局域网的延伸，用于局域网之间的连接。

2. 按网络的拓扑结构划分

计算机网络按拓扑结构可分成星型网络、环型网络、总线型网络、树型网络、网状型网络和混合型网络等。

计算机网络采用拓扑学中的研究方法，将网络中的设备定义为节点，把两个设备之间的连接线路定义为链路。从拓扑学的观点看，计算机网络是由一组节点和链路组成的几何图形，这种几何图形就是计算机网络的拓扑结构，它反映了网络中各种实体间的结构关系。网络拓扑结构设计是构建计算机网络的第一步，也是实现各种网络协议的基础，它对网络的性能、可靠性和通信费用等都有很大影响。不同的网络拓扑结构适用于不同的网络规模。例如局域网采用总线型、星型或环型拓扑结构，而广域网采用网状拓扑结构。

1) 星型结构

星型结构是最早的通用网络拓扑结构形式。其中每个节点都通过连线(例如电缆)与主控机相连，相邻节点之间的通信都通过主控机进行，所以，要求主控机有很高的可靠性。这是一种集中控制方式的结构。在星型拓扑结构中，各节点通过相应的传输介质与中心节点相连，节点之间的通信要通过中心节点进行转发，中心节点通常是集线器。星型结构的优点是结构简单，便于集中控制和管理，网络易于扩展，故障检测和隔离方便，且延迟时间短，误码率低；缺点是中心节点负担重，且一旦发生故障将导致整个网络瘫痪，可靠性较差，通信线路利用率较低，星型结构如图 6-1 所示。

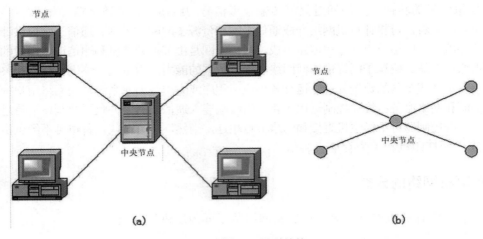

图 6-1 星型结构

2) 环型结构

在环型结构中，每个节点均与下一个节点连接，最后一个节点与第一个节点连接，构成一个闭合环路。环型结构适合那些数据不需要在中心主控机上集中处理而主要在各自节点进行处理的情况。环型结构的优点是网络结构简单，成本低，路径选择的控制简单化，易实现高速远距离传输；缺点是扩充不方便，当环中任一节点或线路出现故障时可能导致整个网络瘫痪，故障诊断困难，可靠性差，环型结构如图 6-2 所示。

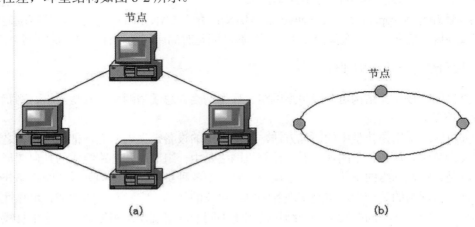

图 6-2 环型结构

3) 总线型结构

在总线型结构中，各节点平等地连接到一条高速公用总线上，信息被节点发送到总线上进行传输并能被连接在总线上的其他各节点接收。在总线型网络中，当一个节点向另一个节点发送数据时，所有节点都将被动地侦听该数据，只有目标节点接收并处理发送给它的数据，其他节点将忽略该数据。总线型结构的优点是结构简单灵活，便于扩充，节点增删、位置变更方便，成本较低；缺点是故障诊断困难，总线长度受限，信息传输过分依赖总线，总线型结构如图 6-3 所示。

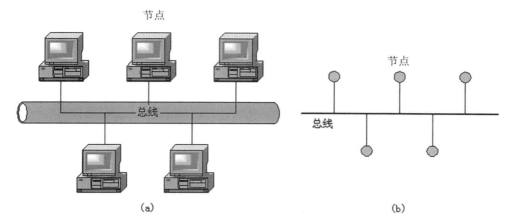

图6-3 总线型结构

另外还有树型和网状结构。树型结构是由星型结构演变而来的，其实质是星型结构的层次堆叠。网状结构由星型、总线型、环型演变而来，是前三种基本拓扑混合应用的结果。值得注意的是，在实际应用中，网络的拓扑结构不一定采用单一形式，而往往将几种结构结合使用(称混合型拓扑结构)。

3. 按传输介质划分

计算机网络按传输介质的不同可划分为有线网和无线网。

有线网采用双绞线、同轴电缆、光纤或电话线作传输介质。采用双绞线和同轴电缆连成的网络经济且安装简便，但传输距离较短。以光纤为介质的网络传输距离远，传输率高，抗干扰能力强，安全好用，但成本较高。

无线网主要以无线电波或红外线为传输介质，联网方式灵活方便，但联网费用稍高，可靠性和安全性还有待完善。另外，还有卫星数据通信网，它是通过卫星进行数据通信的。

4. 按网络的使用性质划分

计算机网络按网络的使用性质的不同，可分为公用网和专用网。其中，公用网(Public Network)是一种付费网络，属于经营性网络，由电信部门或其他提供通信服务的经营部门组建、管理和控制，任何单位和个人付费租用一定带宽的数据信道，如我国的电信网、广电网、联通网等。专用网(Private Network)是某个部门根据本系统的特殊业务需要而建造的网络，这种网络一般不对外提供服务。例如，军队、政府、银行、电力等系统的网络就属于专用网。

6.1.4 计算机网络的功能

1. 数据通信

数据通信是计算机网络的基本功能之一，用于实现计算机之间的信息传送。在计算机网络中，可传递文字、图像、声音、视频等信息。例如，电子邮件(E-mail)可使相隔万里的异地用户快速准确地相互通信。

2. 资源共享

充分利用计算机网络中提供的资源(包括硬件资源、软件资源和数据资源)是组建计算机网络的主要目标之一。共享硬件资源可避免贵重硬件设备的重复购置，提高硬件设备的利用率；共享软件资源可避免软件开发的重复劳动与大型软件的重复购置，进而实现分布式计算的目标；共享数据资源可促进人们相互交流，达到充分利用信息资源的目的。

3. 提高系统的可靠性

在计算机网络系统中，可通过结构化和模块化设计将庞大的、复杂的任务分别交给几台计算机处理，用多台计算机提供冗余，以使其可靠性大大提高。当某台计算机发生故障，不至于影响整个系统中其他计算机的正常工作，使被破坏的数据和信息能得到恢复。

4. 进行分布处理

对于综合性大型科学计算和信息处理问题，可采用一定的算法，将任务分交给网络中不同的计算机，以达到均衡使用网络资源，实现分布处理的目的。

6.1.5 计算机网络新技术

1. 物联网

物联网是新一代信息技术的重要组成部分，英文名称是"the Internet of Things"。顾名思义，"物联网就是物物相连的互联网"，其核心和基础仍然是互联网，是在互联网基础上延伸和扩展的网络。物联网基于互联网、传统电信网等信息承载体，让所有能够被独立寻址的普通物理对象实现互联互通，具有智能、先进、互联三个重要特征。物联网融合智能感知、识别技术、普适计算，被称为继计算机、互联网之后世界信息产业发展的第三次浪潮。

随着物联网技术的研发和产业的发展，物联网的发展前景将超过计算机、互联网、移动通信等传统 IT 领域。作为信息产业发展的第三次革命，物联网涉及的领域越来越广，其理念也日趋成熟，可寻址、可通信、可控制、泛在化与开放模式正逐渐成为物联网发展的演进目标。而对于"智慧城市"的建设而言，物联网将信息交换延伸到物与物的范畴，价值信息极大丰富和无处不在的智能处理将成为城市管理者解决问题的重要手段。

2. 云计算

云计算是一种通过 Internet 以服务方式提供动态可伸缩的虚拟化资源的计算模式。

云计算由一系列可动态升级和被虚拟化的资源组成，这些资源被所有云计算的用户共享并可以方便地通过网络访问，用户不必掌握云计算技术，只需要按照个人或者团体的需要租赁云计算的资源。早在 20 世纪 60 年代，麦卡锡就提出将计算能力作为一种像水和电一样的公用事业提供给用户的理念，这成为云计算思想的起源。在 80 年代网格计算，90 年代公用计算，21 世纪初虚拟化技术、SOA、SaaS 应用的支撑下，云计算作为一种新兴的资源使用和交付模式逐渐为学界和产业界所认知。中国云发展创新产业联盟评价云计算为"信息时代商业模式上的创新"。

云计算是分布式计算(Distributed Computing)、并行计算(Parallel Computing)、效用计算(Utility

Computing)、网络存储(Network Storage Technologies)、虚拟化(Virtualization)、负载均衡(Load Balance)等传统计算机和网络技术发展融合的产物，具有超大规模、高可扩展性、高可靠性、虚拟化、按需服务、极其廉价、通用性强的特点。

3. 大数据

大数据(Big Data)，从字面意义上看是巨量数据的集合，具体指无法在一定时间内用常规软件工具进行捕捉、管理和处理的数据集合，是需要新处理模式才能具有更强的决策力、洞察发现力和流程优化能力的海量、高增长率和多样化的信息资产。大数据具有 5V 特点：Volume(大量)、Velocity(高速)、Variety(多样)、Value(低价值密度)和 Veracity(真实性)。处理大数据需要特殊技术，包括大规模并行处理(MPP)数据库、数据挖掘、分布式文件系统、分布式数据库、云计算平台、互联网和可扩展的存储系统等。大数据技术的战略意义不在于掌握庞大的数据信息，而在于对这些含有意义的数据进行专业化处理，为人类创造更多价值。

4. 移动互联网技术

移动互联网(Mobile Internet)将移动通信和互联网二者结合，用户借助移动终端(手机、PDA、上网本)通过网络访问互联网。移动互联网的出现与无线通信技术"移动宽带化，宽带移动化"的发展趋势密不可分。

随着技术的不断进步和用户对信息服务需求的不断提高，移动互联网将成为继宽带技术后互联网发展的又一推动力。同时，随着 4G 技术的快速发展及 5G 技术的推出，越来越多的传统互联网用户开始使用移动互联网服务，使得互联网更加普及。

在最近几年，移动通信和互联网成为当今世界发展最快、市场潜力最大、前景最诱人的两大业务。这一历史上从来没有过的高速增长现象反映了随着时代与技术的进步，人类对移动性和信息的需求急剧上升。移动互联网正逐渐渗透到人们的生活和工作中，短信、铃图下载、移动音乐、手机游戏、视频应用、手机支付、位置服务等丰富多彩的移动互联网应用迅猛发展，正在深刻改变信息时代的社会生活。移动互联网经过几年的曲折前行，终于迎来了新的发展高潮。

6.2 计算机网络协议和体系结构

6.2.1 网络协议

1. 协议的概念

网络协议是通信双方共同遵守的一组通信规则，是计算机网络工作的基础。主要解决网络中的通信方式、数据传输方式、差错处理方式、数据传输路径等问题。

网络协议主要由以下三个要素组成：

(1) 语法：用户数据与控制信息的结构或格式。

(2) 语义：需要发出何种控制信息，以及完成的动作与做出的响应。

(3) 时序：是对事件实现顺序的详细说明。

现在使用的协议由一些国际组织制定，生产厂商按照协议开发产品，把协议转化成相应的硬件或软件，网络的建设者则根据协议选择适当的产品组建自己的网络。

2. 协议分层

网络协议对于计算机网络来说是必不可少的，计算机网络需要制定一套完整的协议集。对于结构复杂的网络协议来说，最好的组织方式是层次结构，层与层之间相对独立，各层完成特定的功能，每一层都为它的上一层提供某种服务，最高层为用户服务。网络协议分层的原因有以下四点：

(1) 有利于网络的实现和维护。

(2) 有利于相关技术的发展。

(3) 有利于网络产品的生产。

(4) 有利于促进标准化工作。

6.2.2 网络体系结构

现代网络操作系统中的协议大都采用层次模型，这样就把一个复杂的网络协议和通信过程分解为几个功能简单的协议和过程，同时促成了网络协议的标准化。1984 年 10 月国际标准化组织正式发布了"开放系统互连参考模型(Open System Interconnection，OSI)"作为计算机网络通信协议的参考模型。

1. OSI参考模型

OSI 参考模型采用分层的描述方法，将整个网络的功能划分为七个层次。由低层到高层依次为物理层、数据链路层、网络层、传输层、会话层、表示层、应用层，如图 6-4 所示。

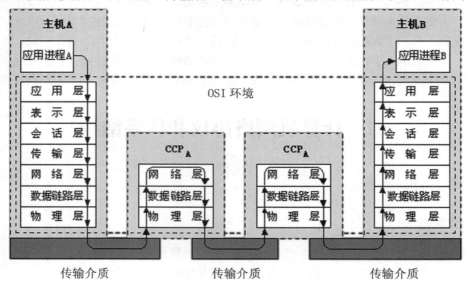

图6-4　OSI参考模型

下面简单介绍 OSI 参考模型各层的功能。

(1) **物理层**。位于 OSI 参考模型的最底层，提供物理连接，所传数据的单位是比特。其功能是对上层屏蔽传输媒体的区别，提供比特流传输服务。

(2) **数据链路层**。负责在各个相邻节点间的线路上无差错地传送以帧为单位的数据。其功能是对物理层传输的比特流进行校验，并采用检错重发等技术，使本来可能出错的数据链路变成不出错的数据链路，从而对上层提供无差错的数据传输。

(3) **网络层**。网络层数据的传送单位是分组或包，它的任务就是要选择合适的路由，使发送端的传输层传下来的分组能正确无误地按照目的地址发送到接收端，使传输层及以上各层设计时不再需要考虑传输路由。

(4) **传输层**。在发送端和接收端之间建立一条不会出错的路由，对上层提供可靠的报文传输服务。与数据链路层提供的相邻节点间的无差错传输不同，传输层保证的是发送端和接收端之间的无差错传输，主要控制的是包的丢失、错序、重复等问题。

(5) **会话层**。会话层虽然不参与具体的数据传输，但它却对数据传输进行管理。它建立在两个互相通信的应用进程之间，组织并协调其交互。

(6) **表示层**。表示层主要为上层用户解决用户信息的语法问题，其主要功能是完成数据转换、数据压缩和数据加密。

(7) **应用层**。应用层是 OSI 参考模型中的最高层，直接为最终用户服务。

由上可见，OSI 参考模型的网络功能可分为三组，下两层解决网络信道问题，第三、四层解决传输服务问题，上三层处理应用进程的访问，解决应用进程通信问题。

2. TCP/IP参考模型

Internet 采用的 TCP/IP 协议是 1974 年由 Vinton Cerf 和 Robert Kahn 开发的。由于 OSI 参考模型进展迟缓，妨碍了相应硬件和软件的开发。随着 Internet 的飞速发展，确立了 TCP/IP 协议的地位，TCP/IP 协议也因此成为事实上的国际标准。TCP/IP 协议实际上是一组协议，是一个完整的体系结构，它从一开始就考虑了网络互连问题，TCP/IP 参考模型如图 6-5 所示。

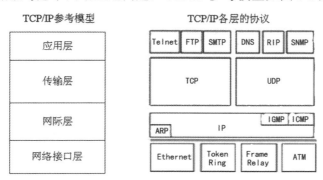

图 6-5 TCP/IP 参考模型与各层协议

3. OSI参考模型与TCP/IP参考模型的比较

OSI 参考模型和 TCP/IP 参考模型都采用了层次结构的概念，但二者在层次划分与使用的协议上有很大区别。OSI 参考模型概念清晰，但结构复杂，实现起来比较困难，特别适合用来解释其他网络体系结构。TCP/IP 参考模型在服务、接口与协议的区别尚不够清楚，这就不能把功能与实现方法有效地分开，增加了 TCP/IP 利用新技术的难度，但经过 30 多年的发展，TCP/IP 模型赢得了大量的用户和投资，伴随着 Internet 的发展而成为目前公认的国际标准。OSI 与 TCP/IP 参考模型的对比，如图 6-6 所示。

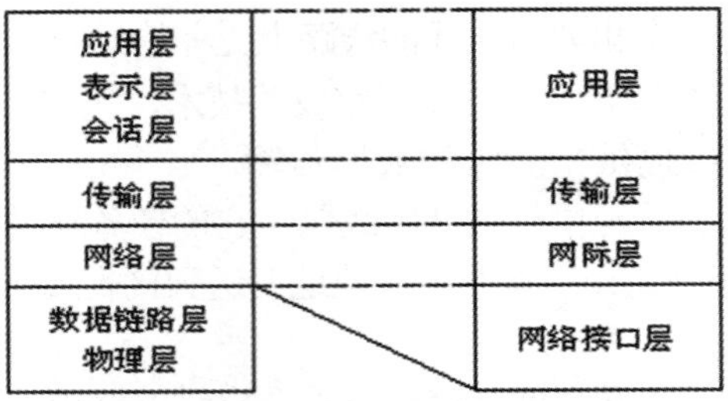

应用层 表示层 会话层		应用层
传输层		传输层
网络层		网际层
数据链路层 物理层		网络接口层

图6-6　OSI与TCP/IP参考模型的对比

6.3　计算机网络系统

与计算机系统是由硬件系统和软件系统组成一样，计算机网络系统也是由网络硬件和网络软件组成。

6.3.1　网络硬件

网络硬件由主体设备、传输介质和连接设备三部分组成。

1. 网络主体设备

计算机网络中的主体设备称为主机(Host)，一般分为中心站(服务器)和工作站(客户机)两类。

2. 网络传输介质

计算机网络是靠传输介质连接起来的，是发送方和接收方之间的物理通路，是网络中传递信息的载体。常用的传输介质分为有线介质和无线传输介质两种。

1) 有线介质

(1) 双绞线。

双绞线是把两条相互绝缘的铜导线绞合在一起，现多为 4 对 8 根线。根据双绞线外面是否有屏蔽层又可分为屏蔽双绞线和非屏蔽双绞线，使用较多的是非屏蔽双绞线。非屏蔽 5 类双绞线的传输速率为 10~100Mb/s，在局域网中被广泛使用，最大传输距离为 100 米，图 6-7 所示的是非屏蔽双绞线的实例图。

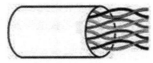

图6-7　非屏蔽双绞线

(2) 同轴电缆。

同轴电缆由内导体铜芯、绝缘层、网状编织的外导体屏蔽层及塑料外层组成，内外导体之间用绝缘物填充。由于屏蔽层的作用，它具有较好的抗干扰能力。通常按直径和特性阻抗不同，将同轴电缆分为粗缆和细缆。粗缆直径为 10mm，特性阻抗为 75Ω，是有线电视 CATV 中的标准传输电缆。细缆直径为 5mm，特性阻抗为 50Ω，经常用来传送没有载波的基带信号，因此又被称为基带同轴电缆，图 6-8 所示的是同轴电缆的实例图。

(3) 光纤。

光纤是由非常透明的石英玻璃拉成丝做成的，信号传输利用了光的全反射原理，分为多模光纤和单模光纤。光纤与其他传输介质相比具有传输速度快、传输距离长、抗干扰能力强等优点，因而被广泛使用，图 6-9 所示的是光纤实例图。

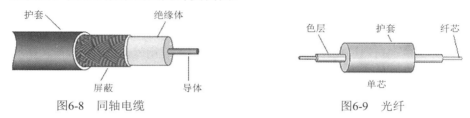

图6-8 同轴电缆   图6-9 光纤

2) 无线传输介质

目前，常用的无线传输介质有无线电、微波、红外线和卫星等。

3. 网络连接设备

计算机网络的互连除传输介质外还需要一些互连设备，负责控制数据的发送、接收和转发，包括信号转换、格式转换、路径选择、差错检测与恢复、通信管理与控制等。常用的网络连接设备有网卡、集线器、交换机、中继器、网桥、路由器、网关、调制解调器等。

1) 网卡

是计算机与网络相连的接口电路，又叫网络适配器(NIC)。网卡的功能主要有：提供固定的网络地址；接收传来的数据并把它转换成本机可识别和处理的格式再传输给本机；把本机要传输的数据转换为网络设备可处理的数据形式在网上传输。在网卡的选择上应注意：网卡的总线类型，目前主要是 PCI 型的；网卡的速度，目前局域网主要选 10M/100M 自适应的；网卡的接口类型，有连接同轴电缆的 BNC 接口和连接双绞线的 RJ-45 接口的，目前主要用的是 RJ-45 接口的网卡，如图 6-10 所示。

2) 集线器

集线器(Hub)是计算机网络中连接多台计算机或其他设备的连接设备，主要提供信号放大和中转的功能。集线器的接口有 4 口、8 口、12 口、16 口、24 口、32 口等几种。目前许多局域网采用集线器联网，图 6-11 所示的是集线器的实例图。

图6-10 RJ-45接口的网卡   图6-11 集线器

3) 交换机

交换机(Switch)的功能主要包括物理编址、错误校验、帧序列及流控制等。从应用领域可分为局域网交换机和广域网交换机；从应用规模可分为企业级交换机、部门级交换机和工作组级交换机，图 6-12 所示的是交换机的实例图。

图6-12 交换机

4）中继器

中继器是为了解决信号传输距离短的问题，而在两个网络段间使用的设备。由于电信号在介质中传输一段距离后会自然衰减并附加一些噪声，中继器的作用就是放大电信号，增加信号的有效传输距离。中继器从本质上可认为是一个放大器，承担信号的放大和传送任务，它属于物理层设备，用中继器连接起来的仍是一个网络整体。

5）网桥

网桥是网段与网段之间的连接设备，像一座桥梁，它通过连接相互独立的网段而扩大网络的最大传输距离。它是工作在数据链路层的存储转发设备。

6）路由器

路由器属于网间连接设备，它能将数据包按照一条最优路径发送至目的网络。它比网桥的功能更强，它工作在网络层，网桥仅考虑了在不同网段数据包的传输，而路由器则在路由选择、拥塞控制、容错性及网络管理方面做了更多工作，图 6-13 所示的是路由器的实例图。

图6-13 路由器

7）网关

网关又称协议转换器，主要用于连接不同结构体系的网络或用于局域网与主机之间的连接。它工作在 OSI 模型的传输层或更高层，在所有网络互连设备中最为复杂，可用软件实现。

8）调制解调器

调制解调器(Modem)是个人计算机通过电话线接入互联网的必备设备，它具有调制和解调两种功能。调制是将数字信号与音频载波组合，产生适合于电话线上传输的音频信号(模拟信号)；解调是从音频信号中恢复出数字信号。调制解调器一般分为内置式和外置式两种类型。

6.3.2 网络软件

网络软件是指在计算机网络环境中，用于支持数据通信和各种网络活动的软件。连入计算机网络的系统，通常根据系统本身的特点、能力和服务对象，配置不同的网络应用系统。其目的是为了本机用户共享网中其他系统的资源，或是为了把本机系统的功能和资源提供给网中其他用户使用。为此，每个计算机网络都制订一套全网共同遵守的网络协议，并要求网中每个主机系统配置相应的协议软件，以确保网中不同系统之间能够可靠、有效地相互通信和合作。

6.4　Internet 基础

Internet 是人类 20 世纪最伟大的发明之一，它让分居世界各地的我们彼此走近。通过它，我们能够找到想知道或者可想象到的信息，能与世界上任何有网络的地方的人们进行通信联络，建立视频会议；能登录到资源丰富的服务器上，搜索世界上最大的图书馆，或访问世界上最吸引人的博物馆；我们可欣赏影视作品、听音乐、阅读各种多媒体杂志；可在家里通过网上商城购买各种需要的商品。有这一切，都是通过世界上最大的计算机网络——Internet 来实现的。可以说，Internet 改变了人们的生活方式，把我们带入了信息时代。

Internet 由成千上万个计算机网络组成，覆盖范围从大学校园、商业公司的局域网到大型的在线服务提供商，几乎覆盖了社会的各个领域。简单地说，Internet 主要指通过 TCP/IP 协议将世界各地的网络连接起来，实现资源共享、信息交换，提供各种应用服务的全球性计算机网络，它是全球最大的、开放式的、由众多网络互连而成的计算机网络。Internet 就像在计算机与计算机之间架起的一条条公路，各种信息在上面快速传递，这种高速公路网遍及世界各地，形成了像蜘蛛网一样的网状结构，使得人们得以在全球范围内交换各种各样的信息。

6.4.1　Internet 的起源和发展

1. Internet的起源和发展

Internet 是在美国较早的军用计算机网 ARPANet 的基础上经过不断发展变化而形成的，其起源主要可分为以下几个阶段。

1969 年，美国国防部高级研究计划局(ARPA)开始建立一个名为 ARPANet 的网络，当时建立这个网络只是为了将美国的几个军事及研究用电脑主机连接起来。人们普遍认为这就是 Internet 的雏形。

美国国家科学基金会(NSF)在 1985 开始建立 NSFNet。NSF 规划建立了 15 个超级计算中心及国家教育科研网，用于支持科研和教育的全国性计算机网络 NFSNet，并以此作为基础，实现与其他网络的连接。NSFNet 成为 Internet 上主要用于科研和教育的主干部分，代替了 ARPANet 的骨干地位。

1989 年，MILNet(由 ARPANet 分离出来)实现和 NSFNet 的连接后，就开始采用 Internet 这个名称。此后，其他部门的计算机网相继并入 Internet，ARPANet 宣告解散。

20 世纪 90 年代初，商业机构开始进入 Internet，使 Internet 开始了商业化的新进程，也成为推进 Internet 发展的强大动力。

1995 年，NSFNet 停止运作，Internet 彻底商业化。

这种将不同网络连接在一起的技术的出现，使计算机网络的发展进入一个新时期，形成由网络实体相互连接而构成的超级计算机网络，人们把这种网络形态称为 Internet(互联网)。

2. Internet在中国的发展

1987 年 9 月 20 日，钱天白教授发出我国第一封电子邮件"越过长城，通向世界"，揭开了中国人使用 Internet 的序幕。

Internet 在中国的发展可粗略地分为三个阶段：第一阶段为 1987—1993 年，我国的一些科研部门通过 Internet 建立电子邮件系统，并在小范围内为国内少数重点高校和科研机构提供电子邮件服务。第二阶段为 1994—1995 年，这一阶段是教育科研网发展阶段。北京中关村地区及清华大学、北京大学组成的 NCFC 网于 1994 年 4 月开通了与国际 Internet 的 64 Kb/s 专线连接，同时设立了中国最高域名(cn)服务器。这时，中国才算真正加入了国际 Internet 行列。此后又建成了中国教育和科研计算机网(CERNet，China Educational Research Network)。第三阶段是 1995 年以后，该阶段开始了商业应用。

自此，Internet 这一新生事物以其强大的生命力和无可匹敌的优势席卷中国大地。1994 年初，国家提出建设国家信息公路基础设施的"三金"工程(金桥、金卡、金关)，并于 1996 初成立了信息产业部，诞生了 ChinaNet、CERNet、CSTNet、ChinaGBN 四大 Internet 网络服务提供商。中国公用计算机互联网(ChinaNet)是我国 Internet 的主干网，是由中国电信经营管理的向全国公众开放的中国互联网；中国教育和科研计算机网(CERNet)是教育部负责管理的全国性学术计算机网络；中国科技信息网(CSTNet)是以中国科学院的 NCFC 及 CASNet(中国科学院全国性网络建设工程)为基础，连接了中科院及以外的 20 多个科技单位的全国范围的网络；中国金桥信息网(ChinaGBN)是基于中国金桥网通信网络实体上的 Internet 业务网，是一个商业化的计算机网络。此外，中国联通互联网(UNINet)、中国网通公用互联网(CNCNet)等商业化网络也已正式开通，在全国范围内提供宽带接入等服务。

下面分别介绍我国现有四大主干网络的基本情况。

1) 公用计算机互联网(ChinaNet)

ChinaNet 是由原邮电部组织建设和管理的。原邮电部与美国 Sprint Link 公司在 1994 年签署 Internet 互连协议，开始在北京、上海两个电信局进行 Internet 网络互连工程。ChinaNet 现在有三个国际出口，分别在北京、上海和广州。

ChinaNet 由骨干网和接入网组成。骨干网是 ChinaNet 的主要信息通路，包括 8 个地区网络中心和 31 个省市网络分中心；接入网是由各省内建设的网络节点形成的网络。

2) 中国教育和科研计算机网(CERNet)

CERNet 是 1994 年由原国家计委、国家教委批准立项，原国家教委主持建设和管理的全国性教育和科研计算机互联网络。该项目旨在建设一个全国性教育科研基础设施，把全国大部分高校连接起来，实现资源共享。它是全国最大的公益性互联网络。

CERNet 已建成由全国主干网、地区网和校园网在内的三级层次结构网络。CERNet 分四级管理，分别是全国网络中心、地区网络中心和地区主节点、省教育科研网、校园网。CERNet 全国网络中心设在清华大学，负责全国主干网的运行管理。地区网络中心和地区主节点分别设在清华大学、北京大学、北京邮电大学、上海交通大学、西安交通大学、华中科技大学、华南理工大学、电子科技大学、东南大学、东北大学这 10 所高校，负责地区网的运行管理和规划建设。

CERNet 还是中国开展下一代互联网研究的试验网络，它以现有的网络设施和技术力量为依托，建立了全国规模的 IPv6 试验网。CERNet 在全国第一个实现了与国际下一代高速网 Internet2 的互联，目前国内仅有 CERNet 的用户可以顺利地直接访问 Internet2。CERNet 的建设加快了我国的信息基础建设，缩小了与先进国家在信息领域的差距，也为我国计算机信息网络建设起到了积极的示范作用。

3) 中国科技信息网(CSTNet)

CSTNet 是国家科学技术委员会联合全国各省市的科技信息机构，采用先进信息技术建立起来的信息服务网络，旨在促进全社会广泛的信息共享、信息交流。中国科技信息网络的建成对于加快中国国内信息资源的开发和利用、促进国际交流与合作起到了积极作用，以其丰富的信息资源和多样化的服务方式为国内外科技界和高技术产业界的广大用户提供服务。

中国科技信息网是利用公用数据通信网为基础的信息增值服务网，在地理上覆盖全国各省市，逻辑上连接各部委和各省市科技信息机构，是国家科技信息系统骨干网，也是国际 Internet 的接入网。中国科技信息网从服务功能上是 Intranet 和 Internet 的结合。其 Intranet 功能为国家科委系统内部提供了办公自动化平台以及国家科委、地方省市科委和其他部委科技司局之间的信息传输渠道；其 Internet 功能则主要服务于专业科技信息服务机构，包括国家、地方省市和各部委科技信息服务机构。

中国科技信息网自 1994 年与 Internet 接通之后取得了迅速发展，目前已在全国 20 余个省市建立网络节点。

4) 国家公用经济信息通信网络(金桥网：ChinaGBN)

金桥网是建立在金桥工程上的业务网，支持金关、金税、金卡等"金"字头工程的应用。它是基干网，覆盖全国，实行国际联网，为用户提供专用信道、网络服务和信息服务。金桥网由吉通公司牵头建设并接入 Internet。

3. Internet的发展趋势

从 1996 年起，世界各国陆续启动下一代高速互联网络及其关键技术的研究。下一代互联网与现在使用的互联网相比，具有以下不同。

1) 规模更大

下一代互联网将逐渐放弃 IPv4，启用 IPv6 地址协议。IPv6 地址空间由 IPv4 的 32 位扩大到 128 位，2 的 128 次方形成一个巨大的地址空间，未来的移动电话，电视、冰箱等信息家电都可拥有自己的 IP 地址，一切都可通过网络来控制，把人类带进真正的数字化时代。

2) 速度更快

下一代互联网的网络传输速率比现在提高 1000 倍以上，这与目前的"宽带网"是两个截然不同的概念，下一代互联网强调的是端到端的绝对速度。

3) 更安全

目前的互联网因为种种原因，在体系设计上有一些不完善的地方，存在大量安全隐患，下一代互联网将在建设之初就从体系设计上充分考虑安全问题，使网络安全的可控制性、可管理性大大增强。

4) 更智能

随着各种感知技术在互联网上的广泛应用，物联网技术飞速发展，使得互联网能够给我们提供更多、更智能、更易管控的应用。

6.4.2 Internet 的组成及常用专业术语

1. Internet的组成

Internet 是通过分层结构，由物理网、协议、应用软件和信息这四层组成的。

1) 物理网

物理网是实现互联网通信的基础，它的作用类似于现实生活中的交通网络，像一个巨大的蜘蛛网覆盖着全球，而且仍在不断延伸和加密。

2) 协议

在 Internet 上传输的信息至少遵循三个协议：网际协议、传输协议和应用程序协议。网际协议负责将信息发送到指定的接收机；传输协议(TCP)负责管理被传送信息的完整性；应用程序协议几乎和应用程序一样多，如 SMTP、Telnet、FTP 和 HTTP 等，每一个应用程序都有自己的协议，它负责将网络传输的信息转换成用户能够识别的信息。

3) 应用软件

实际应用中，通过一个个具体的应用软件与 Internet 打交道。每一个应用程序的使用代表着要获取 Internet 提供的某种网络服务。例如，通过 WWW 浏览器可以访问 Internet 上的 Web 服务器，浏览图文并茂的网页信息。

(4) 信息

没有信息，网络就没有任何价值。信息在网络世界中就像货物在交通网络中一样，建设物理网(修建公路)、制定协议(交通规则)和使用各种各样的应用软件(交通工具)的目的是传输信息(运送货物)。

2. Internet的常用专业术语

与 Internet 打交道常会接触一些名词或术语，TCP/IP、FTP、E-mail、WWW、Telnet、BBS、POP、SMTP 等在本书中其他部分已涉及，此处仅列出在其他部分未涉及的部分名词或术语。

(1) ISP。Internet 服务提供商，主要为用户提供拨号上网、WWW 浏览、FTP、收发 E-mail、BBS、Telnet 等各种服务。

(2) PPP 协议。点对点协议，Modem 与 ISP 连接通信时所支持的协议。

(3) DNS。域名服务器，用户间 Internet 任意站点的必由之路，也相当于指路牌。在配置 Internet 软件时，必须将 ISP 提供给自己的 DNS 的 IP 地址写正确。

(4) 博客：Blog 或 Weblog，源于 Web Log(网络日志)，是一种十分简易的傻瓜化个人信息发布方式。

6.4.3　Internet 的应用

目前，Internet 上所提供的服务功能已达上万种，其中多数服务是免费提供的。随着 Internet 向商业化方向发展，很多服务被商业化的同时，所提供的服务种类也将进一步快速增长。从功能上说，Internet 所提供的服务基本上可分为三类：共享资源、交流信息、发布和获取信息。下面介绍 Internet 的几种主要服务。

1. 电子邮件

电子邮件服务(又称 E-mail 服务)是目前互联网上使用最频繁的服务之一，它为互联网用户之间发送和接收消息提供了一种快捷、廉价的现代化通信手段。

1) 电子邮件的功能

(1) 邮件的制作与编辑。

(2) 邮件的发送(可发送给一个用户或同时发送给多个用户)。

(3) 邮件通知(随时提示用户有邮件)。

(4) 邮件阅读与检索(可按发件人、收件人、时间或标题检索已收到的邮件,并可反复阅读来信)。

(5) 邮件回复与转发。

(6) 邮件处理(对收到的邮件可以转存、分类归档或删除)。

2) 电子邮件地址的格式

由于 E-mail 是直接寻址到用户的,而不是仅到计算机,所以个人的姓名或有关说明也要编入 E-mail 地址中。Internet 的电子邮箱地址组成如下:

用户名@电子邮件服务器名

它表示以用户名命名的邮箱是建立在符号"@"(读作 at)后面说明的电子邮件服务器上的,该服务器就是向用户提供电子邮政服务的"邮局"机。如 lizheng@sdca.edu.cn。

3) 获取免费电子邮箱

用户可使用 WWW 浏览器免费获取电子邮箱,访问电子邮件服务。在电子邮件系统页面上输入用户的用户名和密码,即可进入用户的电子邮件信箱,然后处理电子邮件。

目前许多网站都提供免费的邮件服务功能,用户可通过这些网站收发电子邮件。免费电子邮箱服务大多在 Web 站点的主页上提供,申请者可在此申请邮箱地址,各网站的申请方法大同小异。

2. 搜索引擎

搜索引擎其实也是一个网站,只不过该网站专门为用户提供信息检索服务,它使用特有的程序把互联网上的所有信息归类,以帮助人们在浩如烟海的信息海洋中搜寻所需的信息。常用的搜索引擎有百度(http://www.baidu.com/)、雅虎(http://www.yahoo.cn/)等。

在上网搜索前,我们首先要搞清楚待查信息的关键字。可先输入一个主关键字进行搜索,如果发现搜索到的结果太多或者没有用,说明这一个关键字不明确,在"高级搜索"中输入第二个关键字,再次搜索,一般就能查到所需信息。

3. 即时通信

即时通信是指能够即时发送和接收互联网消息等的业务。自 1998 年面世以来,特别是近几年来发展迅速,功能日益丰富,逐渐集成了电子邮件、博客、音乐、电视、游戏和搜索等多种功能,发展成集交流、资讯、娱乐、搜索、电子商务、办公协作和企业客户服务等为一体的综合信息平台。

1) 网上聊天

网上聊天就是在 Internet 上专门指定一个场所,为大家提供实时语音和视频交流,目前常用的聊天软件有 YY、UC 等。

2) "网上寻呼"

"网上寻呼"即 ICQ(I Seek You),采用客户机/服务器工作模式。在安装即时消息软件时,它会自动和服务器联系,然后给用户分配一个全球唯一的识别号码。ICQ 可自动探测用户的上网状态并可实时交流信息。其中，腾讯公司的 QQ 软件和微软公司的 MSN Messenger 软件的应用规模最大。

3) IP电话

IP 电话也称网络电话，是通过 TCP/IP 协议实现的一种电话应用。它利用 Internet 作为传输载体，实现计算机与计算机、普通电话与普通电话、计算机与普通电话之间进行语音通信。

IP 电话能更有效地利用网络带宽，占用资源少，成本很低。但通过 Internet 传输声音的速率会受到网络工作状态的影响。

4. 网络音乐和网络视频

1) 网络音乐

MIDI、MP3、Real Audio 和 WAV 是歌曲的几种压缩格式，其中前三种是现在网络上较流行的网络音乐格式。由于 MP3 体积小，音质高，采用免费的开放标准，使得它几乎成为网上音乐的代名词。

MP3(MPEG Audio Layer-3)是 ISO 下属的 MPEG 开发的一种以高保真为前提实现的高效音频压缩技术，它采用了特殊的数据压缩算法对原先的音频信号进行处理，可按 12:1 的比例压缩 CD 音乐，以减小数码音频文件的大小，而音乐的质量却没有什么变化，几乎接近于 CD 唱盘的质量。

2) 视频点播(VOD)

视频点播(Video On Demand，VOD)即交互式多媒体视频点播业务，是集动态影视图像、静态图片、声音、文字等信息于一体，为用户提供实时、高质量、按需点播服务的系统。它是以图像压缩技术、宽带通信网技术、计算机技术等现代通信手段为基础发展起来的多媒体通信业务。

VOD 是一种可按用户需要点播节目的交互式视频系统，或者更广义一点讲，它可为用户提供各种交互式信息服务，可根据用户需要任意选择信息，并对信息进行相应的控制，如在播出过程中留言、发表评论等，从而加强交互性，增加了用户与节目之间的交流。

5. 文件传输

文件传输(FTP)是以它所使用的协议——文件传输协议(File Transfer Protocol)来命名的。它是用来为 Internet 用户在网上传输各种类型文件的，也是客户机(Client)/服务器(Server)系统。在 Internet 上，用户计算机和远程服务器之间通过 FTP 协议及 FTP 程序(服务器程序和客户端程序)进行文件传输。FTP 服务分普通 FTP 服务和匿名(Anonymous)FTP 服务两种。普通 FTP 服务向注册用户提供文件传输服务，而匿名 FTP 服务能向任何 Internet 用户提供核定的文件传输服务，它为普通用户建立了一个通用的账户名 Anonymous，口令为用户的电子邮件地址。进行文件传输可使用 FTP 客户端程序如 CuteFTP 等，也可直接在 WWW 浏览器的地址栏的协议部分输入"FTP://"来访问 FTP 网站。

6. 流媒体应用

流媒体(Streaming Media)指在数据网络上按时间先后次序传输和播放的连续音/视频数据流。以前人们在网络上看电影或听音乐时，必须先将整个影音文件下载并存储在本地计算机中，而流媒体在播放前并不下载整个文件，只将部分内容缓存，使流媒体数据流边传送边播放，这样就节省了下载等待时间和存储空间。

流媒体数据流具有三个特点：连续性、实时性、时序性(其数据流具有严格的前后时序关系)。目前基于流媒体的应用非常多，发展非常快，其应用主要有视频点播(VOD)、视频广播、视频监视、视频会议、远程教学、交互式游戏等。

7. 远程登录

远程登录(TELNET)是指在基于 TCP/IP 协议的远程终端协议 Telnet 的支持下，用户可用仿真终端方式远程登录到 Internet 主机的过程。远程登录是 Internet 最早提供的基本网络服务之一，只要用户在远程机上拥有有效的登录账号，并且用户的本地计算机是连在 Internet 上的，用户就可从本地计算机登录到远程主机上，登录成功后用户的计算机看起来就像直接连接到远程主机上一样，能够使用远程主机对外开放的全部资源。

8. 电子公告牌与微博、微信

1) 电子公告牌(BBS)

BBS 是 Bulletin Board System 的缩写，意为电子布告栏系统或电子公告牌系统。它是一种电子信息服务系统，向用户提供一块公共电子白板，每个用户都可在上面发布信息或提出看法。早期的 BBS 由教育机构或研究机构管理，现在多数网站都建立了自己的 BBS 系统，供网民通过网络来结交朋友、表达观点。

2) 微博(MicroBlog)

微博是微博客(MicroBlog)的简称，是一个基于用户关系的信息分享、传播以及获取平台，用户可通过 Web、WAP 以及各种客户端组建个人社区，以 140 字左右的文字更新信息，并实现即时分享。最早也最著名的微博是美国的 Twitter。2009 年 8 月，中国门户网站新浪推出"新浪微博"内测版，成为门户网站中第一家提供微博服务的网站，微博正式进入中文上网主流人群视野。据统计，至 2012 年第三季度，腾讯微博注册用户达到 5.07 亿，至 2013 年上半年，新浪微博注册用户达到 5.36 亿，微博成为中国网民上网的主要活动之一。

3) 微信(WeChat)

微信是腾讯公司于 2011 年 1 月 21 日推出的一款支持 Windows Phone、Android 以及 iPhone 等平台的即时通信应用程序，是可让用户通过智能手机客户端与好友分享文字与图片，并能分组聊天、语音、视频对讲的智能型手机聊天软件。

微信的用户发展势头迅猛，据第三方统计目前已经突破 8 亿，由于其交流和支付的便捷性，用户数量还在迅猛增长。

9. 全球信息网服务、超文本信息访问系统WWW

WWW(World Wide Web)也称为"WEB"，译作万维网，是 Internet 上一种最方便和最受用户欢迎的信息浏览服务。WWW 系统由 WWW 客户机(即运行于客户端的浏览器软件)、WWW 服务器和超文本传输协议(HTTP)三部分组成，WWW 系统的结构采用了客户机/服务器模式。服务器端指的是位于 Internet 上大大小小的 Web 服务器(即 Web 站点)，服务器负责对各种信息按超文本的方式进行组织和存储，客户端通常指的是用户的个人计算机或连在 LAN 上的工作站，在客户端提供一个界面即浏览器，负责浏览数据，也负责与服务器通信和读取数据。客户端与服务器之间的传输协议称为超文本传输协议(HTTP)，用于生成超文本文件的标准语言是超文本标记语言(HTML)，用超文本标记语言开发的超文本文件一般具有 html 的后缀。

1) 超文本和主页

所谓"超文本"是指它的信息组织形式不是简单的按顺序排列，而是通过链接方式将文本或图形内嵌在页面中。WWW 采用超文本方式将文字、图形、图像、声音和动画全部集成于一个页面中，使得页面图、文、声、形并茂，生动有趣，这些页面称作"网页"。用户使用 WWW 浏览器访问网页时所看到的第一个页面称为主页(Homepage)，主页通常是网站的提供者和所包含信息的简介。在由超文本构成的网页中，单击带下划线的文字或者高亮度图形，可激活超文本或多媒体链接(又称超链接)，通过超链接可跳转到另一文档。所以当用户需要更多有关某主题的信息时，可简单地单击鼠标来阅读详细内容，这就是超文本的出色之处。

2) 超文本传输协议(HTTP)

由于 WWW 的页面是由各类文件即"超文本"文件组成的，所以用户必须使用超文本传输协议(HTTP)来访问这些数据，HTTP 可完成用户与服务器之间的超文本数据传输，用户使用支持超文本传输协议的浏览器如 Microsoft Internet Explorer(IE)、Netscape Navigator 等，就可以直接访问网页，而不必关心组成网页的数据类型。

3) 统一资源定位器(URL)

统一资源定位器 URL(Uniform Resource Locator)是一种标准化的 Web 页面地址命名方法。我们也可以把 URL 理解为网络信息资源定义的名称，它将 Internet 提供的各种资源统一编址，在标记信息资源时，不仅要指明信息文件所在的目录和文件名本身，而且要指明它存在于网络上的哪一台主机上以及可通过何种方式访问它。URL 由三部分构成：所使用的传输协议、服务器的名称及文件的全路径名称。

目前，在 URL 中最常用的传输协议有如下几种：

HTTP。使用 HTTP 协议访问万维网信息资源。

FTP。使用 FTP 协议访问远程 FTP 主机上的文件或目录。

FILE。使用本地 HTTP 协议访问本地主机上的万维网信息资源。

TELNET。使用 Telnet 协议访问提供远程登录信息服务的 Telnet 服务器。

例如，http://www.sina.com.cn/xiazai/xz12/df.htm 是一个标准的万维网地址，其中 http 是指 HTTP 协议，表明访问的是万维网服务器；sina.com.cn 表示访问的是新浪网的主机；xiazai/xz12/df.htm 就是要访问的文件的路径和名称。

6.4.4 Internet 的地址与域名

Internet 是通过路由器将不同类型的物理网络互连在一起的超级网络，在这样庞大的网络上进行通信的基本要求是网上的计算机要有统一的信息传输格式以及一个唯一可标识的地址。这种统一的格式称为"协议"，这个唯一的地址称为 IP 地址。

1. TCP/IP 协议

在计算机网络中，"协议"是网络中计算机进行通信的一种语言基础和规范准则，它定义了计算机进行信息交换必须遵循的规则。在每个计算机网络中，都必须有一套统一的协议，否则计算机之间无法进行通信。TCP/IP 是 Internet 的标准通信协议，也是 Internet 的核心。TCP/IP 是一组协议，而传输控制协议(TCP)和互联网协议(IP)是这众多协议中最重要的两个核心协议。TCP/IP 协议所采用的通信方式是分组交换方式，它们的基本传输单位是数据包，在数据传输过程中主要完成以下功能。首先，TCP 把要传输的数据分成一定大小的若干数据包，并给每个数据包标上序号及一些说明信息(类似装箱单)，使接收端收到数据后，在还原数据时，按数据包序号把数据还原成原来的格式；IP 给每个数据包写上发送主机地址和接收主机地址(类似将信装入了信封)，一旦写上源地址和目的地址，数据包就可在网上传送了。此外，IP 还具有路由选择的功能。在传输过程中，数据包由于选择的路径不同，加上其他原因可能出现包丢失、包重复等情况，这些问题都由 TCP 来处理。总之，IP 负责数据的传输而 TCP 负责数据的可靠传输。

2. IP地址

1) IP地址的概念

Internet 是由众多网络互连而成，IP 协议规定连入 Internet 上的每台计算机都被分配一个唯一的 32 位二进制数地址，称为 IP 地址。IP 地址是 Internet 上主机的数字型标识，该地址由网络号和主机号两部分组成，其中，网络号标识一个网络，主机号标识在该网络上的一台计算机。IP 地址就像人的身份证号码一样具有唯一性。

IP 地址是一个 32 位的二进制数，由四个字节组成，分成四组，每组一个字节(8 位)，各组之间用一个小圆点 "." 分开。例如，某计算机的 IP 地址为：11000000.10101000.00000010.00111011。为便于书写和理解，国际上通常采用 "点分十进制表示法"，即每个字节的二进制数用十进制来表示，所以每一部分的范围是 0～255 之间，所以这台计算机的 IP 地址是 192.168.2.59。

由于网络中的计算机的数量是不同的，所以根据网络规模和应用的不同，将 IP 地址分为 A、B、C、D、E 五类。

A 类地址。IP 地址的前 8 位表示网络号，最高位为 0，后 24 位表示主机号。这样 A 类地址所能表示的网络数为 2^7(128)个，每个网络所包含的主机数为 2^{24}(16 777 216)个，地址范围为 1～127。同样，主机号的第一个和最后一个也用作特殊用途，所以每个 A 类网络包含的主机数为 2^{24}-2(16 777 214)个。因此，一台主机能使用的 A 类地址的有效范围为 1.0.0.1～127.255.255.254。A 类地址通常用于大型网络。

B 类地址。IP 地址的前 16 位表示网络号，最高两位是 10，后 16 位表示主机号。其有效范围为 128.0.0.1～191.255.255.254。B 类地址通常用于中型网络。

C 类地址。IP 地址的前 24 位表示网络号，最高 3 位为 110，后 8 位表示主机号。其有效范围为 192.0.0.1～223.255.255.254。C 类地址通常用于小型网络。

D 类地址。最高 4 位为 1110。D 类地址在 RFC1112 中规定将其留作 IP 多路复用使用。

E 类地址。最高 4 位为 1111。E 类地址是为将来预留的，同时也可用于实验目的，但它们不能被分配给主机。

在表 6-1 中分别说明了上述五类 IP 地址的详细使用情况。

表6-1　IP地址的分类

A类	0	网络标识(1～127)				主机标识(24位)	
B类	1	0	网络标识(128～191)			主机标识(16位)	
C类	1	1	0	网络标识(192～223)			主机标识(8位)
D类	1	1	1	0	网络标识(224～239)组播地址		
E类	1	1	1	1	网络标识(240～255)保留为今后使用		

2) 子网掩码

子网掩码是判断任意两台计算机的 IP 地址是否属于同一子网的根据。最简单的理解就是将两台计算机各自的 IP 地址与子网掩码进行 AND 运算后，如果得出的结果是相同的，则说明这两台计算机处于同一个子网，可进行直接通信。

一般来说，一个单位 IP 地址获取的最小单位是 C 类(256 个)，有的单位拥有 IP 地址却没有那么多主机入网，造成 IP 地址的浪费；有的单位不够用，形成 IP 地址紧缺。这样，我们有时可根据需要把一个网络划分成更小的子网。

正常情况下子网掩码的地址为：网络位全为1，主机位全为 0。因此有：

A 类地址网络的子网掩码地址为 255.0.0.0。

B 类地址网络的子网掩码地址为 255.255.0.0。

C 类地址网络的子网掩码地址为 255.255.255.0。

可利用主机位的一位或几位将子网进一步划分，缩小主机的地址空间而获得一个范围较小的、实际的网络地址(子网地址)，这样更便于管理网络。

3) IPv6协议

现有的互联网是在 IPv4 协议的基础上运行的，IPv6 是下一版本的互联网协议，它的提出最初是因为随着互联网的迅速发展，IPv4 定义的有限地址空间将被耗尽，地址空间的不足必将影响互联网的进一步发展。为扩大地址空间，拟通过 IPv6 重新定义地址空间。IPv4 采用 32 位地址长度，只有大约 43 亿个地址，到 2010 年 2 月仅剩余不足 10%，而 IPv6 采用 128 位地址长度，几乎可不受限制地提供地址。按保守方法估算，IPv6 实际可分配的地址大约相当于整个地球每平方米面积上可分配 1000 多个地址。在 IPv6 的设计过程中，除一劳永逸地解决了地址短缺问题以外，还考虑了在 IPv4 中解决不好的其他问题。

IPv6 的主要优势体现在以下几方面。

(1) **规模更大**。IPv6 的地址空间、网络的规模更大，接入网络的终端种类和数量更多，网络应用更广泛。

(2) **速度更快**。100 Mb/s 以上的端到端高性能通信。

(3) **更安全可信**。对象识别、身份验证和访问授权，数据加密和完整性，可信任的网络。

(4) **更及时**。组播服务，服务质量(QoS)，大规模实时交互应用。

(5) **更方便**。基于移动和无线通信的丰富应用。

(6) **更可管理**。有序的管理、有效的运营、及时的维护。

(7) **更有效**。获得重大社会效益和经济效益。

3. Internet 域名系统

为了方便用户，Internet 在 IP 地址的基础上提供了一种面向用户的字符型主机命名机制，这就是域名系统，它是一种更高级的地址形式。

在 Internet 中，IP 地址是一个具有 32 位长度的数字，用十进制表示时，也有 12 位整数。对于一般用户来说，要记住这类抽象数字的 IP 地址是十分困难的。为向一般用户提供一种直观明了的主机识别符(在 Internet 中，计算机称为主机，而计算机名称为主机名)，TCP/IP 协议专门设计了一种字符型主机命名机制，即给每一台主机一个有规律的名字(由字符串组成)。顶级域名又可分为地理类顶级域名(如表 6-2 所示)和组织类顶级域名(如表 6-3 所示)。

表6-2　常用地理类顶级域名

代码	国家/地区	代码	国家/地区	代码	国家/地区
CN	中国	US	美国	JP	日本
AU	澳大利亚	UK	英国	KR	韩国
HK	中国香港	BR	巴西	FR	法国
MO	中国澳门	TW	中国台湾	CA	加拿大

表6-3　常用组织类顶级域名

代码	名称	代码	名称	代码	名称
com	商业组织	mil	军事机构	nom	个人和个体
gov	政府机构	net	网络机构	arts	娱乐机构
edu	教育机构	org	非营利机构	info	信息机构
int	国际机构	firm	工业机构	rec	消遣机构

所以在访问一台主机时，既可使用 IP 地址，也可使用域名。但网络在实际寻址时只是通过 IP 地址，所以用户在使用域名时，网络会将其解析为 IP 地址，这个工作由域名服务器(Domain Name System，简称 DNS)来完成，域名服务器中存放了域名与 IP 地址的对照表(映射表)，当遇到域名时，会通过自身的映射将域名转换成对应的 IP 地址。

根据已颁布的《中国互联网络域名注册暂行管理办法》，中国互联网络的域名体系最高级为 CN。二级域名共 40 个，分为 6 个类别域名(AC、COM、EDU、GOV、NET 和 ORG)和 34 个行政区域域名(如 BJ、SH、TJ 等)。二级域名中除了 EDU 的管理和运行由中国教育和科研计算机网络中心负责外，其余全部由中国互联网络信息中心(CNNIC)负责。

习　题

1. 计算机网络是计算机技术和_____的结合。

    A. 广播技术　　　　B. 传播技术　　　C. 通信技术　　　D. 以上皆是

2. 以下说法中，不正确的是_____。

    A. 计算机网络由计算机系统、通信链路和网络节点组成

    B. 从逻辑功能上可将计算机网络分成资源子网和通信子网两个子网

    C. 网络节点主要负责网络中信息的发送、接收和转发

    D. 资源子网提供计算机网络的通信功能，由网络节点和通信链路组成

3. 关于计算机网络的分类，以下说法正确的是_____。

    A. 按网络拓扑结构划分：总线型、环型、星型和树状等

    B. 按网络的使用性质划分：局域网、城域网、广域网

    C. 按网络覆盖范围和计算机连接距离划分：低速网、中速网、高速网

    D. 按通信传输介质划分：资源子网、通信子网

4. CERNet 是指_____。

    A. 中国科技网   B. 中国金桥网

    C. 中国教育和科研计算机网   D. 中国互联网

5. 目前，大量使用的 IP 地址中，_____地址的每一个网络的主机个数最少。

    A. A 类   B. B 类   C. C 类   D. D 类

6. IPV4 地址具有固定的格式，分为四段，其中每_____位构成一段。

    A. 4   B. 12   C. 16   D. 8

7. 210.44.8.88 代表一个_____IP 地址。

    A. A 类   B. B 类   C. C 类   D. D 类

8. 域名和 IP 地址之间的关系是_____。

    A. 一个域名对应多个 IP 地址   B. 域名是 IP 地址的字符表示

    C. 域名与 IP 地址没有关系   D. 访问页面时，只能使用域名

9. 用户可使用_____命令检测网络连接是否正常。

    A. Ping   B. FTP   C. Telnet   D. IPConfig

10. 以下网络类型中，_____是按拓扑结构划分的网络分类。

    A. 混合型网络   B. 公用网   C. 城域网   D. 无线网

11. www.gnu.edu.cn 是_____。

    A. 政府机构网站   B. 教育机构网站

    C. 非营利机构网站   D. 商用机构网站

12. 下列不是典型的网络拓扑结构的是_____。

    A. 树状   B. 星型   C. 发散型   D. 总线型

13. DNS 指的是_____。

    A. 文件传输协议   B. 域名服务器

    C. 用户数据报协议   D. 简单邮件传输协议

14. 万维网的网址以 HTTP 为前导，表示遵从_____协议。

    A. 超文本传输   B. 纯文本   C. PPP   D. TCP/IP

15. Internet 上有许多应用，其中可用于实现远程登录功能的是_____。

    A. E-mail   B. Telnet   C. WWW   D. FTP

16. TCP/IP 协议指的是_____。

    A. 文件传输协议   B. 网际协议

    C. 超文本传输协议   D. 一组协议的总称

17. 某用户的 E-mail 地址是 zhangsan@163.com，那么它的用户名是_____。

    A. 163.com   B. zhangsan   C. san   D. zhangsan@

18. _____系统集动态影视图像、静态图片、声音、文字等信息为一体，为用户提供实时、高质量、按需点播的服务。

    A. UseNet   B. ICQ   C. IRC   D. VOD

19. 以下有关顶级域名代码的说法，不正确的是_____。

    A. com 代表商业网站，edu 代表教育机构

    B. net 代表网络机构，gov 代表政府机构

C. mil代表信息机构，org代表非营利机构

D. cn代表中国，ca代表加拿大

20. 主机域名 www.sina.com.cn 是由四个子域组成，其中_____表示最高层域。

A. www   B. com   C. sina   D. cn

第 7 章

信 息 安 全

7.1　信息安全概述

信息安全是指信息网络的硬件、软件及其系统中的数据受到保护，不受偶然或者恶意的原因而遭到破坏、更改、泄露，系统连续可靠正常地运行，信息服务不中断。信息安全是一个涉及计算机科学、网络技术、通信技术、密码技术、信息安全技术、应用数学、数论、信息论等多种学科的综合学科。国际标准化组织已经明确将信息安全定义为"信息的完整性、可用性、保密性和可靠性"。当前，在信息技术获得迅猛发展和广泛应用的情况下，信息安全可被理解为信息系统抵御意外事件或恶意行为的能力，这些事件和行为将危及所存储、处理或传输的数据或由这些系统所提供的服务的可用性、机密性、完整性、确认性、真实性和可控性。

7.1.1　信息安全意识

20 世纪 80 年代以后，网络已经成为继电视、广播、报刊之后的第四媒体，是我们获取信息、传播信息的重要载体。互联网的广泛应用带来了信息网络技术的迅猛发展。与此同时，当前人们的信息安全意识却相对淡薄，信息网络安全管理也不完善。因此，提高全民的信息安全意识刻不容缓。

1. 建立对信息安全的正确认识

当今，信息产业规模越来越大，网络基础设施越来越深入到社会的各个角落、各个领域，信息技术应用已成为我们工作、生活、学习、国家治理和其他各个方面必不可少的关键组件，信息安全的重要性也日益突出，这关系到企业、政府的业务能否持续、稳定地运行，关系到个人安全的保证，也关系到我们国家安全的保证。所以信息安全是我们国家信息化战略中一个十分重要的方面。

2. 掌握信息安全的基本要素和惯例

信息安全包括四大要素：技术、制度、流程和人。合适的标准、完善的程序、优秀的执行团队是一个企业单位信息化安全的重要保障。技术只是基础保障，技术不等于全部，很多问题不是装一个防火墙或者一个 IDS(入侵检测系统)就能解决的。制定完善的安全制度很重要，而如何执行这个制度更重要。如下信息安全公式能清楚地描述出关系：

信息安全=先进技术+防患意识+完美流程+严格制度+优秀执行团队+法律保障

3. 清楚可能面临的威胁和风险

信息安全面临的威胁来自很多方面，大致可以分为自然威胁和人为威胁两部分。自然威胁是指那些来自于自然灾害、恶劣的场地环境、电磁辐射干扰、网络设备老化等威胁。如 1977 年 8 月，吉林省某电信业务部门的通信设备被雷电击中，造成惊人的损失，还有某铁路计算机系统遭雷击，造成设备损坏、铁路运输中断等。自然威胁是不可抗拒的，而人为威胁是可以避免、防范的。

1) 人为攻击

人为攻击是指通过攻击系统的弱点，以达到破坏、欺骗、窃取数据等目的，使得网络信息的保密性、完整性、可靠性、可控性、可用性等受到伤害，造成经济上和政治上不可估量的损失。人为攻击又分为偶然事故和恶意攻击两种。偶然事故虽然没有明显的恶意企图和目的，但它仍会使信息受到严重破坏。恶意攻击是有目的的破坏。这是计算机网络所面临的最大威胁。此类攻击又可分为以下两种。一种是主动攻击，是指以各种方式有选择地破坏信息，如修改、删除、伪造、添加、重放、乱序、冒充、制造病毒等。另一类是被动攻击，指在不干扰网络信息系统正常工作的情况下，通过网络或者电磁泄漏进行侦探、截取、破译和业务流量分析等。

2) 安全缺陷

如果网络信息系统本身没有任何安全缺陷，那么人为攻击者即使手段高明也不会对网络信息安全构成威胁。但是，现在所有的网络信息系统都不可避免地存在着一些安全缺陷。有些安全缺陷可通过努力加以避免或改进，但有些安全缺陷是各种折中必须付出的代价。

3) 软件漏洞

漏洞是在硬件、软件、协议的具体实现或系统安全策略上存在的缺陷，从而可以使攻击者能够在未授权的情况下访问或破坏系统。由于软件程序的复杂性和编程的多样性，在网络信息系统的软件中很容易有意或无意地留下一些不易被发现的安全漏洞。软件漏洞同样会影响网络信息的安全。

4) 结构隐患

结构隐患一般指网络拓扑结构的隐患和网络硬件的安全缺陷。网络的拓扑结构本身有可能给网络的安全带来问题。作为网络信息系统的躯体，网络硬件的安全隐患也是网络结构隐患的重要方面。

4. 养成良好的安全习惯

现在所有的信息系统都不可避免地存在这样或者那样的安全缺陷，从技术角度看网络是没有绝对安全的,攻击者正是利用这些缺陷进行攻击的。如果我们在日常工作学习中养成良好的使用习惯,就可以避免或者降低不必要的损失。

1) 设置安全合理的密码

在日常生活中,我们随时随地都会用到密码,如手机密码、信用卡密码、电子邮箱密码等。有些网络信息的泄露就是密码被猜测或者暴力破解而造成的。如果密码过于简单就容易被破解,但是过于复杂的密码又不便于记忆。一般建议密码的长度至少要有八位以上,并且应该混合字母和各种特殊字符。特别应该注意的是要定期更换密码。

2) 使用安全的软件

开启操作系统及其他软件的自动更新设置,及时修复系统漏洞和第三方软件漏洞。非正规渠道获取的软件在运行前需要进行病毒扫描。定期全盘扫描病毒等可疑程序。定期清理未知可疑插件和临时文件。

3) 访问安全的网站

尽量访问正规的大型网站。不访问包含黄色、暴力等不良信息的网站。对于网站意外弹出的下载文件或安装插件等请求,应拒绝或询问专业人士。登录网络银行等重要账户时,要注意网站地址是否和服务商提供的网址一致。不轻信网站中发布的诸如"幸运中奖"等信息,更不要轻易向陌生账户汇款。收到来历不明的电子邮件,在确认来源可靠前,不要打开附件或内容中的网站地址。网上购物时,应避免在收到货物前直接付款到对方账户(应尽可能使用"财付通"或"支付宝"等支付平台购物,付款有保障)。发现恶意网站,应及时举报。

4) 交流中注意保护隐私

不在网络中透露银行账号、个人账户密码等敏感内容。不在交谈、填写个人资料以及论坛留言中轻易泄露真实姓名、个人照片、身份证号码或家庭电话等任何能够识别身份的信息。不随意在不知底细的网站注册会员或向其提供个人资料。对包含隐私内容的个人网站(如博客)应设置访问密码。谨慎开放计算机共享文件和共享资源。

5) 遵守国家法律法规

不捏造、散布恐怖谣言等危害国家安全和影响社会稳定的言论。不随意攻击、诽谤他人,交谈中避免使用不文明的语言。尊重他人隐私,在未经他人允许的情况下,不在网络中发布他人图片等隐私信息。发布含有音乐、图片、照片等存在专利版权内容的资料前,应确保来源合法。

7.1.2 网络礼仪与道德

上网的人都碰到过烦心事:在聊天室聊天时,有人肆无忌惮地说脏话;因为病毒,你的邮件莫名其妙地被删除了;媒体上频频报道,某些政府部门被黑客侵扰或破坏。

随着网络全面进入千家万户,人们的学习、工作和生活都越来越依赖于网络,越来越不能脱离互联网。网络将社会各部门、各行业、各地区连成一个整体,形成所谓的"网络社会"或"虚拟世界"。在这个虚拟社会中,该如何"生活"?遵循什么样的道德规范?同时,它给现实社会的道德意识、道德规范和道德行为都带来怎样的冲击和挑战?这些都是我们需要认真研究的课题。

1. 网络道德概念及涉及内容

计算机网络道德是用来约束网络从业人员的言行，指导他们的思想的一整套道德规范。计算机网络道德可涉及计算机工作人员的思想意识、服务态度、业务钻研、安全意识、待遇得失以及公共道德等方面。

2. 网络的发展对道德的影响

计算机网络的发展，给现实社会的道德意识、道德规范和道德行为都构成严重的冲击和挑战。

1) 淡化了人们的道德意识

道德意识来源于人们之间的社会交往，道德意识的强弱在很大程度上取决于社会交往的方式。在网络的虚拟世界里，人们更多的通过"人-网络-人"的方式进行交流。人们之间的相互监督较为困难。外在压力的减小，使人们的思想获得了"解放"，于是法律法规和道德规范容易被人遗忘。

2) 冲击了现实的道德规范

网络是一个十分自由的天地，这样的环境滋生了道德个人主义。道德个人主义将个人视为自己行为的唯一判断标准，认为"只要你自己肯定的，什么都是可以的"。黑客被当作偶像来崇拜，黑客行为被视为英雄的壮举。人们普遍认可的善待他人、平等公正、忠实诚恳、互惠互利等基本道德的规范面临着严峻挑战。现实社会的道德规范由于不适应网络这一新的环境，约束力明显下降，甚至失去约束力。

3) 导致道德行为的失范

虚拟世界的道德规范尚未形成，现实世界的道德规范又被遗忘或扭曲，从而使大量的网络行为处于无道德可依的状态，由此而导致的网络道德行为失范现象较为严重，其中最为突出的是网络犯罪。

3. 网络信息安全对网络提出了新要求

1) 要求人们的道德意识更加强烈，道德行为更加自主自觉

社会舆论在现实世界中得到较好的发挥，而在虚拟世界中，社会舆论和他人评价对人们的约束力大大减小，人们几乎想干什么就可以干什么。道德"他律"作用的弱化，使人们的道德意识较为薄弱，道德行为也相对不严谨。只有人们自己约束自己的行为，自觉地遵守基本的道德规范，自觉保证信息安全，信息安全问题才能从根本上得到解决。

2) 要求网络道德既要立足于本国，又要面向世界

由于网民来自不同的国家和地区，有着不同的文化背景，坚守着不同的价值观念，这就使得网民不得不经常处于各种冲突之中。其中，不同道德意识、不同道德规范和不同道德行为的冲突尤为剧烈。在一个国家完全合乎道德的信息行为，在另一个国家可能被视为不道德的行为。因此，没有一个超越国界的被全世界网民共同认可的网络道德，信息安全就不可能得到保障。那么，能否建立共同的网络道德呢？历史的发展告诉我们，每个民族的道德虽然具有一定的稳定性和保守性，但都不是绝对封闭的，而在一定程度上相互吸收和相互融合的。在"求同存异"原则的指导下，实现不同民族道德间的理解和认同是可能的，建立一套被全世界网民普遍接受和认可的网络道德规范体系是可能的。

3) 要求网络道德既要着力于当前，又要面向未来

网络道德只有扎根于现实的沃土，着力于当前的社会实际，才能较好地发挥自身的功能，才能对维护信息安全起到一定的作用。但是，仅着力于当前是不够的。网络世界是一个变化莫测的世界，目前我们在信息安全方面遇到的问题已经不计其数，有些甚至是我们暂时还无法解决的难题，预计新的问题还将层出不穷。网络道德如果只着眼于当前，仅对已经出现的不利于维护网络信息安全的现象和行为进行规范和制约，那么一旦新的问题出现，网络道德又将在相当长的一段时间内处于滞后的状态。因此，网络道德必须要面向未来。我们可以总结现存的问题，根据计算机网络的发展趋势，对将来可能会出现的不利于维护网络信息安全的行为进行预测，并提出一些着眼于未来的有针对性的道德规范。

4. 加强网络道德建设对维护网络信息安全的作用

加强网络道德建设对维护网络信息安全的作用主要体现在两个方面。作为一种规范，网络道德可以引导和制约人们的信息行为；作为一种措施，网络道德对维护网络信息安全的法律措施和技术手段可以产生积极影响。

1) 网络道德可以规范人们的信息行为

目前我们面临的形势是，一种被网民普遍认可的、具有广泛约束力的网络道德尚未形成，而传统道德又面临着危机与挑战。在这种道德无序状态下，人们甚至不知道哪些行为是道德的，哪些行为是不道德的。由于对自己的行为缺乏判断的标准，很多人做出一些在现实世界难以做出的粗暴、无礼的行为，甚至进行盗窃、入侵等犯罪行为，而这些行为也不过就是敲几下键盘、点几下鼠标而已。在基本的网络道德规范形成以前，我们可以提出一些基本"道德底线"，以此告诉人们哪些信息行为是道德的，哪些行为是不道德的，并通过教育和宣传，为人们的内在信念和行为指明方向，从而引导信息行为向合法的、道德的方向发展。这种规范作用体现在两个方面：一是鼓励合乎道德的信息行为的实施；二是限制不道德的信息行为的实施。也就是说，网络道德激励人们做出有利于信息安全的行为，能将不利于信息安全的行为控制在实施之前。这对维护网络信息安全无疑将起到积极作用。

2) 加强网络道德建设，有利于加快信息安全立法的进程

网络道德作为一种"软"力量可规范和制约人们的信息行为，但仅依靠网络道德不能解决信息安全面临的所有问题。网络信息安全问题的解决最终离不开法律的支持。目前，网络信息安全面临着诸多问题。造成这些问题难以解决的一个重要原因就是信息安全立法不完善。在信息安全立法不完善的情况下，加强网络道德建设具有十分重要的意义。一方面通过宣传和教育，有利于形成一种自觉维护信息安全的良好社会风尚，从而减少信息安全立法的阻力；另一方面，在网民之间长期交往过程中，网络道德的规范无疑会越来越多。但随着历史的发展，有些规范会被淘汰，有些规范会被人们认可和接受，这些被人们普遍认可和接受的规范可直接或间接地转化为法律条文。可见，加强网络道德建设，将有利于加快信息安全立法的进程。

3) 加强网络道德建设，有利于发挥信息安全技术的作用

我们不能否认这样一个事实：不管在什么情况下，技术手段都是维护信息安全的重要手段。但单纯的技术手段是脆弱的，因为信息安全的破坏者手中同样掌握着先进的技术武器。信息安全的破坏技术和保护技术就像矛与盾一样，没有绝对的优势与劣势，在一定的条件下甚至还可相互

转化。技术方面的诸多问题是不能通过技术本身来解决的，而必须通过技术以外的因素来解决。在目前，加强网络道德建设，对于更好地发挥信息安全技术的力量将起到十分重要的作用。

7.1.3　计算机犯罪

1. 计算机犯罪的概念

所谓计算机犯罪，是指行为人以计算机作为工具或以计算机资产作为攻击对象实施的严重危害社会的行为。由此可见，计算机犯罪包括利用计算机实施的犯罪行为和把计算机资产作为攻击对象的犯罪行为。

2. 计算机犯罪的特点

1) 犯罪智能化

计算机犯罪主体多为具有专业知识、拥有熟练技术并掌握系统核心机密的人。他们犯罪的破坏性比一般人的破坏性要大得多

2) 犯罪手段隐蔽

由于网络的开放性、不确定性、虚拟性和超越时空性等特点，使得犯罪分子作案时可以不受时间、地点的限制，也没有明显的痕迹，犯罪行为难以被发现、识别和侦破，增加了计算机犯罪的破案难度。

3) 跨国性

犯罪分子只要拥有一台计算机，就可通过互联网对网络上任何一个站点实施犯罪活动，这种跨国家、跨地区的行为更不易侦破，危害也更大。

4) 犯罪目的多样化

计算机犯罪作案动机多种多样，从最先的攻击站点以泄私愤，到早期盗用电话线，破解用户账号非法敛财，再到如今入侵政府网站的政治活动，犯罪目的不一而足。

5) 犯罪分子低龄化

计算机犯罪的作案人员年龄普遍较低。

6) 犯罪后果严重

据估计，仅在美国因计算机犯罪造成的损失每年就超过 150 多亿美元，德国、英国的年损失额也有几十亿美元。

3. 计算机犯罪的手段

1) 制造和传播计算机病毒

计算机病毒是隐藏在可执行程序或数据文件中，在计算机内部运行的一种干扰程序。计算机病毒已成为计算机犯罪者的一种有效手段。它可能夺走大量的资金、人力和计算机资源，甚至破坏各种文件及数据，造成机器的瘫痪，带来难以挽回的损失。

2) 数据欺骗

数据欺骗指非法篡改计算机输入、处理和输出过程中的数据，从而实现犯罪目的。这是一种

比较简单但很普遍的犯罪手段。

3) 意大利香肠战术

所谓意大利香肠战术,是指行为人通过逐渐侵吞少量财产的方式来窃取大量财产的犯罪行为。这种方法就像吃香肠一样,每次偷吃一小片,日积月累就很可观了。

4) 活动天窗

活动天窗是指程序设计者为了对软件进行测试或维护故意设置的计算机软件系统入口点。通过这些入口,可以绕过程序提供的正常安全性检查而进入软件系统。

5) 清理垃圾

清理垃圾是指有目的、有选择地从废弃的资料、磁带、磁盘中搜寻具有潜在价值的数据、信息和密码等,用于实施犯罪行为。

6) 数据泄露

数据泄露是一种有意转移或窃取数据的手段。如有的罪犯将一些关键数据混杂在一般性报表中,然后予以提取;有的罪犯在系统的中央处理器上安装微型无线电发射机,将计算机处理的内容传送给几公里以外的接收机。

7) 电子嗅探器

电子嗅探器是用来截取和收藏在网络上传输的信息的软件或硬件。它不仅可截取用户的账户和口令,还可截获敏感的经济数据(如信用卡号)、秘密信息(如电子邮件)和专有信息并可以攻击相邻的网络。

8) 口令破解程序

口令破解程序是可解开或屏蔽口令保护的程序。绝大多数用户系统都通过口令来防止非法登录,而口令破解程序针对安全性较低,缺乏保护的口令进行攻击。

除了以上作案手段外,还有社交方法、电子欺骗技术、浏览、顺手牵羊,以及对程序、数据集、系统设备的物理破坏等犯罪手段。

4. 黑客

黑客一词源于英文 Hacker,原指热心于计算机技术,水平高超的计算机专家,尤其是程序设计人员。但到了今天,黑客一词已被用于泛指那些专门利用计算机搞破坏或恶作剧的人。目前黑客已成为一个广泛的社会群体,其主要观点是:所有信息都应该免费共享;信息无国界,任何人都可在任何时间地点获取他认为有必要了解的任何信息;通往计算机的路不止一条;打破计算机集权;反对国家和政府部门对信息的垄断和封锁。黑客的行为会扰乱网络的正常运行,甚至会演变为犯罪。

黑客行为特征可有以下几种表现形式:

1) 恶作剧型

喜欢进入他人网站,以删除和修改某些文字或图像,篡改主页信息来显示自己高超的网络侵略技巧。

2) 隐蔽攻击型

躲在暗处以匿名身份对网络发动攻击行为,或者干脆冒充网络合法用户,侵入网络从事破坏。

该种行为由于是在暗处实施的主动攻击，因此对社会危害极大。

3) 定时炸弹型

故意在网络上布下陷阱或在网络维护软件内安插逻辑炸弹或后门程序，在特定的时间或特定条件下，引发一系列具有连锁反应性质的破坏行动。

4) 制造矛盾型

非法进入他人网络，窃取或修改其电子邮件的内容或厂商签约日期等，破坏甲乙双方交易，或非法介入竞争。有些黑客还利用政府上网的机会，修改公众信息，制造社会矛盾和动乱。

5) 职业杀手型

经常以监控方式将他人网站内的资料迅速清除，使得网站使用者无法获取最新资料。或将计算机病毒植入他人网络内，使其网络无法正常运行。更有甚者，进入军事情报机关的内部网络，干扰军事指挥系统的正常工作，从而导致严重后果。

6) 窃密高手型

出于某些集团利益的需要或者个人的私利，窃取网络上的加密信息，使高度敏感信息泄密。

7) 业余爱好型

某些爱好者由于好奇心驱使，在技术上"精益求精"，丝毫未感到自己的行为对他人造成影响，属于无意性攻击行为。

为降低被黑客攻击的可能性，要注意以下几点：

(1) 提高安全意识，如不要随便打开来历不明的邮件。

(2) 使用防火墙是抵御黑客程序入侵的非常有效的手段。

(3) 尽量不要暴露自己的 IP 地址。

(4) 要安装杀毒软件并及时升级病毒库。

(5) 做好数据的备份。

总之，我们应认真制定有针对性的策略。明确安全对象，设置强有力的安全保障体系。在系统中层层设防，使每一层都成为一道关卡，从而让攻击者无隙可钻、无计可施。

7.1.4 常见信息安全技术

随着信息技术的发展与应用，信息安全的内涵从最初的信息保密性发展到信息的完整性、可用性、可控性和不可否认性。目前信息安全技术主要有：密码技术、防火墙技术、虚拟专用网(VPN)技术、病毒与反病毒技术以及其他安全保密技术。

1. 密码技术

1) 密码技术的基本概念

密码技术是网络信息安全与保密的核心和关键。信息的加密变换是目前实现信息安全的主要手段。加密技术也称为密码技术，包括密码算法技术、密码分析、安全协议、身份验证、消息确认、数字签名、密钥管理、密钥托管等技术，是保障信息安全的核心技术。

通过密码技术的变换或编码，可将机密、敏感的消息变换成难懂的乱码型文字，以此达到两个目的。其一，使不知道如何解密的黑客不可能从其截获的乱码中得到任何有意义的信息；其二，使黑客不可能伪造或篡改任何乱码型信息。

研究密码技术的学科称为密码学。密码学包含两个分支，即密码编码学和密码分析学。前者旨在对信息进行编码实现信息隐蔽，后者研究分析破译密码的学问。两者相互对立，又相互促进。

采用密码技术可隐蔽和保护需要发送的消息，使未授权者不能提取信息。发送方要发送的消息称为明文，明文被变换成看似无意义的随机消息，称为密文。这种由明文到密文的变换过程称为加密。其逆过程，即由合法接收者从密文恢复出明文的过程称为解密。非法接收者试图从密文分析出明文的过程称为破译。对明文进行加密时采用的一组规则称为加密算法。对密文解密时采用的一组规则称为解密算法。加密算法和解密算法是在一组仅有合法用户知道的秘密信息的控制下进行的，该密码信息称为密钥，加密和解密过程中使用的密钥分别称为加密密钥和解密密钥。

2) 单钥加密与双钥加密

传统密码体制所用的加密密钥和解密密钥相同，或从一个可以推出另一个，被称为单钥或对称密码体制。若加密密钥和解密密钥不相同，从一个难以推出另一个，则称为双钥或非对称密码体制。

单钥密码的优点是加、解密速度快，缺点是随着网络规模的扩大，密钥的管理成为一个难点；无法解决消息确认问题；缺乏自动检测密钥泄露的能力。

采用双钥体制的每个用户都有一对选定的密钥。一个是可以公开的，可以像电话号码一样进行注册公布，另一个则是秘密的，因此双钥体制又称作公钥体制。由于双钥密码体制的加密和解密不同，且能公开加密密钥，而仅需要保密解密密钥，所以双钥密码不存在密钥管理问题。双钥密码还有一个优点是拥有数字签名等新功能。双钥密码的缺点是双钥密码算法一般比较复杂，加、解密速度慢。

3) 著名密码算法简介

DES(数据加密标准)是迄今全球最广泛使用的一种分组密码算法。它的产生被认为是20世纪70年代信息加密技术发展史上的里程碑之一。DES是一种单钥密码算法，它是一种典型的按分组方式工作的密码。其他的分组密码算法还有IDEA密码算法、LOKI算法、Rijndael算法等。

RSA算法是最著名的公钥密码体制，是一种用数论构造的，迄今为止理论上最为成熟完善的公钥密码体制，该体制已得到广泛应用。它的安全性基于"大数分解和素性检测"这一已知的著名数论难题基础。RSA可用来做数字签名，完成对用户的身份验证。著名的公钥密码算法还有Diffie-Hellman密钥分配密码体制、Elgamal公钥体制、Knapsack体制等。

2. 防火墙技术

当构筑和使用木质结构房屋的时候，为防止火灾的发生和蔓延，人们将坚固的石块堆砌在房屋周围作为屏障，这种防护构筑物被称为防火墙。在今天的电子信息世界里，人们借助了这个概念，使用防火墙类技术保护计算机网络免受非授权人员的骚扰与黑客的入侵，不过这些防火墙是由先进的计算机系统构成的。

防火墙是一种保护计算机网络安全的技术性措施，它通过在网络边界上建立相应的网络通信监控系统来隔离内部和外部网络，以阻挡来自外部的网络入侵。

3. 虚拟专用网(VPN)技术

虚拟专网是虚拟私有网络(Virtual Private Network，VPN)的简称，它是一种利用公用网络来构建的私有专用网络。目前，能用于购建 VPN 的公用网络包括 Internet 和服务提供商(ISP)所提供的 DDN 专线(Digital Data Network Leased Line)、帧中继(Frame Relay)、ATM 等，构建在这些公共网络上的 VPN 将给企业提供集安全性和可管理性于一身的私有专用网络。

4. 病毒与反病毒技术

计算机病毒的发展历史悠久，从 20 世纪 80 年代中后期广泛传播开来至今，据统计世界上已存在的计算机病毒有 5000 余种，并且每月以平均几十种的速度增加。

计算机病毒是具有自我复制能力的计算机程序，它能影响计算机软、硬件的正常运行，破坏数据的正确性与完整性，造成计算机或计算机网络瘫痪，给人们的经济和社会生活造成巨大损失并且呈上升趋势。

计算机病毒的危害不言而喻，人类面临这一世界性的公害采取了许多行之有效的措施：如加强教育和立法，从产生病毒源头上杜绝病毒；加强反病毒技术的研究，从技术上解决病毒传播和发作。

5. 其他安全与保密技术

1) 实体及硬件安全技术

实体及硬件安全是指保护计算机设备、设施(含网络)以及其他介质免遭地震、水灾、火灾、有害气体和其他环境事故(包括电磁污染等)破坏的措施和过程。实体安全是整个计算机系统安全的前提，如果实体安全得不到保证，则整个系统就失去了正常工作的基本环境。另外，在计算机系统的故障现象中，硬件的故障也占到很大比例。正确分析故障原因，快速排除故障，可避免不必要的故障检测工作，使系统得以正常运行。

2) 数据库安全技术

数据库系统作为信息的聚集体，是计算机信息系统的核心部件，其安全性至关重要，关系到企业兴衰、国家安全。数据库系统的安全除依赖自身内部的安全机制外，还与外部网络环境、应用环境、从业人员素质等因素息息相关。因此，如何有效地保证数据库系统的安全，实现数据的保密性、完整性和有效性，已经成为业界人士的重要课题之一。

7.2　防火墙

在网络安全技术中，防火墙是第一道防御屏障，它是近年发展起来的一种保护计算机网络安全的访问控制技术。一般防火墙位于路由器之后，为进出网络的链接提供安全访问控制，用于阻止网络中的黑客访问某个机构网络的屏障，在网络边界上，通过建立起网络通信监控系统来隔离内部和外部网络，以阻挡通过外部网络的入侵。

7.2.1　防火墙的概念

防火墙是目前最重要的一种网络防护设备。防火墙是用于在企业内部网和互联网之间实施安全策略的一个系统或一组系统。它决定网络内部服务中哪些可被外界访问，外界的哪些人可以访问哪些内部服务，同时还决定内部人员可访问哪些外部服务。所有来自和去往互联网的业务流都必须接受防火墙的检查。防火墙必须只允许授权的业务流通过，并且防火墙本身也必须能够抵抗渗透攻击，因为攻击者一旦突破或绕过防火墙系统，防火墙就不能提供任何保护了。

7.2.2　防火墙的类型

依据标准的不同，防火墙的分类方法也不同。

按照防火墙保护网络使用方法的不同，可将其分为三种类型：网络层防火墙、应用层防火墙和链路层防火墙。

按防火墙发展的先后顺序可分为包过滤型防火墙(也叫第一代防火墙)、复合型防火墙(也叫第二代防火墙)，以及继复合型防火墙之后的第三代防火墙。在第三代防火墙中，最具代表性的有 IGA 防火墙、Sonic Wall 防火墙以及 Link Trust CyberWall 等。

按防火墙在网络中的位置可分为边界防火墙和分布式防火墙，分布式防火墙又包括主机防火墙和网络防火墙。

按实现手段可分为硬件防火墙、软件防火墙，以及软硬兼施的防火墙。

7.2.3　防火墙的优缺点

1. 防火墙的优点

(1) 防火墙能强化安全策略。防火墙是为了防止不良现象发生的"交通警察"，它能执行站点的安全策略，仅允许获得认可和符合规则的请求通过。

(2) 防火墙能有效地记录 Internet 上的活动。作为唯一的访问节点，所有进出网络的信息都必须通过防火墙，所以防火墙非常适于收集网络中系统使用和操作的信息。防火墙能在被保护的网络和外部网络之间进行记录。

(3) 防火墙限制暴露用户点。防火墙能用来隔离网络中的网段。这样，就能有效防止影响网段的问题在整个网络中传播。

(4) 防火墙是一个安全策略的检查站。所有进出网络的信息都必须经过防火墙，防火墙就成为安全问题的检查站，使所有可疑的访问被拒绝。

2. 防火墙的不足之处

(1) 不能防范恶意的知情者。防火墙可禁止用户通过网络发送专有信息，但对于已经处于网络内部的入侵者就无能为力了。网络内部的入侵者可通过移动硬盘、磁盘等存储设备将敏感数据带出，或通过修改程序而不接近防火墙对软件或硬件进行破坏。

(2) 不能防范不通过它的连接。防火墙能有效地过滤通过它的信息，但不能过滤不通过防火墙传输的信息。例如，如果允许对防火墙后面的内部系统进行拨号访问，那么入侵者就可绕过防火墙进行拨号入侵。

(3) 不能防备所有威胁。防火墙用来防备已知的威胁，但没有一个防火墙能自动防御所有的新威胁。

(4) 防火墙不能防范病毒。防火墙不能过滤病毒，也不能消除网络上的 PC 的病毒。

7.3　计算机病毒

计算机病毒(Computer Virus)是一组人为设计的程序，这些程序隐藏在计算机系统中，通过自我复制来传播，满足一定条件即被激活，从而给计算机系统造成一定损害甚至严重破坏。这种程序的活动方式与生物学上的病毒相似，所以被称为计算机"病毒"。现在的计算机病毒已不单是计算机学术问题，而成为一个严重的社会问题。

7.3.1　计算机病毒的定义与特点

我国在 1974 年出台的《中华人民共和国计算机信息系统安全保护条例》中对病毒的定义是：计算机病毒是一组计算机指令或程序代码，在计算机程序中插入破坏计算机功能的代码或者毁坏数据，影响计算机使用，并能自我复制。

从本质上说，计算机病毒就是一组计算机指令或程序代码，它可像生物界的病毒一样具有自我复制能力，当满足一定条件时会影响计算机的正常使用，甚至破坏计算机的数据以及硬件设备。

1. 可执行性

与其他合法程序一样，计算机病毒是一段可执行程序，但不是一个完整程序，而是寄生在其他可执行程序上，可直接或间接地运行，可隐藏在可执行程序和数据文件中运行而不易被察觉。病毒程序在运行时与合法程序争夺系统的控制权和资源，从而降低计算机的工作效率。

2. 破坏性

计算机病毒的破坏性主要有两方面。一是占用系统的时间、空间资源；二是干扰或破坏系统的运行，破坏或删除程序或数据文件。

3. 传染性

病毒的传染性指带病毒的文件将病毒传染给其他文件，新感染病毒的文件继续传染给其他文件，这样一来，病毒会通过不断地自我复制，从已被感染的计算机很快传染到整个系统、局域网或一个大型计算机中心的多用户系统甚至整个广域网。

4. 潜伏性

计算机系统被病毒感染后，病毒的触发由病毒表现及破坏部分的判断条件来确定。病毒在触发条件满足前秘密感染系统，但没有表现症状，不影响系统的正常运行，一旦触发条件具备就会发作，给计算机系统带来不良影响。

5. 针对性

一种计算机病毒并不能传染所有计算机系统或程序，通常病毒的设计具有一定针对性。例如，有传染 PC 的，也有传染 Macintosh 机的；有传染.com 文件的，也有传染.doc 文件的。

6. 衍生性

计算机病毒由安装部分、传染部分、破坏部分等组成，这种设计思想使病毒在发展、演化过程中允许对自身的几个模块进行修改，从而产生不同于原来版本的新病毒，又称为病毒变种，这就是计算机病毒的衍生性。

7. 抗反病毒软件性

有些病毒具有抗反病毒软件的功能。这种病毒的变种可使检测、消除该变种源病毒的反病毒软件失去效能。

7.3.2　计算机病毒的传播途径

了解病毒的主要传播途径将更有利于防治，对预防和阻止病毒传播起到重要作用。

计算机病毒一般通过以下几种途径进行传播。

(1) 通过不可移动的计算机硬件设备进行传播。这些设备通常有计算机专用 ASIC 芯片和硬盘灯。这种病毒虽然极少，但破坏力极强，目前没有较好的监测手段。

(2) 通过移动存储设备来进行传播。例如常用的 U 盘、移动硬盘、光盘等。

(3) 通过计算机网络进行传播。现代通信技术的巨大进步已使空间距离不再遥远，数据、文件、电子邮件可方便地在各个网络工作站间通过电缆、光纤或电话线路进行传送，但也为计算机病毒的传播提供了新的"高速公路"。计算机病毒可附着在正常文件中，当你从网络另一端得到一个被感染的程序，并在你的计算机上未加任何防护措施的情况下运行它，病毒就传染开来了。这种病毒的传染方式在计算机网络连接很普及的国家是非常常见的。

(4) 通过点对点通信系统或无线通道传播。例如，QQ 连发器病毒可通过 QQ 这种聊天程序进行点对点传播。

7.3.3　计算机病毒的类型

计算机病毒的分类方式很多，比较常见的方式如下。

1. 按照计算机病毒存在的介质进行分类

根据病毒存在的介质，计算机病毒可分为网络病毒、文件病毒和引导型病毒。网络病毒通过计算机网络传播，感染网络中的可执行文件；文件病毒则感染计算机中的文件(如.com、.exe、.doc等)；引导型病毒感染启动扇区(Boot)和硬盘的系统引导扇区(MBR)。另外，还有这三种情况的混合型。

2. 按照计算机病毒传染的方法进行分类

根据病毒传染的方法可分为驻留型病毒和非驻留型病毒。驻留型病毒感染计算机后，把自己的程序驻留部分放到内存(RAM)中，这一部分程序合并到操作系统进程中，一直处于激活状态，直到关机或重新启动。非驻留型病毒在得到激活机会时不感染计算机内存，或只在内存中留有小部分，但并不通过这部分感染。

3. 按照计算机病毒的破坏能力进行分类

根据病毒的破坏能力可分为无害型、无危险型、危险型和高危险型四类。无害型病毒只在传染时占用计算机的可用空间，对系统无其他影响；无危险型病毒被感染后，仅是减少内存、显示图像、发出声音；危险型病毒被感染后会对计算机系统造成严重影响，降低计算机运行速度；高危险型病毒会删除计算机程序，破坏硬盘数据，清除系统内存和操作系统中的重要信息。

4. 按照计算机病毒特有的算法进行分类

根据计算机病毒特有算法可分为伴随型病毒、蠕虫型病毒、寄生型病毒。伴随型病毒并不改变文件本身，而根据自身的算法生成相关文件的伴随体，伴随体与原文件具有相同的文件名和不同的扩展名。当计算机加载文件时，会先执行伴随体，再由伴随体文件加载原来的文件；蠕虫型病毒一般不改变计算机文件和资料信息，通过计算机网络或电子邮件从一台计算机传播到其他计算机中。有时蠕虫型病毒在系统中存在，一般除了内存不占用其他资源；除了伴随型和蠕虫型病毒，其他病毒均可成为寄生型病毒，它们依附在系统的引导扇区或文件中，通过系统的功能进行传播和破坏。

7.3.4 几种常见的计算机病毒

1. 蠕虫病毒

蠕虫病毒(Worm)是一种常见的计算机病毒。它利用网络进行复制和传播，传染途径是网络和电子邮件。蠕虫病毒自诞生之日起，就成为计算机网络的一大威胁。它的前缀是 Worm，这种病毒的公共特性是通过网络或系统漏洞进行传播，很大部分的蠕虫病毒都有向外发送带病毒的电子邮件，阻塞网络的特性。

"熊猫烧香"与"火焰病毒"都是经过多次变种的"蠕虫病毒"。前者又称"武汉男生"病毒，许多著名网站遭到此类病毒攻击而导致业务停顿，造成的损失无法估量。由于中毒计算机的可执行文件会出现"熊猫烧香"的图案，所以被称为"熊猫烧香"病毒。后者是自 2005 年 10 月 7 日开始肆虐网络，它主要通过下载的档案传染，是一种后门程序和木马病毒，同时具有蠕虫病毒的特点。只要其背后的操控者发出指令，它就能在网络、移动设备中进行自我复制。

2. 木马病毒

木马病毒因古希腊特洛伊战争中的"木马计"而得名，其前缀是"Trojan"。木马病毒是目前比较流行的一种病毒文件。它的公共特性与一般的病毒不同，它不会自我繁殖，也不"刻意"去感染其他文件，而通过网络或系统漏洞感染用户的系统，然后向施种木马者提供打开被种者计算机的门户，使施种者可任意毁坏、窃取文件，甚至远程操控被种者的电脑。一般木马病毒的例子如 QQ 消息尾巴病毒 Trojan.QQ3344，还有针对网络游戏的木马病毒，如 Trojan.LMir.PSW.60 等。

3. 黑客病毒

与木马病毒的界面不同，黑客病毒有一个可视界面，控制端能对被感染用户进行远程控制。黑客病毒往往与木马病毒成对出现，首先由木马病毒实现对用户主机的入侵，再由黑客病毒对被感染主机实现控制。现在这两种病毒逐渐趋于融合。

木马病毒与黑客病毒的传播方式主要有两种：一种方式是通过 E-mail 传播，控制端将病毒程序以附件形式夹带在电子邮件中发送出去，收件人只要打开附件系统就会被感染；另一种方式是通过软件下载，一些不正规的网站以提供软件下载为名，将病毒捆绑在软件的安装程序中。软件被下载后只要被运行，病毒就会自动感染。

4. CIH病毒

CIH 是最著名和最具破坏力的病毒之一，它是第一个能破坏硬件的病毒。发作破坏方式主要是通过篡改主板 BIOS 里的数据，造成电脑开机就黑屏，从而让用户无法进行任何数据抢救和杀毒的操作。CIH 的变种能在网络上通过捆绑其他程序或邮件附件传播，常删除硬盘上的文件及破坏硬盘的分区表。所以 CIH 发作后，即使换了主板或其他电脑引导系统，如果没有正确的分区表备份，染毒的硬盘(特别是 C 分区)的数据挽回的机会很少。

5. 脚本病毒

脚本病毒的前缀是 Script。它的公有特性是使用脚本语言编写，通过网页进行传播。常见的脚本病毒如红色代码(Script.Redlof)。脚本病毒还有前缀 VBS、JS(表明是何种脚本编写的)，如欢乐时光病毒(VBS.Happytime)、十四日病毒(Js.Fortnight.c.s)等。

6. 宏病毒

宏病毒也是脚本病毒的一种，由于它的特殊性而单独归为一类。宏病毒的前缀是 Macro，第二前缀是 Word、Word77、Excel、Excel77 其中之一(若主机只感染 Word77 及以前版本 Word 文档的病毒，则第二前缀为 Word77，格式为 Macro.word77；若主机只感染 Word77 以后版本 Word 文档的病毒，则第二前缀为 Word，格式为 Macro.word。其他类型的 Office 文件依此类推)。宏病毒的共有特性是能感染 Office 系列文档，然后通过 Office 通用模板进行传播，如 Macro.Melissa。

7. "震网"病毒

2010 年 6 月，"震网"病毒首次被发现，它被称为有史以来最复杂的网络武器。"震网"病毒又名 Stuxnet 病毒，是一个席卷全球工业界的病毒。作为世界上首个网络"超级破坏性武器"，Stuxnet 的计算机病毒已经感染了全球超过 45 000 个网络，伊朗遭到的攻击最严重。"震网"病毒结构非常复杂，计算机安全专家在对软件进行反编译后发现，它不可能是黑客所为，应该是一个"受国家资助的高级团队的研发结晶"。与传统的电脑病毒相比，"震网"病毒不会通过窃取个人隐私信息获利，而是专门打击全球各地的重要目标，因此被一些专家定性为全球首个投入实战舞台的"网络武器"。

7.3.5 计算机病毒的预防

预防计算机病毒，应该从管理和技术两方面进行。

1. 从管理上预防病毒

计算机病毒的传染通过一定途径来实现，为此必须重视制定措施、法规，加强职业道德教育，不得传播更不能制造病毒。另外，还应采取如下一些有效方法来预防和抑制病毒的传染。

(1) 谨慎地使用公用软件或硬件。

(2) 任何新使用的软件或硬件(如磁盘)必须先检查。

(3) 定期检测计算机上的磁盘和文件是否感染病毒并及时消除病毒。

(4) 对系统中的数据和文件要定期进行备份。

(5) 对所有系统盘和文件等关键数据进行写保护。

2. 从技术上预防病毒

从技术上对病毒的预防有硬件保护和软件预防两种方法。

任何计算机病毒对系统的入侵都利用 RAM 提供的自由空间及操作系统提供的相应的中断功能来达到传染目的。因此，可通过增加硬件设备来保护系统，此硬件设备既能监视 RAM 中的常驻程序，又能阻止对外存储器的异常写操作，这样就能预防计算机病毒。

软件预防方法可使用计算机病毒疫苗。计算机病毒疫苗是一种可执行程序，它能监视系统的运行，防止病毒入侵，当发现非法操作时及时警告用户或直接拒绝这种操作，使病毒无法传播。

7.3.6 计算机病毒的清除

如果发现计算机感染了病毒，应该立即清除。通常用人工处理或反病毒软件方式进行清除。

人工处理的方法包括用正常的文件覆盖被病毒感染的文件、删除被感染文件、重新格式化磁盘等。这些方法有一定危险性，容易造成对文件的损坏。

用反病毒软件对病毒进行清除是一种较好的方法。常见的反病毒软件有瑞星、卡巴斯基、NOD32、NORTON、BitDefender 等。特别要注意的是，只有及时升级更新反病毒软件，才能保证软件的杀毒性能。

7.4 Windows 7 操作系统安全

由微软公司开发的 Windows 7 操作系统因其操作方便、功能强大而受到广大用户的认可，越来越多的应用程序运行在 Windows 7 系统上。在日常工作中，如果不注意做好操作系统安装和配置时的病毒安全防范工作，就有可能导致计算机病毒的入侵。如何才能构建一个安全的操作系统呢？

Windows 7 的系统安全涉及多个方面，这里仅介绍几个常用的方面。

7.4.1 Windows 7 系统安装的安全

在开始安装操作系统时，应注意以下几点。

1. 选择NTFS文件格式来分区

Windows 7 中可使用 FAT32 和 NTFS 两种文件格式，但最好所有的分区都是 NTFS 格式，因为 NTFS 格式的分区在安全性方面更有保障。此外，应用程序与系统不要放在同一分区内，这是为了避免攻击者利用应用程序的漏洞攻击系统，导致系统文件泄露，甚至使入侵者远程获取管理员权限。

2. 组建的定制

Windows 7 会默认安装一些常用组件，但这些组件会给计算机带来风险。用户应该确切知道需要哪些服务，并为这些服务安装相应的组件，以降低计算机的安全风险。根据安全原则，最好的服务+最小的权限=最大的安全。

3. 系统分区和逻辑分区的分配

建议建立多于两个的硬盘分区，一个用于系统分区(主分区)，其他作为应用程序的分区(扩展分区)。系统程序应放在单独的系统分区上，避免病毒或者黑客利用应用程序的漏洞攻击系统程序，同时也保证当系统分区被损坏时，不会对应用程序造成损失。

7.4.2 系统账户的安全

1. Administrator账户安全

系统账户安全中首当其冲的就是 Administrator(超级用户)的安全问题。由于系统安装完成后就存在 Administrator 超级用户，而且大多数情况下安装时没有设置密码，这就给入侵带来便利。因此，在系统安装完毕后，应设置合理的标准账户和登录密码。

2. Guest账户安全

Guest 账户也是在系统安装时默认添加的账户，如果用户没有特殊要求，应该禁用 Guest 账户。方法是在控制面板的"用户账户和家庭安全"中选择"添加和删除用户账户"，在打开的窗口(图7-1)中，修改或者禁用Guest账户密码。此外，对于建立的其他用户账户，一般不要加入Administrator用户组中，如果要加入，一定要设置一个安全密码。

图7-1 更改账户

3. 密码设置安全

在设置账户密码时，为保证密码的安全性，一方面要注意将密码设置为 8 位以上的字母数字符号的混合组合，同时对密码策略进行必要的设置。方法是单击"开始"，在搜索框中输入命令

gpedit.msc，选择"计算机配置"｜"Windows 设置"｜"安全设置"｜"账户策略"｜"密码策略"，根据自己的实际需要进行设置。如图 7-2 所示。

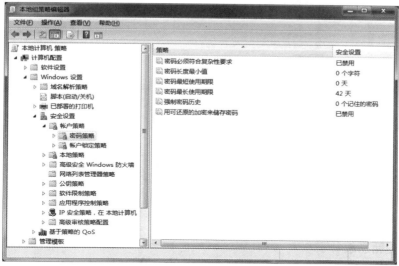

图7-2　密码策略的设置

7.4.3　应用安全策略

1. 安装杀毒软件

为计算机安装杀毒软件，不仅能杀掉常见病毒和后门程序，还能保护计算机不被病毒感染。特别要注意的是，应定期更新杀毒软件的病毒库，按时进行磁盘扫描，对于 U 盘或移动硬盘应先杀毒再使用。

卡巴斯基反病毒软件是世界上拥有最尖端科技的杀毒软件之一，总部设在俄罗斯首都莫斯科，全名是"卡巴斯基实验室"，公司为个人用户、企业网络提供反病毒、防黑客和反垃圾邮件产品。除此之外金山毒霸，瑞星杀毒、360 免费杀毒等也是一流的杀毒软件

"云安全(Cloud Security)"计划是网络时代信息安全的最新体现，它融合了并行处理、网格计算、未知病毒行为判断等新兴技术和概念，通过网状的大量客户端对网络中软件行为的异常监测，获取互联网中木马、恶意程序的最新信息，推送到服务端进行自动分析和处理，再把病毒和木马的解决方案分发到每个客户端。

未来杀毒软件将无法有效地处理日益增多的恶意程序。来自互联网的主要威胁正在由电脑病毒转向恶意程序及木马，在这样的情况下，采用的特征库判别法显然已经过时。云安全技术应用后，识别和查杀病毒不再仅依靠本地硬盘中的病毒库，而依靠庞大的网络服务，实时进行采集、分析以及处理。整个互联网就是一个巨大的"杀毒软件"，参与者越多，每个参与者越安全。

2. 使用防火墙

防火墙可有效保护操作系统，把网络上有害的东西挡在门外。部分防火墙还可帮助过滤网页上的广告，过滤收到的电子邮件，过滤网络中的一些色情和非法内容。Windows 7 中防火墙的开启方法是选择"控制面板"｜"系统和安全"｜"Windows 防火墙"｜"打开或关闭 Windows

防火墙"，选中"启用 Windows 防火墙"，如图 7-3 所示。

图7-3　Windows中防火墙的设置

3. 安装和更新系统补丁

可到微软网站下载最新的补丁程序，是保障计算机系统长久安全运行的有效办法。也可安装"360 安全卫士"等防护软件，它们能自动发现系统漏洞，提示安装最新补丁，自动保持更新操作系统最新，提高系统的安全性和可靠性。

4. 停止不必要的服务

操作系统的后台运行着很多支持计算机正常运行的服务。安装的服务组件越多，用户能得到的服务功能也越多，但这些服务组件也会占用更多系统资源，甚至为黑客入侵提供途径。因此，我们要把暂时不需要的服务组件关闭，具体操作步骤是在桌面上右击"计算机"，在打开的快捷菜单中选择"管理"｜"计算机管理"，如图 7-4 所示。选择"服务和应用程序"｜"服务"，选择需要关闭的程序，单击鼠标右键，在弹出的快捷菜单中依次选择"属性"｜"停止"，将"启动类型"设置为"手动"或"禁用"。

图7-4　停止不必要的Windows服务

7.4.4　网络安全策略

1. IE浏览器的安全

网络已成为我们生活中不可或缺的部分，但最常用的 IE 浏览器却并不安全可靠，往往成为网络黑客攻击计算机的大门。为使上网环境更安全，需要了解 IE 浏览器的安全设置。

首先，应该把 IE 浏览器升级至最新版本，这会消除一些浏览器中的重大漏洞。其次，设置适合的 IE 浏览器安全级别。具体操作步骤是在控制版面中单击"网络和 Internet"｜"Internet 选项"，在"Internet 属性"对话框的 "安全"选项卡(图 7-5)中，将安全级别的滚动条拖到"中"以上，或单击"默认级别"按钮。

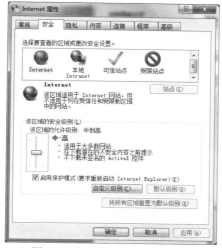

图7-5　设置IE浏览器安全级别

再次，屏蔽插件和脚本。Java、Java Applet、ActiveX 等程序和控件会被网络黑客在网页源文件中加入恶意的 Java 脚本语言或嵌入恶意控件，这样会造成一定的安全隐患。可通过单击"Internet 属性"对话框"安全"选项卡中的"自定义级别"按钮，对"ActiveX 控件和插件""Java""脚本"等安全选项进行设置。

最后清除临时文件。IE 浏览器会自动将我们浏览的图片、Flash 动画、Cookie 文本等数据保存在计算机中，以便我们下次快速访问，但这样也容易造成个人信息的泄露。所以我们应该定期清理缓存、历史记录以及临时文件。具体操作步骤是单击 IE 浏览器"工具"菜单中的"Internet 选项"，在打开的"Internet 选项"对话框的"常规"选项卡中依次单击"删除"，选中 Cookie、Internet 临时文件、历史记录，单击"删除"。

2. 网络共享设置的安全

局域网内的文件和文件夹共享可为用户提供很大的方便，也会带来安全隐患，病毒也很容易通过共享文件感染计算机。可在桌面上右击"计算机"，在打开的快捷菜单中选择"管理"｜"计算机管理"｜"共享文件夹"｜"共享"，查看计算机中所有开启的共享。使用完共享文件后应及时关闭。

3. 使用Web格式的电子邮件系统

在使用 Outlook、Foxmail 等客户端式电子邮件系统时，应使用杀毒软件对邮件进行扫描，不要查看来历不明的邮件中的附件，防止带有病毒和木马的附件感染计算机。

习　题

1. 信息安全主要包括四大要素：技术、制度、流程和_____。
　　A. 人　　　　　　　　B. 计算机　　　　　C. 网络　　　　　D. 安全性

2. _____指在不干扰网络信息系统正常工作的情况下，进行侦探、截获、窃取、破译、业务流量分析及电磁泄漏。
　　A. 主动攻击　　　　　B. 被动攻击　　　　C. 人为攻击　　　D. 恶意攻击

3. _____是用于在企业内部和互联网之间实施安全策略的一个或一组系统。
　　A. 入侵检测　　　　　B. 防火墙　　　　　C. 杀毒软件　　　D. 网络加密机

4. 密码学中，发送方要发送的消息称为_____。
　　A. 原文　　　　　　　B. 密文　　　　　　C. 明文　　　　　D. 数据

5. 非法接受者试图从密文中分析出明文的过程称为_____。
　　A. 破译　　　　　　　B. 解密　　　　　　C. 读取　　　　　D. 翻译

6. 国家信息化领导小组建议从三个方面解决我国的电子政务问题，即"一个基础，两根支柱"。其中的"一个基础"是_____。
　　A. 技术　　　　　　　B. 法律制度　　　　C. 管理　　　　　D. 人员培训

7. 合法接收者从密文恢复出明文的过程称为_____。
　　A. 逆序　　　　　　　B. 破译　　　　　　C. 加密　　　　　D. 解密

8. 密码学包含两个分支，即密码编码学和_____。
　　A. 算法学　　　　　　B. 密码加密学　　　C. 密钥学　　　D. 密码分析学

9. 计算机病毒由安装部分、_____、破坏部分组成。
　　A. 计算部分　　　　　B. 加密部分　　　　C. 传染部分　　　D. 衍生部分

10. 计算机病毒感染系统后，并不马上发作，一旦满足触发条件才会发作，这体现出计算机病毒的_____。
　　A. 衍生性　　　　　　B. 破坏性　　　　　C. 潜伏性　　　　D. 传染性

11. 按照计算机病毒的特有算法分类，病毒可分为伴随型、寄生型和_____病毒。
　　A. 脚本型　　　　　　B. 木马型　　　　　C. 黑客型　　　　D. 蠕虫型

12. _____指非法篡改计算机输入、处理和输出过程中的数据，从而达到犯罪目的。
　　A. 清理垃圾　　　　　B. 活动天窗　　　　C. 数据欺骗　　　D. 逻辑炸弹

13. 密码算法中的_____是迄今为止全球最广泛使用的一种分组密码算法。
　　A. RSA算法　　　　　B. DES算法　　　　C. LOKI算法　　　D. IDEA算法

14. 在 Windows 7 操作系统的安装时，根据安全原则，应该是_____。
　　A. 最多的服务+最小权限＝最大的安全
　　B. 最少的服务+最小权限＝最大的安全

C. 最少的服务+最大权限＝最大的安全

D. 最多的服务+最大权限＝最大的安全

15. 关于杀毒软件，以下说法不正确的是_____。

A. 安装杀毒软件的主要目的也是预防病毒。

B. 杀毒软件的病毒库需要及时更新，软件要及时升级。

C. 机器安装杀毒软件后，就可以放心上网下载文件了。

D. 杀毒软件不是万能的，不能预防或查杀所有病毒。

16. 下列关于防火墙的说法中，不正确的是_____。

A. 防火墙是一个用于阻止网络中的黑客访问某个机构网络的屏障

B. 防火墙是一种保护计算机网络安全的访问控制技术

C. 防火墙可防止计算机病毒在网络内传播

D. 防火墙是在网络边境上建立起来的隔离内网和外网的网络通信监控系统

17. 关于密码技术，若加密密钥和解密密钥不相同，从一个难以推出另一个，称为_____。

A. 单钥密码体制   B. 双钥密码体制

C. 对称密钥体制   D. DES密码体制

18. _____是信息安全与保密的核心和关键。

A. 反病毒技术   B. 防火墙技术

C. 密码技术   D. 虚拟专用网技术

19. 以下不是计算机病毒特征的是_____。

A. 传染性，可执行性   B. 破坏性，针对性

C. 衍生性，传染性   D. 兼容性，抗反病毒软件性

20. "黑客"指_____的人。

A. 总在晚上上网   B. 匿名上网

C. 不花钱上网   D. 在网上私自闯入他人的计算机系统

第8章

应用实例：医院信息系统

8.1 医院信息系统概述

医院的管理过程，实质上是收集、汇总、加工医疗、管理数据，再进一步分析，处理为知识，并辅助制定决策。目的是全面提高医院的医疗、教学、科研、管理水平，为病人提供更多、更好的服务，提高医院效率和效益。随着计算机性能不断提高，计算机已在医院医疗、教学、科研、管理的各个方面得到越来越广泛的应用。医院信息系统已成为现代化医院运营必不可少的基础设施与技术支撑环境。

8.1.1 医院信息系统的概念

医院信息系统(Hospital Information System，HIS)利用计算机软硬件技术、网络通信技术等现代化手段，对医院及其所属各部门的人流、物流、财流进行综合管理，对医疗活动各阶段产生的数据进行采集、储存、处理、提取、传送、汇总、加工，生成各种信息，从而为医院的整体运行提供全面的自动化管理及各种服务。

8.1.2 医院信息系统的发展概况

1. 国外研究状况

20 世纪 60 年代初，美国便开始研究医院信息系统。随着计算机技术的发展，从 20 世纪 70 年代起，医院信息系统进入大发展时期，美、日和欧洲各国的医院，特别是大学医院及医学中心纷纷开发医院信息系统。目前，国外医院信息系统的开发和应用的广度和深度达到前所未有的新水平。这主要表现在建立大规模一体化医院信息系统，并形成计算机区域网络，不仅包括一般信息管理的内容，还包括电子病历、医学影像存储和传输系统、临床信息系统、决策支持系统、医学专家系统、图书情报检索系统、远程医疗等。

2. 国内研究状况

中国的 HIS 从 20 世纪 80 年代开始起步。目前我国多数信息系统都是相互独立的，还没有多种计算机辅助决策工具组合在一起的系统。计算机辅助决策系统还不能在无人工干预的情况下做出临床决策或研究报告。

自 20 世纪 80 年代末期以来，我国医院信息系统的发展大体经历了以下 3 个阶段。

第一个阶段为纠偏阶段，也称为局域网应用阶段。20 世纪 80 年代末，以单机为主的收费机、划价机开始应用于一些医院的收费处和药房。

第二个阶段为管理阶段。20 世纪 90 年代中期，管理信息系统基本涵盖了医院管理的各个方面，实现了医院的财务管理、药品管理、设备管理、物资管理、医政管理的计算机化。

第三阶段为数字化阶段，也就是目前正在发展的阶段，是较完整的、集成的医院信息系统阶段，从医院的总体上把握信息系统的功能。围绕患者在医院活动的各个环节构造系统的整体框架，各系统的信息高度共享。

目前，我国医院信息系统建设存在的主要问题有系统的复杂度高、系统设计的标准化程度低、资金需求与信息系统建设存在矛盾、复合型信息技术人员缺乏等。与发达国家相比，我国医院信息系统尚处于落后阶段，但又在迅速发展之中。

8.2　医院信息系统的体系结构和业务流程

医院信息系统涵盖了医院的所有事务，业务流程的核心是门诊和住院两个业务流程。

8.2.1　医院信息系统的体系结构

根据卫生部医院管理研究所制定的医院信息系统软件基本功能规范，可将整个医院信息系统分为 5 部分：临床诊疗部分、药品管理部分、费用管理部分、综合管理与统计分析部分、外部接口部分，如图 8-1 所示。

1. 临床诊疗部分

临床诊疗部分主要以病人信息为核心，将病人诊疗的整个过程作为主线，医院的所有科室按此主线展开工作。随着病人在医院中每一步诊疗活动的进行，生成并处理各种诊疗数据与信息。整个诊疗活动主要由工作站完成，将这部分临床信息进行整理、处理、汇总、统计、分析等。工作站包括门诊医生工作站、住院医生工作站、护士工作站、临床检验系统、输血管理系统、医学影像系统、手术室麻醉系统等。

2. 药品管理部分

药品管理部分主要包括药品的管理与临床使用。在医院，药品从入库到出库，直到病人使用，是一个比较复杂的流程，它贯穿于病人的整个诊疗活动中。这部分主要处理与药品有关的所有信息。药品管理分为两部分，一部分是基本部分，包括药库、药房及发药管理；另一部分是临床部分，包括合理用药的各种审核及用药咨询与服务。

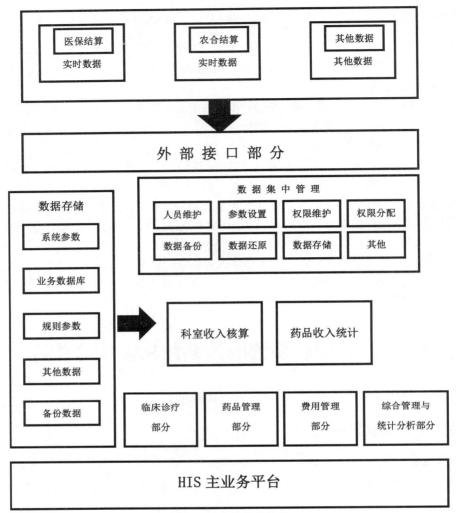

图8-1 HIS的体系结构

3. 费用管理部分

费用管理部分属于医院信息系统中最基本的部分，与医院中所有发生费用的部门有关，处理整个医院各部门生成的费用数据，并将这些数据整理、汇总、传输到各相关部门供分析、使用。该部分包括门急诊挂号、门急诊划价收费，包括病人入院、出院、转院，还包括住院收费、物资、设备、财务与经济核算等。

4. 综合管理与统计分析部分

该部分主要包括病案的统计分析、管理，并将医院中的所有数据汇总、分析、综合处理供领导层决策使用，包括病案管理、医疗统计、综合查询与分析、病人咨询服务。

5. 外部接口部分

随着社会的发展及各项改革的进行，医院信息系统已非独立存在，必须与社会相关系统互连。

因此，这部分提供了医院信息系统与医疗保险系统、社区医疗系统、远程医疗咨询系统等的接口。

8.2.2　医院信息系统的核心业务流程

1. 医院的组织机构

医院的主要机构分为两部分，即门诊部和住院部，医院的所有日常工作都围绕着这两大部门进行。

门诊部和住院部各设若干科室，如门诊部下设口腔科、内科、外科、皮肤科等，住院部下设内科、外科、骨科等，二者下设的部分科室是交叉的，各科室都由相应的医生、护士完成工作，医生又分为主治医师、副主任医师、普通医师，或分为教授、副教授等。

为支持这两大部门的工作，医院还设置了药库、中心药房、门诊药房、制剂室、设备科、财务科、后勤仓库、门诊收费处、门诊挂号处、问讯处、住院部、检验科室、检查科室、血库、病案室、手术室，以及为医院的日常管理而设置的行政部门等。

2. 各部门的业务活动情况

1) 门诊部

首先，门诊病人需要到门诊挂号处挂号，初诊病人要在门诊挂号处登记基本信息，如姓名、年龄、住址、联系方式等，由挂号处根据病人提供的信息制成 IC 卡；然后，初诊病人可与复诊病人一样进行挂号和就诊排号，由挂号处处理病人的病历。

接着，病人需要到门诊收费处交付挂号费，并持挂号和收费证明到相应科室就诊，医生诊疗后开具诊断结果、处方、检查或检验申请单。如果为处方，则病人需要持处方单到门诊收费处划价交费，然后持收费证明到门诊药房取药；如果为检查或检验申请单，则病人需要持申请单到门诊收费处划价交费，然后持收费证明到相关科室进行检查或检验。

门诊药房接到取药处方后，要进行配药和发药，当药房库存的药量较少时，药房人员应到药库办理药品申领。药房需要对药品的出库、入库和库存进行管理。

当检查科室或检验科室接到病人的申请后，对病人进行检查或检验，并将结果填入结果报告单，交给病人，结果也需要记录在案。

2) 住院部

当病人接到医生的建议需要住院治疗或接到入院通知单后，需要到住院部办理入院手续，登记基本信息，并交付一定数额的预交款或住院押金。住院手续办妥后，由病区科室根据病人就诊的科室安排床位，将病人的预交款信息录入系统并进行相应的维护和管理。病区科室还应按医生开出的医嘱执行，医嘱的主要内容包括病人的用药、检查申请或检验申请。

病区科室应将医嘱中病人用药的部分分类统计，形成药品申领单，统一从药库领药，然后将药品按时按量发给住院病人，需要记录发药情况，并对所领取的药品进行统一管理。

病区科室应将医嘱中的检查或检验申请单发给检查科室或检验科室，确认后通知病人进行相应的检查或检验。药库对药品申领单的处理和对药品的管理，检查和检验科室对申请、检查的处理与门诊中的方式相同。

当病人需要手术时，首先由病区科室将申请提交给手术室，由手术室安排日程，准备材料、器械。准备妥当后，手术室将通知病区科室，由病区科室安排病人进入手术室，手术室需要将手术中的麻醉药、医嘱、材料、器械的使用记录在案。

当病人可出院时，应先在病区科室进行出院登记，然后在住院部办理出院手续。

当病人转科时，需要在病区科室办理手续，转入另一病区后，由另一病区的病区科室安排床位，并管理病人的转入资料。

8.3 医院信息系统的核心子系统

医院信息系统的核心子系统包括电子病历系统、医学影像存储与传输系统、放射科信息系统、实验室信息系统和 PIVA 系统等。

8.3.1 电子病历系统

病历在诊疗过程中起着信息传输媒介的作用。在医生和医生之间、医生和护士之间、临床科室和医技科室之间、临床科室和药品器材供应部门之间传递的信息都构成病历内容。从信息传递的意义上讲，电子病历代替纸张病历实现了病历信息的电子采集和电子交换。

1. 电子病历的概念

电子病历(Electronic Patient Record，EPR)也称为计算机化的病案系统或基于计算机的病人记录(Computer-based Patient Record，CPR)。电子病历是诊疗全过程的原始记录，包括首页、病程记录、检查检验结果、医嘱、手术记录、护理记录等。电子病历不仅包括静态病历信息，还包括提供的相关服务，是以电子化方式管理的有关个人健康状态和医疗保健行为的信息，涉及病人信息的采集、存储、传输、处理和利用。

美国国立医学研究所将电子病历定义为：EPR 是基于特定系统的电子化病人记录，允许用户访问完整准确的数据、警示、提示和临床决策支持系统。

2. 电子病历的特点

1) 提高病历甲级率

通过统计、分析、预警、三级质量评定等事前控制手段，能有效地提醒和督促医务人员按时、按质完成病历书写工作，提高病历甲级率。

2) 为医务人员节省大量时间

对于医生来说，每天要接治多名患者，日常工作中 70%的时间用于手工书写病历。通过电子病历提供的多种规范化模板及辅助工具，可使医务人员从繁杂重复的书写工作中解脱出来，集中精力关注病人的诊疗。

3) 提高病案质量

纸质病历的内容是自由文本格式，字迹可能不清，内容可能不完整，意思可能模糊。转抄容易出现错误，只能被动地供医生做决策参考，不能实现主动提醒、警告或建议，涂改现象突出，病史书写随意性强。而电子病历通过提供完整、权威、规范、严谨的病历模板，避免了书写潦草、缺页、漏项、模糊及不规范用语等常见问题，并根据自带的知识库为医生提供提醒、警告和建议等。

4) 提高医疗纠纷举证能力

病历是具有法律效力的医学记录，是为医疗事故鉴定、医疗纠纷争议提供医疗行为事实的法律书证。通过符合规范的病历记录，为举证提供有力的法律依据。

5) 为科研教学提供有效的参考资料

在医学统计、科研方面，典型病历不易筛选，检索统计困难。使用电子病历系统，不仅可快速检索所需的各种病历，而且使以往费时费力的医学统计变得非常简捷，为科研教学提供第一手资料。

3. 电子病历软件主要模块

1) 一体化工作平台

在电子病历工作平台采集病人所有医疗信息，并完成所有医疗操作。

- 完整的病人基本信息。
- 每日护理信息。
- 每日病历信息。
- 治疗医嘱信息。
- 检查、检验信息。

2) 电子病历录入系统

- 编辑、浏览、打印病历。
- 结构化录入、文字编辑，所见即所得。
- 类Word人性化操作。
- 丰富的辅助录入工具。
- 以标准化模板为主、个人模板为辅。
- 自定义编辑医学图片，图文并茂。

3) 医嘱录入系统

- 符合医嘱规范的长短医嘱录入。
- 支持医嘱成组。
- 痕迹保留。
- 自定义成套医嘱。
- 过敏药物提示。
- 处方规则。

4) 质量管理系统

- 完备的系统时限控制，方便医院管理，提高医生病历质量。
- 系统质量监控。
- 系统预警功能。
- 系统反馈功能。
- 病历归档功能。

- 智能评分功能。
- 所见即所得的三级检诊痕迹机制。

4. 电子病历与HIS的关系

(1) 电子病历依附于 HIS。电子病历系统并非是独立于 HIS 的新系统，因为病人信息来源于 HIS 中的各个业务子系统。例如，病案首页来源于住院登记、入出转、病案编目等系统。各个业务系统在完成自身的功能、管理自身业务数据时，也在收集病人信息。因此，脱离了 HIS，就不存在电子病历系统。可以说，电子病历渗透于 HIS 中。

(2) 电子病历系统与传统的 HIS 不同。在电子病历系统中，病人信息是完整的、集成的；而在传统 HIS 中，每个子系统的病人信息是局部的、离散的，有冗余，有遗漏，没有统一进行设计和管理。电子病历完整保留医生的诊断描述，强调病人信息的原始性和完整性，诊断描述与 ICD 码不相互取代。

电子病历是随着医院计算机管理网络化、信息存储介质(光盘和 IC 卡等)的应用及 Internet 的全球化而产生的。电子病历是信息技术和网络技术在医疗领域的必然产物，是医院病历现代化管理的必然趋势，其在临床的初步应用，极大地提高了医院的工作效率和医疗质量。

5. 电子病历使用中的注意事项与安全机制

(1) 严格按照国家卫生部制定的《电子病历基本规范(试行)》进行操作，制定电子病历各个部分的读、写、修改以及应有的时序性、时限性，制定相互监督机制等。

(2) 在保证设备性能良好的情况下，在电子病历应用流程引入安全技术措施，如对用户进行分级授权，采用防火墙、数据备份等，以防止非法用户侵入及网络数据丢失；同时应考虑网络出现意外故障时的应急措施及反病毒策略，以保证电子病历安全、持久、稳定地运行。

(3) 加强对操作人员的职业道德教育，进行网络安全知识和设备使用培训，使设备经常处于良好工作状态。

8.3.2 医学影像存储与传输系统

医学影像存储与传输系统(Picture Archiving and Communication System，PACS)是多媒体 DBMS，涉及放射医学、影像医学、数字图像技术(采集和处理)、计算机与通信、B/S 体系结构、软件工程、图形图像及后处理等技术，是一个技术含量高、实践性强的复杂系统，是 HIS 的重要组成部分。

1. PACS概述

PACS 主要解决 5 个方面的问题：医学影像的采集和数字化、图像的存储和管理、图像高速传输、图像的数字化和重现、图像信息与其他信息的集成。

1) PACS的分类
在实际应用中，根据覆盖范围，可将 PACS 分为小型、中型、大型 3 种类型。
- **小型**。在医院放射科等部门实施的PACS旨在提高部门内医疗设备的使用效率；医院的图像分发系统旨在帮助医院其他部门，特别是急诊室(ER)和重症监护室(ICU)获得放射医疗部门生成的图像。

- **中型**。在整个医院实施的完整PACS系统，旨在支持医院内所有与图像相关的活动。
- **大型**。远程放射医疗，旨在支持远程图像的传输和显示，支持城市内、城市间的交流，支持院际和国际交流。

2) PACS构成

PACS 的主要功能包括图像采集、传输存储、处理、显示以及打印等。硬件一般包括接口设备、存储设备、主机、网络设备和显示系统等。软件一般包括通信、数据库管理存储管理、任务调度、错误处理和网络监控等。

PACS 主要由以下 5 个模块构成。

- **医学图像采集模块**。新的数字化成像设备(如CT、MRI、DR、ECT等)通常具有符合DICOM 3.0标准的接口，可直接从数字接口采集图像数据，PACS的连接较容易；较早的数字化设备由于没有标准的DICOM接口，各生产厂家的数字格式和压缩方式不同，需要解决接口问题才能连接。对于模拟图像的采集，需要遵循最新的DICOM标准。
- **大容量数据存储模块**。需要能够在线浏览30天左右的所有住院病人图像，一般以大容量的阵列硬盘作为存储介质；对半年至一年的图像资料用磁光盘存储；超过一年的图像资料一般用DVD或CD-R等介质存储，需要手工检索。
- **图像显示和处理模块**。需要相应的专业图像处理软件，能对医学图像进行后处理和统计分析等，具有图像回放、三维重建、多切面重建等功能。根据原始图像的不同，需要不同分辨率的显示器，如DR需要2.5Kb以上的分辨率，对CT和MRI的要求较低。
- **数据库管理模块**。图像数据库管理对PACS非常重要。需要具有安全、可靠、稳定和兼容的大型数据库系统，如Oracle、SQL Server等。医学图像数据库应用管理程序的设计应满足工作流程、数据类型、分类、病人资料等要求，做到高效、安全、稳定、易用，并与HIS、RIS良好整合，实现真正的资源共享。
- **传输影像的局域网或广域网模块**。要求符合标准、结构开放、扩展性好、可连接性好、稳定性好。需要80Mb/s以上的连接带宽，使DICOM图像传输速度符合临床应用的要求，同时根据需要配置Web服务器与Internet连接，作为远程会诊窗口。

3) PACS的优势与特点

- **减少物料成本**。引入PACS系统后，图像均采用数字化存储，节省了大量介质(纸张、胶片等)。
- **减少管理成本**。数字化存储带来的另一个好处是不失真，占地小，节省了大量管理费用。
- **提高工作效率**。数字化使得在任何地方调阅影像成为可能，如借片和调阅病人以往病历等。原来需要很长周期和大量人力参与，现在只需要轻松点击即可实现，大大提高了医生的工作效率。这意味着每天能接待的病人数量增加，给医院带来效益。
- **提高医疗水平**。通过数字化，可极大地简化医生的工作流程，医生可将更多时间和精力放在诊断上，从而提高诊断水平。各种图像处理技术的引进使得以往难以察觉的病变变得清晰可见。医生能方便地调阅和参考以往病历，做出更准确的诊断。数字化存储还使远程医疗成为可能。
- **为医院积累资源**。典型的病历图像和报告、无失真的数字化存储和规范的专家系统报告是医院的宝贵技术积累。

2. PACS设计原则

1) 标准化原则

PACS 解决方案应遵循 DICOM 3.0 国际标准，按 IHE 标准设计流程，提供 HIL7 标准接口，并按照《医院信息系统基本功能规范》进行建设。

2) 先进性原则

PACS 解决方案应采用国际上先进和成熟的计算机技术、网络技术、存储技术，并与先进的医学影像存档与通信系统软件共同构成一个有机整体。体系结构和设计具有超前性，技术起点高，生命周期长。

3) 实用性原则

PACS 解决方案需要充分结合用户的实际需求，利用医院现有的基础设施、设备和信息技术资源，保护医院原有投资，进行科学规划，高效实施，为用户提供性价比最优的系统。

4) 扩展性原则

PACS 解决方案充分考虑医院的实际情况，使用成熟软件模块，根据实际需要为医院提供软件功能。在不改变总体设计结构的前提下，满足医院的新需求。

3. PACS与HIS/RIS(放射科信息系统)的融合

医院影像设备生成的影像及相关信息在 PACS 中用 DCOM 3.0 文档表达。通过采用标准 HL7 接口或中间件技术，可完成 PACS 与 HIS 系统的数据融合，实现医学影像及其他信息在全院网络中的共享，融合目标如下。

- PACS/RIS可获取HIS中病人的相关信息，包括检查信息、病历、医嘱等。
- PACS/RIS中的影像及诊断等信息在HIS医生工作站中能够调阅。
- 优化影像科室、检验科室与医院其他相关科室的工作流程。
- HIS与PACS/RIS信息共同组成电子病历。

PACS 与 HIS 的融合由以下 3 种方式实现：

- PACS/RIS与HIS直接进行数据库读取。
- PACS/RIS与HIS通过第三方数据库(中间件技术)进行数据交换。
- PACS/RIS与HIS系统使用HL7标准进行通信。

8.3.3 放射科信息系统

放射科信息系统(Radiology Information System，RIS)是医院重要的医学影像学信息系统之一，与 PASC 系统共同构成医学影像学的信息化环境。放射科信息系统基于医院影像科室工作流程执行管理，主要实现医学影像学检验工作流程的计算机网络化控制、管理和医学图文信息的共享，并在此基础上实现远程医疗。

1. RIS的功能

RIS 主要由预约、检查、报告、查询、统计、管理等模块组成，各模块的主要功能如下。

1) 预约模块

- **登记**。患者信息可直接录入，通过姓名等从RIS数据库中调用，或从HIS数据库中调用；检查信息可直接录入或从HIS数据库中调用，亦可考虑应用模板；临床信息可直接录入或从HIS数据库中调用。急诊患者的个人信息可暂缓录入。
- **复诊检索**。对于复诊患者，按影像设备、检查项目、检查医师、患者来源进行检索。

2) 检查模块

- **检查任务生成**。在Worklist(任务列表)中预分配检查任务，标记为预约任务，并按影像设备、检查项目、检查医师、患者来源、预约时段等表项对检查任务进行设置。
- **检查任务传递**。通过MWL服务，将设备申请的检查任务传递给设备。
- **检查状态监控**。直观显示候诊状态，跟踪检查情况。
- **检查状态变化**。按照检查状态，改变患者相应的属性。
- **异常处理**。可适当调整，追加、修正、取消检查安排，优先权机制允许特殊患者插入。

3) 报告模块

- **报告模块**。提供常用医学模板功能，方便撰写报告。
- **患者文字信息导入**。患者信息、检查方法、临床信息、印象、影像表现、诊断等分类模块引入或录入患者图像信息，导入报告中的图像框提取图像。

4) 查询模块

- **分类查询**。可按患者姓名、性别、年龄、检查日期、检查设备、检查项目、检查部位、检查医师、临床医师、临床科室、主治医师、诊断名称、代码分类检索或组合查询。
- **打印功能**。可打印检索结果和相关详细信息。

5) 统计模块

- **分类统计**。可按不同的统计图表显示设备使用频率、检查内容频率、检查部位频率、医师诊断频率、分组频率、诊断内容数、日均检查次数等。
- **用户定义统计**。医院科室自定义统计方式和内容。
- **打印功能**。可打印结果和相关详细信息。

6) 管理模块

- **系统管理**。主要包括系统环境设定、新增设备设定，以及RIS、PACS接口的设定。
- **用户管理**。对用户实行多种权限管理。
- **数据管理**。基本数据维护、检索机制的设定、资料库的备份和复原。

2. RIS的工作流程

RIS 的主要功能包括病人、影像设备和工作人员的预约/排班，报告的输入和传输等，工作流程如下。

(1) 患者凭检查申请单交费。

(2) 放射科登记/预约。

(3) 到指定机房接受检查，在控制台上刷新 Worklist 可立即获得患者检查信息，单击相应的检查部位后即可完成检查。

(4) 检查完毕后，图像自动上传至 PACS 服务器，并与 RIS 匹配。

(5) 医生在患者完成检查时，开始书写报告。

(6) 审核医生发出已书写完成的报告。

3. RIS和HIS、PACS的关系

HIS 和 RIS 保存病人的基本信息和临床资料数据,也保存和传递病人的图形及图像资料。PACS 主要保存病人的图像数据,也使用 HIS 和 RIS 中已有的病人信息,从 HIS 和 RIS 中直接获得可避免重复输入，减少错误的发生。

在书写诊断报告或复查时，工作站在显示病人图像时，还能显示 HIS 和 RIS 中病人的各种临床记录；临床医生也可在 HIS 中看到病人的检查图像，达到信息共享的目的。做影像检查时，病人资料从 HIS 和 RIS 中传输到 PACS；对于曾做过影像检查的病人，随着病人信息的到来，PACS 能调出长期保存的图像，传输到书写报告的工作站，便于前后对照。检查完成后，图像和诊断报告随即传回 HIS 和 RIS，临床医生能立即看到。临床医生的工作站也有图像分析处理功能。

8.3.4 医学实验室信息系统

医学实验室信息系统(Laboratory Information System，LIS)是医院信息管理的重要组成部分之一。自从人类社会进入信息时代，信息技术的迅速发展加快了各行各业的现代化与信息化进程。LIS 系统逐步采用智能辅助功能来检验信息，不仅自动接收检验数据、打印检验报告、系统保存检验信息，而且可根据需要实现智能辅助。随着 IT 技术的不断发展，人工智能在 LIS 系统中的应用越来越广泛。

1. LIS的主要功能

LIS 的主要功能如下。

(1) **检验工作站**。这是 LIS 最大的应用模块，是检验师的主要工作平台。负责日常数据处理工作，包括标本采集、标本数据接收、数据处理、报告审核、报告发布、报告查询等。

(2) **医生工作站**。主要包括浏览病人信息、比较历史数据、查询历史数据等功能，使医生在检验结果报告出来后可在第一时间了解患者的病情，可对同一病人的结果进行比较。

(3) **护士工作站**。具有标本接收、生成回执、条码打印、标本分发、报告单查询和打印等功能。

(4) **审核工作站**。主要功能是稽查漏费，包括仪器日志查询分析、急诊体检特批等特殊号码的发放、使用情况查询与审核、正常收费信息的管理等功能。可有效防止私自收费现象。

(5) **血库管理**。血液的出入库管理，包括报废、返回血站等。输血管理包括申请单管理、输血常规管理、配血管理、发血管理等。

(6) **试剂管理子系统**。具有试剂入库、试剂出库、试剂报损、采购订单、库存报警、出入库查询等功能。

(7) **主任管理工作站**。主要用于员工工作监察、员工档案管理、值班安排、考勤管理、工资管理、工作量统计分析、财务趋势分析等。

2. LIS的工作流程

(1) 通过门诊医生或住院工作站提出的检验申请，生成相应患者的化验条码标签，同时将患者

的基本信息与检验仪器对应起来。

(2) 由护士或患者采集样本，并送检验部门。

(3) 检验仪器生成结果后，系统根据对应关系，通过数据接口和结果核准，将检验数据自动与患者信息对应。

3. 建立LIS的意义

(1) 检验科由经验管理向科学化、规范化管理发展，提升管理水平。

(2) 从繁杂的手工报告检验结果转换为简洁的计算机报告结果，提高工作效率。

(3) 在测定过程中实时监测和分析，使用预警系统，提高检验质量。

(4) 建立规范、统一的报告单，确保不发生分析后误差，提高可靠性。

(5) 集中管理检验信息，便于查找问题、分析原因，加强全过程质量管理。

(6) 加快检验结果向临床的反馈，提高危重病人的抢救成功率。

(7) 建立完整的信息系统，实现检验信息全院实时共享。

(8) 检验学科提高自身素质，尽快适应社会发展，实现检验信息共享。

8.3.5　配液中心系统

静脉药物配置中心(Pharmacy Intravenous Admixture Service，PIVA)是一种新的管理模式，它将原来分散在各病区的静脉滴注药物转为药学监护下集中配置、混合、检查、分发，可为临床提供安全有效的静脉药物治疗服务。

1. PIVA概念

PIVA 指由医院药剂科提供静脉输注混合药物的配置服务，指在符合国际标准、依据药物特性设计的操作环境下，由受过培训的药、护、技人员严格按照操作程序进行全静脉营养液、细胞毒性药物和抗生素等配置。

2. PIVA的作用与意义

(1) 保证静脉药物配制的质量。PIVA 从过去的普通环境移至洁净环境进行，可保证静脉输注药物的无菌性，防止微粒污染，最大限度地降低输液反应，确保患者安全用药。

(2) 避免药物对环境的污染，层流净化装置的防护作用，极大地降低细胞毒性药物对患者和医务人员的伤害。

(3) 有利于合理用药，降低治疗成本。通过药师的审核，及时发现药物相容性和稳定性问题，防止配伍禁忌等不合理用药现象，将给药错误减至最低。药品集中管理、集中配置，提高工作效率，防止药物过期失效，还可"共享药品"，如胰岛素、小儿用药等，病人直接按实际用药量结算药费，减少浪费，降低用药成本。

(4) 体现药品使用的整合优势。PIVA 作为医院药学的组成部分，在静脉药物使用中将医、药、护整合为一体，建立一个与临床医师探讨合理用药的途径，挖掘药师的职业潜能，显示药学专业人员的技术地位与价值。另外，与传统做法相比，无菌调剂的新概念、调剂与制剂相结合的新实践拓展了药学工作的范围与效应空间，能为患者提供更优质的服务。

8.4 医院信息系统的信息交换标准 DICOM 和 HL7

近年来，医疗信息交换标准 DICOM 和 HL7 的制定和推广，大大促进了医疗信息系统集成。基于 DICOM 或 HL7 标准开发的医疗信息系统具有良好的开放性和兼容性，系统不需要知道其他异构系统的技术细节，就能通过标准接口与其他系统进行数据交换。

8.4.1 医学数字图像通信标准

DICOM标准简介

医学数字图像通信标准(Digital Imaging and Communications in Medicine，DICOM)是医学图像和相关信息的国际标准。

DICOM 标准涵盖医学数字图像的采集、归档、通信、显示及查询等；以开放互联的架构和面向对象的方法定义了一套包含各类医学诊断图像以及分析信息、报告信息的对象集；定义了用于信息传递、服务交换的命令集，以及消息的标准响应；详述了唯一标识各类信息对象的技术；提供了应用于网络环境(OSI 或 TCP/IP)的服务支持；结构化地定义了制造厂商的兼容性声明。

DICOM 标准的推出与实现，极大地简化了医学影像信息交换的实现，推动了远程放射学系统、PACS 的研究与发展。DICOM 的开放性与互联性使得与其他医学应用系统(HIS、RIS 等)的集成成为可能。

DICOM 广泛用于放射医疗、心血管成像以及放射诊疗设备(X 射线、CT、核磁共振、超声等)，在眼科和牙科等领域也得到越来越广泛的应用。在数以万计的医学成像设备中，DICOM 是部署最广泛的医疗信息标准之一。当前约有百亿级符合 DICOM 标准的医学图像用于临床。

ACR-NEMA 联合委员会于 1985 年发布了最初的 DICOM 1.0 版本。1988 年，该委员会推出 2.0 版本，1993 年发布了 DICOM 3.0 标准。

8.4.2 HL7 标准

1. HL7标准简介

HL7 是标准化的卫生信息传输协议，是医疗领域不同应用之间的电子传输协议。HL7 汇集了不同厂商用来设计应用软件之间接口的标准格式，将允许各个医疗机构在异构系统之间进行数据交互。

HL7 的主要应用领域是 HIS/RIS，用于规范 HIS/RIS 系统及其设备之间的通信，涉及病房和病人信息管理、化验系统、药房系统、放射系统、收费系统等。HL7 的宗旨是开发和研制医院数据信息传输协议和标准，规范临床医学和管理信息的格式，降低医院信息系统互连的成本，提高医院信息系统的信息共享程度。

2. HL7 的特点

HL7 中的 7 指 OSI 七层模型中的最高层(即第七层)。

HL7 并未提供完全的"即插即用"解决方案。在医疗机构的传输环境中，有以下两个重要因素：

(1) 医疗机构的传输环境中缺乏处理的一致性。

(2) 生成的结果需要在用户和厂商之间协商。

因此，它提供一个可在较大范围内选择数据和处理流程的灵活系统，并尽可能包括所有已知的程序(触发器)和数据(段和域)要求。

在 HL7 通信协议中，消息是数据交换的基本单位。HL7 消息是自动生成的，将 HL7 标准文档自动转化为 HL7 规则数据库和部分程序结构代码。要实现通信标准，具体是生成数据结构，并实现构造器(builder)和解析器(parser)。数据结构显示数据对象的关系，构造器将数据结构中的数据转化成在电子数据交换媒介中传输的数据串，解析器能将数据串解析回原来的数据结构。HL7 标准是一个文本结构的文档，首先利用一些文字处理工具将文档中的数据定义抽取成数据结构，将结构存入预先定义的 HL7 规则数据库；此后开发一种代码生成器，根据规则数据库的内容，自动生成某种计算机语言代码；最后将这些代码加入实际的程序框架。

3. HL7 的目标

(1) HL7 标准应支持各种技术环境下的数据交换，也应支持各种编程语言和操作系统，以及各种通信环境。

(2) 同时支持单数据流和多数据流通信方式。

(3) 最大限度的兼容性，预留了供不同使用者使用的特殊表、编码定义和消息段。

(4) 标准必须具有扩展性，以满足新要求，这包括协议本身的扩展以及与现有系统和新系统的兼容。

(5) 标准应该是在充分参考现有产品通信协议的基础上，被广泛接受的行业标准。

(6) HL7 的长远目标是制定一种用于医疗机构电子数据交换的标准或协议。

习　题

1. 评价医院信息系统的主要标准是＿＿＿＿。
   A. 实用性　　　　B. 系统性　　　　C. 科学性　　　　D. 广泛性
2. 临床信息系统与医院管理信息系统的关系是＿＿＿＿。
   A. 临床信息系统以医院为中心
   B. 管理信息系统以病人为中心
   C. 临床信息系统与管理信息系统所处理的信息有一定交叉
   D. 临床信息系统采集、处理的信息是HIS的基础
3. ＿＿＿＿是协助病房护士对住院病人进行日常护理的计算机应用程序。
   A. 住院医生工作站　　　　　　　B. 门诊医生工作站
   C. 护士工作站　　　　　　　　　D. 以上都不是
4. 医疗卫生信息化包括公共卫生和＿＿＿＿两个领域的工作。
   A. 医院　　　　B. 医疗服务　　　　C. 诊所　　　　D. 卫生所

5. 社区卫生信息系统以计算机、网络技术、医学和公共卫生学知识为基础，以_____为中心，对社区医疗、保健信息进行采集、加工、存储、共享，并提出决策支持。

  A. 居民   B. 公民   C. 人民   D. 家庭

6. 社区卫生服务站健康档案管理子系统通常包括以下哪项功能？

  A. 实现育龄妇女专项档案   B. 口腔卫生保健专项档案

  C. 录入和维护既往病史   D. 录入儿童保健信息

7. 医院管理信息系统不包括下列哪项内容？

  A. 门诊收费   B. 住院收费   C. 财务管理   D. 诊疗管理

8. 门急诊管理系统的业务流程一般是以下哪一项？

  A. 制卡→预约挂号→就诊→准备药品→交费→取药

  B. 预约挂号→制卡→就诊→准备药品→交费→取药

  C. 预约挂号→制卡→就诊→交费→准备药品→取药

  D. 制卡→预约挂号→就诊→交费→准备药品→取药

9. _____是用于住院患者登记管理的计算机应用程序，包括入院登记、床位管理、住院预交金管理、住院病历管理、查询统计等功能。

  A. 临床信息系统   B. 住院病人入、出、转管理系统

  C. 门急诊划价收费系统   D. 住院收费信息系统

10. _____在紧密连接各医疗部门乃至医疗机构间的业务联系方面起到重要作用。

  A. 信息   B. 数据   C. 信息技术   D. 系统

11. _____系统是我国在医院信息化建设中应用最早、发展最快、普及程度最广的领域。

  A. RIS   B. LIS   C. HIS   D. PACS

12. 电子病历的特点是_____。

  A. 电子病历是手工医疗过程的重现

  B. 电子病历是纸质病历的电子化

  C. 电子病历是医疗记录的结构化数据库

  D. 不单纯是纸质病历的电子化，还包含医疗质量控制和医学知识库

13. _____是我国城镇医药体制改革的重要内容和主要环节，并成为我国新型城市卫生服务体系的重要组成部分。

  A. 新型农村合作医疗信息系统   B. 社区卫生服务

  C. 临床信息系统   D. 实验室信息系统

14. 对新型农村合作医疗数据进行统计报告是对参合情况、_____、基金情况的统计。

  A. 补偿情况 B. 预警提示情况 C. 基金构成情况 D. 报销汇总情况

15. 相对于纸制病历，电子病历的优势是_____。

  A. 共享性   B. 信息标准化形式多样

  C. 法律效力强   D. 以上均正确

16. 医嘱处理的主要内容不包括_____。

  A. 医嘱的下达、校对、作废和执行 B. 医嘱本和医嘱执行单的管理

  C. 检查、检验和手术的申请   D. 对医嘱和药品进行计算机管理

17. 社区卫生服务信息系统实现的数据传输模块功能不包括＿＿＿＿＿。
    A. 转入转出功能
               B. 数据上传功能
    C. 报表上传功能
               D. 数据备份功能

18. LIS 中检验申请的自动处理功能不包含＿＿＿＿＿。
    A. 使LIS读懂申请单的信息
          B. 对标本进行分组、排序
    C. 自动审核检验结果
            D. 自动给标本一个唯一的样本号

19. 下列哪些属于数字化医院的重要标志？
    A. 无纸化
    B. 无线化
    C. 无胶片化
    D. 以上均是

20. 医嘱的处理主要包括以下哪些内容？
    A. 医嘱的下达、校对、作废和执行
    B. 医嘱本和医嘱执行单的管理
    C. 检查、检验和手术的申请
    D. 以上均是

参考文献

[1] 解福. 计算机文化基础(高职高专版·第十一版)[M]. 青岛：中国石油大学出版社，2017.

[2] 古燕. 全国计算机等级考试二级教程——MS Office 2010 高级应用(2018 年版)[M]. 北京：高等教育出版社，2017.

[3] 娄岩. 医学计算机应用基础[M]. 北京：人民邮电出版社，2014.